"十三五"职业教育国家规划教材

高等职业教育计算机类课程新形态一体化教材

网页设计与制作
任务驱动教程 (第4版)

陈承欢　编著

智慧职教学习平台 / 微课视频 / 课程标准 / 授课计划 / 电子教案
教学课件PPT / 教学案例 / 习题答案

"互联网+"教材
"用微课学"系列

高等教育出版社·北京

内容提要

　　本书是"十三五"职业教育国家规划教材，也是国家精品资源共享课程"网页设计与制作"的配套教材，是课程结构创新、教学方法创新、训练过程创新的特色教材。

　　本书以训练网页制作技能为中心，在真实的开发环境中，以真实的制作流程，执行真实的开发要求，制作真实的旅游网站。对网页设计与制作类职业岗位的从业需求进行再调研、再分析，面对网页设计的新技术、新变化、新要求，根据从业岗位的知识、技能、素养的新需求，全面优化课程结构、整合教学内容，将"网页设计与制作"课程划分为 11 个教学单元，围绕旅游这个主题精心设计了 38 个网页，以网页制作作为主线设计了 50 项主任务、44 项子任务。面向教学全过程设置了 8 个必要的教学环节：知识疏理→操作准备→引导训练→引导训练考核评价→同步训练→同步训练考核评价→问题探究→单元习题。技能训练力求做到课内与课外相结合，教师引导示范与学生自主训练相结合，注重能力培养与关注态度养成相结合。

　　本书配有微课视频、授课用 PPT、案例素材、任务工作单、学习指导等丰富的数字化学习资源。与本书配套的数字课程"网页设计与制作"在"智慧职教"平台（www.icve.com.cn）上线，读者可以登录平台进行在线学习及资源下载，教师也可发邮件至编辑邮箱 1548103297@qq.com 获取相关教学资源。

　　本书可以作为高等职业院校各相关专业的网页设计与制作课程教材，也可以作为网页制作的培训教材和网站开发的参考用书。

图书在版编目（CIP）数据

网页设计与制作任务驱动教程 / 陈承欢编著. --4
版. --北京：高等教育出版社，2022.2
　　ISBN 978-7-04-056348-1

Ⅰ.①网…　Ⅱ.①陈…　Ⅲ.①网页制作工具-高等职
业教育-教材　Ⅳ.①TP393.092.2

中国版本图书馆 CIP 数据核字（2021）第 129946 号

Wangye Sheji yu Zhizuo Renwu Qudong Jiaocheng

策划编辑	许兴瑜	责任编辑	许兴瑜	封面设计	于　博	版式设计　杨　树
插图绘制	黄云燕	责任校对	窦丽娜	责任印制	田　甜	

出版发行	高等教育出版社		网　　址	http://www.hep.edu.cn
社　　址	北京市西城区德外大街 4 号			http://www.hep.com.cn
邮政编码	100120		网上订购	http://www.hepmall.com.cn
印　　刷	北京市鑫霸印务有限公司			http://www.hepmall.com
开　　本	787 mm×1092 mm　1/16			http://www.hepmall.cn
印　　张	19.5		版　　次	2009 年 8 月第 1 版
字　　数	600 千字			2022 年 2 月第 4 版
购书热线	010-58581118		印　　次	2022 年 12 月第 2 次印刷
咨询电话	400-810-0598		定　　价	55.00 元

"智慧职教" 服务指南

　　"智慧职教"是由高等教育出版社建设和运营的职业教育数字教学资源共建共享平台和在线课程教学服务平台，包括职业教育数字化学习中心平台（www.icve.com.cn）、职教云（zjy2.icve.com.cn）和云课堂智慧职教 App。用户在以下任一平台注册账号，均可登录并使用各个平台。

- **职业教育数字化学习中心平台（www.icve.com.cn）：为学习者提供本教材配套课程及资源的浏览服务。**

　　登录中心平台，在首页搜索框中搜索"网页设计与制作"，找到对应作者主持的课程，加入课程参加学习，即可浏览课程资源。

- **职教云（zjy2.icve.com.cn）：帮助任课教师对本教材配套课程进行引用、修改，再发布为个性化课程（SPOC）。**

　　1. 登录职教云，在首页单击"申请教材配套课程服务"按钮，在弹出的申请页面填写相关真实信息，申请开通教材配套课程的调用权限。

　　2. 开通权限后，单击"新增课程"按钮，根据提示设置要构建的个性化课程的基本信息。

　　3. 进入个性化课程编辑页面，在"课程设计"中"导入"教材配套课程，并根据教学需要进行修改，再发布为个性化课程。

- **云课堂智慧职教 App：帮助任课教师和学生基于新构建的个性化课程开展线上线下混合式、智能化教与学。**

　　1. 在安卓或苹果应用市场，搜索"云课堂智慧职教"App，下载安装。

　　2. 登录 App，任课教师指导学生加入个性化课程，并利用 App 提供的各类功能，开展课前、课中、课后的教学互动，构建智慧课堂。

　　"智慧职教"使用帮助及常见问题解答请访问 help.icve.com.cn。

前　言

Dreamweaver 是由 Adobe 公司开发的网页设计与制作软件。它功能强大。易学易用、深受用户的喜爱和好评。使用 Dreamweaver 这款优秀的网页制作工具制作网页，在网页制作过程中熟悉网页制作方法、体验 Dreamweaver 功能、积累网页制作经验、培养网页制作兴趣。通过网页制作训练，让学习者体会 HTML5 的功能、CSS3 的优势，JavaScript+jQuery 程序的神奇，学会使用 Dreamweaver 设计与制作网页的方法，逐步掌握网页布局、CSS 设计、页面元素美化、网页特效制作的方法，为后续课程做好准备，激发其学习兴趣。

本书具有如下特色和创新。

（1）应用新技术、适用新变化、取得新作为

在 HTML5、CSS3、jQuery 等技术成为业界主流技术，移动端与 PC 端平分秋色的新时代，HTML5 提供了很多新功能，使用 CSS3 布局与美化网页成为新常态，jQuery 具有实现网页特效的新方法，业界对网页设计与制作人员也提出了与时俱进的新要求，因此网页设计与制作教材要不断进行优化完善，适应新变化、满足新需求，在新时代教学改革有新作为、教学案例有新特色。

（2）全面优化课程结构、精心设计教学案例、合理设计教学流程

- 对网页设计与制作类职业岗位的从业需求进行再调研、再分析，面对网页设计的新技术、新变化、新要求，根据从业岗位的知识、技能、素养的新需求，全面优化课程结构、整合教学内容，将"网页设计与制作"课程划分为 11 个教学单元：创建站点与浏览网页，制作文本网页，制作图文混排网页，制作包含列表和表格的网页，制作包含超链接和导航栏的网页，制作包含表单的网页，使用模板和库制作网页，制作包含特效与交互的网页，制作包含音频与视频的网页，网页整体和网页元素布局与美化，设计网站主页与整合网站。
- 以真实的旅游网站作为教学案例，围绕旅游这个主题精心设计了 38 个网页，以网页制作为主线设计了 50 项主任务、44 项子任务。
- 面向教学全过程设置完整的教学环节，每个教学单元设置了 8 个必要的教学环节：知识疏理→操作准备→引导训练→引导训练考核评价→同步训练→同步训练考核评价→问题探究→单元习题。

（3）创新技能训练过程、创新课堂教学方法、创新教学组织方式

- 本书将操作技能训练与理论知识学习相对分离，每个教学单元理论知识学习设置为两个环节：【知识疏理】环节学习基础知识和基本方法，【问题探究】环节学习综合性知识、化解疑难问题。首先熟悉基础理论知识，然后制作网页形成感性认识，最后学习综合性知识、化解疑难问题。知识学习采用线下学习和在线学习相结合的方式。每个教学单元的技能训练过程分为 3 个阶段：操作准备（准备做）、引导训练（跟着做）、

同步训练（试着做）。

- 课程教学以完成网页制作任务为主线，实行"任务驱动、理论实践一体化"的教学方法，融"教、学、做、评"于一体，体现了"做中学、做中会"的教学理念，全方位促进网页设计技能的提升，以满足职业岗位的需求。
- 本书的教学组织方式可以为串行方式（连续安排 3～4 周）组织教学，也可以为并行方式（每周安排 4～6 课时）组织教学。

（4）遵循学生认知规律、遵循技能形成规律、遵循技术发展规律

- 教学内容和操作任务的安排充分考虑学习者的认知水平和学习能力，把握由局部到整体、由简单到复杂、由具体到抽象的认知规律。主要分为 3 个教学阶段：创建站点与浏览网页，制作网页，设计网站首页与整合网站。第 1 阶段赏析精美网页、留下直观印象、认知基本概念、激发学习兴趣；第 2 阶段完成 45 项操作任务，制作 34 个难易程度不同的网页；第 3 阶段设计与制作网站主页，将多个网页整合为一个网站，同时学会测试网站和发布网站。将网页中的文字输入、图片插入、音视频插入、链接设置、表单设计、网页布局、颜色搭配、特效制作等方面的操作方法合理穿插到各个网页的制作过程中。
- 技能训练遵循技能形成规律：网页内容由纯文本、图文混排到文字、图片、音视频多元素混排；网页布局由自然布局到 HTML+CSS 布局；颜色搭配由单一颜色到主、辅颜色合理搭配；网页特效由简单特效至复杂特效；从制作网页到设计网页。
- 本书的网页制作工具选用 Dreamweaver。Dreamweaver 集网页制作与网站管理于一身，不必编写复杂的源代码，即可快速生成网页，具有功能强、效率高的优点。设计与制作网页时全面应用 HTML5、CSS3、jQuery 等新技术。

（5）关注教学评价、关注态度养成、关注能力培养

- 本书以训练网页制作技能为中心，在训练过程中学习知识、训练技能、积累经验、养成习惯、固化能力。技能训练过程力求做到课内与课外相结合、教师引导示范与学生自主训练相结合、注重能力培养与关注态度养成相结合。
- 为了合理评价教学情况和任务完成情况，充分调动学生的学习积极性和主动性，培养团队合作意识和工作责任心，各个教学单元都设置两个考核评价环节：引导训练考核评价和同步训练考核评价。引导训练考核评价主要反映学习者对课堂教学内容的掌握程度，评价教学效果。同步训练考核评价主要对学习者完成同步训练任务情况进行客观、公正的评价，作为考核自主学习情况的依据。考核评价方式包括自我评价、小组评价和教师评价，让小组成员通过自我评价和相互评价取长补短、相互借鉴、增强自信、共同提高。
- 每个教学单元所制作的网页都注重了网页的完整性、真实性和美观性。在制作网页时，注重命名的规范化、代码的标准化，并对 HTML、CSS、JavaScript 代码添加了必要的注释，有助于了解代码的含义，对日后代码维护提供了很大的方便。

（6）真实的环境、真实的过程、真实的要求、真实的项目

在真实的开发环境中，以真实的制作流程，执行真实的开发要求，制作真实的旅游网站。

- 真实的环境：在真实的网站开发环境中完成网页制作任务。
- 真实的过程：执行完整的作业流程，体验真实的工作过程。
- 真实的要求：以职业化技术标准规范网页制作和代码编写。

● 真实的项目：以真实的旅游网站作为教学案例，每个教学单元完成若干网页。

本书由湖南铁道职业技术学院陈承欢教授编著，湖南铁道职业技术学院的汤梦姣、侯伟、张军、肖素华、林保康、颜珍平、郭外萍、颜谦和、张丽芳等多位老师参加了部分章节的编写和教学案例的制作。

由于作者水平有限，书中难免存在疏漏之处，敬请各位专家和读者批评指正，作者 QQ 为 1574819688，感谢您使用本书，期待本书能成为您的良师益友。

编著者

2021 年 10 月

目　录

I

单元 1　创建站点与浏览网页

制作网页之前，应先在本地计算机磁盘上建立一个站点，站点提供一种组织所有与本网站有关联的网页文档的方法。使用站点对网页文档、样式表文件、网页素材进行统一管理，创建站点后，对网页的操作都是在站点统一监管下进行。如果使用了外部文件，Dreamweaver 会自动检测并提示是否将外部文件复制到站点内，以保持站点的完整性。如果某个文件夹或文件重新命名，系统会自动更新所有的链接，以保证原有链接关系的正确性。

在制作网页之前，通过浏览网页，认识浏览器窗口的基本组成和网页的基本组成元素，认识网页的布局结构，了解网页的基本概念。

说明：

本书使用的 Dreamweaver 版本为 21.0。

单元 1 素质目标

拓展阅读 1
红色，是阿坝最本真的
政治底色

案例 1　大美中国–九寨
　　　　沟景区
　　　　九寨四季

笔 记

【知识疏理】

1. HTML5 印象

HTML5 是万维网的核心语言。HTML5 的第一份正式草案已于 2008 年 1 月 22 日公布。2012 年 12 月 17 日,万维网联盟(W3C)正式宣布凝结了大量网络工作者心血的 HTML5 规范定稿。

2013 年 5 月 6 日，HTML5.1 正式草案公布。该规范第一次要修订万维网的核心语言——超文本标记语言（ Hyper Text Markup Language，HTML）。在这个版本中，新功能不断推出，以帮助 Web 应用程序的开发者提高新元素的互操作性。

2. CSS3 印象

CSS（ Cascading Style Sheet ）可译为层叠样式表或级联样式表,是一组格式设置规则,用于控制 Web 页面的外观。

在网页制作时采用层叠样式表技术，可以有效地对页面的布局、字体、颜色、背景和其他效果实现更加精确的控制。只要对相应的代码做一些简单修改，就可以改变同一页面的不同部分，或者不同网页的外观和格式。CSS3 是 CSS 技术的升级版本。CSS3 开发是朝着模块化发展的。CSS3 将完全向后兼容，网络浏览器也继续支持 CSS2。CSS3 可以使用新的选择器和属性，实现新的设计效果（如渐变和交互），而且可以很简单地设计出新效果。

3. JavaScript 印象

JavaScript 是一种直译式脚本编程语言,可以与 HTML 一起实现网页中的动态交互功能，弥补 HTML 的不足，使网页变得更加生动。

JavaScript 是一种动态类型、弱类型、基于原型的语言，是一种广泛用于客户端的脚本语言，为 HTML 网页增加动态功能，它的解释器被称为 JavaScript 引擎（ 为浏览器的一部分 ）。

JavaScript 是一种基于对象和事件驱动的脚本语言，是一种轻量级的编程语言，JavaScript 插入 HTML 页面后，所有现代浏览器都可以执行，通过嵌入或调用 JavaScript 代码在标准 HTML 中实现其功能。

JavaScript 的基本语法与 C 语言类似，但在运行过程中不需要单独编译，而是逐行解释执行，运行速度快。JavaScript 具有跨平台性，与操作环境无关，只依赖于浏览器本身，对于支持 JavaScript 的浏览器就能正确执行。

4. HTML 文档的组成元素

一个完整的 HTML 文档由 HTML 标签与各种网页元素组成。网页元素指标题、段落、图像、动画、视频等各种对象，HTML 标签的功能是描述网页的结构。

5. HTML 代码应遵循的语法规则

HTML 代码应遵循以下语法规则。

① HTML 文档以纯文本形式存放，扩展名为.html 或.htm。

② HTML 文档中的标签采用 "<" 与 ">" 作为分割字符，起始标签的一般形式为:

> `<标签名称 属性名称=对应的属性值 ······>`

结束标签的一般形式为：

> `</标签名称>`

包含在起始标签与结束标签之间的就是网页对象。

③ HTML 标签及属性不区分大小写，如`<HTML>`和`<html>`是相同的标签，但一般要求 HTML 标签为小写字母。

④ 大多数 HTML 标签可以嵌套，但不能交叉，各层标签是全包容关系。

⑤ HTML 文档一行可以书写多个标签，一个标签也可以分多行书写，不用任何续行符号，显示效果相同。但是 HTML 标签中的一个单词不能分成两行书写。

⑥ HTML 源代码中的换行符、回车符和多个连续空格在显示时都是无效的。显示网页时，会自动忽略文档中的换行符、回车符、空格，所以在文档中输入回车符，并不意味着在浏览器中会显示不同的段落。当需要在网页中插入新段落时，必须使用分段标签`<p></p>`，它可以将标签后面的内容另起一段。网页中换行可以使用`<br>`标签，需要多个空格，可以使用多个"` `"转义符号。

⑦ 网页中所有的显示内容都应该受限于一个或多个标签，不能存在游离于标签之外的文字或图像等，以免产生错误。

⑧ 对于浏览器不能识别的标签可以忽略，不显示其中的对象。

6. HTML 标签的类型

在 HTML 中用于描述功能的符号称为"标签"，它是用来控制文字、图形等显示方式的符号，如 html、head、body 等。标签在使用时必须使用"`<>`"括起来。

在查看 HTML 源代码或书写 HTML 代码时，经常会遇到以下 3 种形式的 HTML 标签。

① 不带属性的双标签格式为：

> `<标签名称>网页内容</标签名称>`

网页中的标题、文字的字形等都是这种形式，例如：

> `<strong>大美阿坝</strong>`

② 带有属性的双标签格式为：

> `<标签名称 属性名称="对应的属性值" ······>网页对象</标签名称>`

这种形式的标签最常用，功能更强大，各属性之间无先后次序，属性也可以省略，取其默认值，例如：

> `<h1 align="center">阿坝概况</h1>`

③ 单标签格式为：

> `<标签名称>`

单标签只有起始标签没有结束标签，这类标签并不多见，经常看到的会是`<br>`、`<hr>`。

【操作准备】

（1）创建所需的文件夹与复制所需的资源

在本地硬盘（如 D 盘）中创建一个文件夹"网页设计与制作案例"，在该文件夹中创

建子文件夹"单元 1"，然后在文件夹"单元 1"中创建子文件夹"任务 1-1"，再在文件夹"任务 1-1"中创建 css、images 等子文件夹，且将网页文档 0101.html 以及所需的素材复制到对应的子文件夹中。

（2）启动 Dreamweaver

在 Windows 的【开始】菜单中选择【Adobe Dreamweaver】命令即可启动 Dreamweaver。如果桌面创建了【Adobe Dreamweaver】快捷方式，直接双击该快捷方式也可以启动 Dreamweaver。启动成功后，会出现如图 1-1 所示的工作界面。

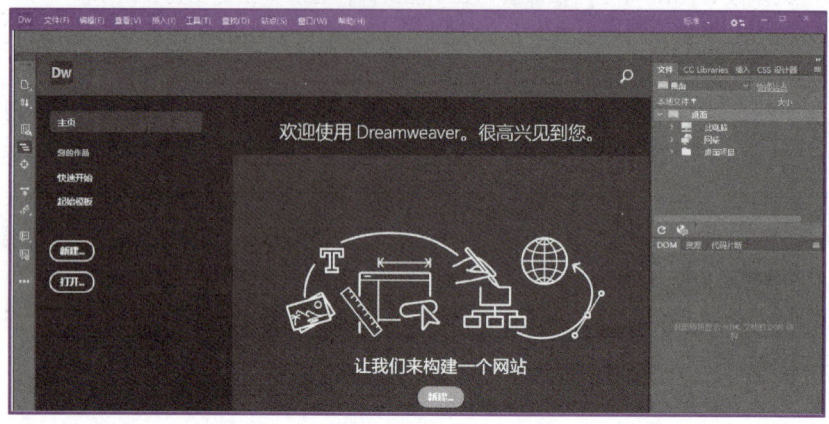

图 1-1
Dreamweaver 的
工作界面

> **说明：**
>
> 图 1-1 为安装 Dreamweaver 后，第一次启动时的界面，如果在 Dreamweaver 中创建了网页或打开过网页，界面则会有所不同。

【引导训练】

微课 1-1
创建"单元 1"站点
并浏览大美阿坝网页

【任务 1-1】　创建"单元 1"站点并浏览大美阿坝网页

本任务的主要目标如下。

① 通过浏览网页认识浏览器窗口的基本组成、认识网页的基本组成元素、认识网页的布局结构。

② 通过分析网页了解网页的相关概念。

【任务 1-1-1】　创建本地站点"单元 1"

 任务描述

创建一个名称为"单元 1"的本地站点，站点文件夹为"单元 1\任务 1-1"。

 任务实施

（1）打开【站点设置对象】对话框

在 Dreamweaver 的主界面中，选择菜单【站点】→【新建站点】命令，如图 1-2 所

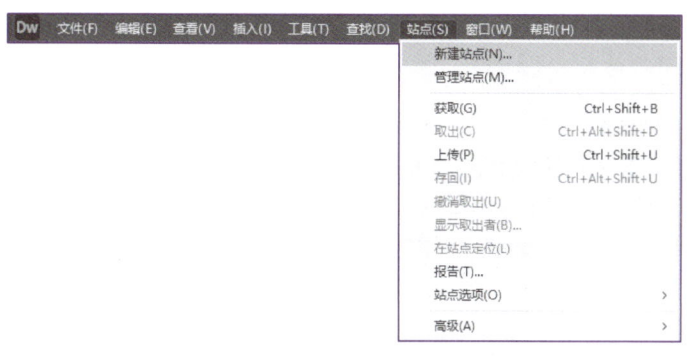

示，打开【站点设置对象】对话框，如图 1-3 所示。

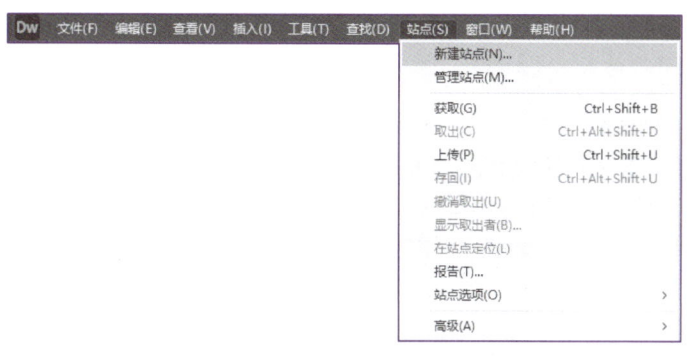

图 1-2
选择【新建站点】命令

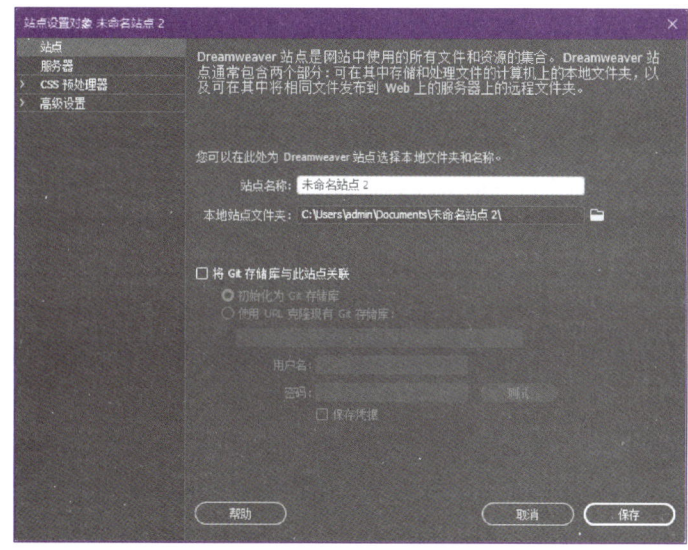

图 1-3
【站点设置对象】对话框

（2）在【站点设置对象】对话框中设置本地站点信息

在【站点设置对象】对话框的"站点名称"文本框中输入站点名称"单元 1"，在"本地站点文件夹"文本框中输入完整的路径名称"D:\网页设计与制作案例\单元 1\"，如图 1-4 所示。

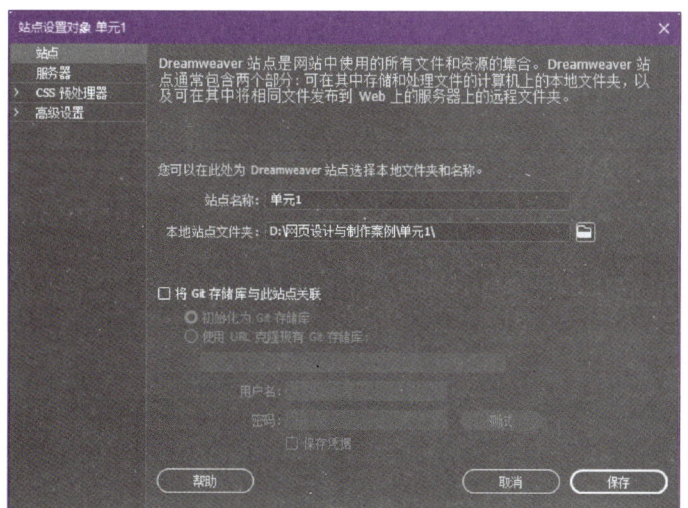

图 1-4
在【站点设置对象】对话框
中设置本地站点信息

📝 提示：

也可以在【站点设置对象】对话框中单击右侧的【浏览文件夹】按钮，在弹出的【选择根文件夹】对话框中选择文件夹，然后单击【选择文件夹】按钮，返回【站点设置对象】对话框。

（3）保存创建的站点

在【站点设置对象】对话框中单击【保存】按钮，保存创建的站点，更新站点缓存。此时在【文件】面板中可以看到新创建的本地站点"单元 1"中的文件夹和文件，如图 1-5 所示。

图 1-5
新建本地站点"单元 1"中的
文件夹和文件

【任务 1-1-2】 认识 Dreamweaver 的工作界面

 任务描述

Dreamweaver 的工作界面主要包括菜单栏、工具栏、文档窗口、面板组等。

① 熟悉 Dreamweaver 工作界面的基本组成。

② 熟悉【文件】面板的组成。

③ 了解 Dreamweaver 工作界面各个组成部分的主要功能。

 任务实施

Dreamweaver 的工作界面如图 1-6 所示。

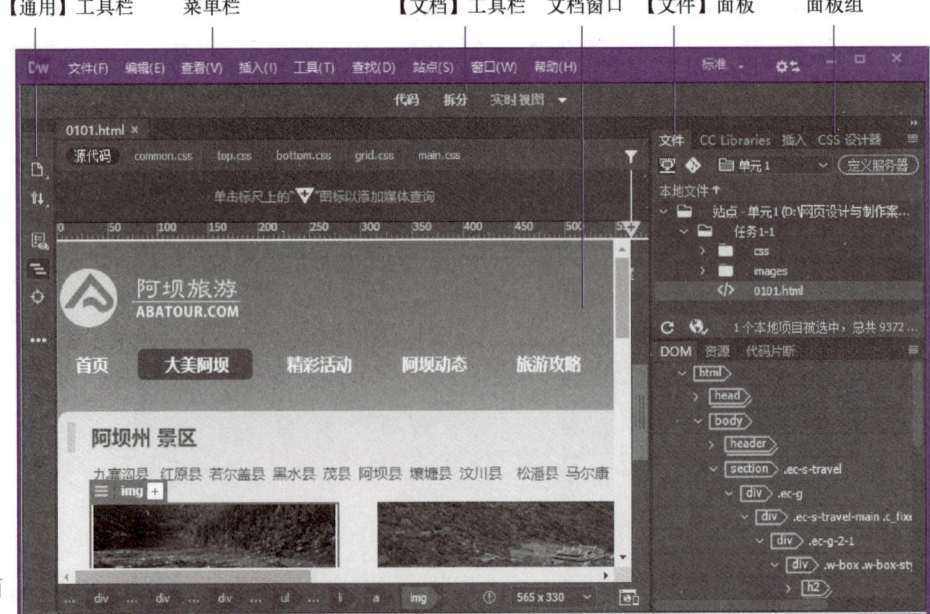

图 1-6
Dreamweaver 的界面
布局与组成

1．认识 Dreamweaver 的菜单栏

Dreamweaver 的菜单栏包含 9 类菜单：【文件】【编辑】【查看】【插入】【工具】【查找】【站点】【窗口】和【帮助】，如图 1-6 所示。菜单按功能的不同进行了分类，使用起来非常方便。除了菜单栏外，Dreamweaver 还提供了多种快捷菜单，可以利用它们方便地实现相关操作。

2．认识 Dreamweaver 的【文档】工具栏

【文档】工具栏包含用于切换文档窗口视图的【代码】【拆分】【设计】/【实时视图】按钮和一些常用的功能按钮，如图 1-7 所示。

图 1-7
【文档】工具栏

3．认识 Dreamweaver 的【标准】工具栏

【标准】工具栏包含网页文档的基本操作按钮，如【新建】【打开】【保存】【全部保存】【打印代码】【剪切】【拷贝】【粘贴】【还原】【重做】【后退】【前进】【刷新】等按钮和【地址】输入框，如图 1-8 所示。

图 1-8
【标准】工具栏

✏️ 提示：

如果【标准】工具栏处于隐藏状态，在窗口中选择菜单【窗口】→【工具栏】→【标准】命令，如图 1-9 所示，即可显示【标准】工具栏。

图 1-9
选择【标准】命令

4．认识 Dreamweaver 的【文档】窗口

【文档】窗口也称为文档编辑区，该窗口所显示的内容可以是代码、网页或者两者的共同体。在【设计】视图中，【文档】窗口中显示的网页近似于浏览器中的显示状态；在【代码】视图中，显示当前网页的 HTML 文档内容；在两种视图共同显示的界面中，同时

满足了上述两种不同的设计要求。用户可以在【文档】工具栏中单击【代码】【拆分】或者【设计】按钮，切换窗口视图。

Dreamweaver 还提供了一种新的视图，即实时视图，实时视图与设计视图的不同之处在于它提供了页面在浏览器中的非可编辑的、逼真的呈现外观。

5. 认识 Dreamweaver 的【插入】面板

显示【插入】面板的方法是：选择菜单【窗口】→【插入】命令，在 Dreamweaver 主界面的右侧面板区域将显示【插入】面板。通常情况下会显示【插入】面板的 HTML 类型，如图 1-10 所示。

在【插入】面板中，单击【类型】下拉按钮 HTML ，即可展开"类型"列表，如图 1-11 所示。"类型"主要包括【HTML】【表单】【Bootstrap 组件】【jQuery Mobile】【jQuery UI】和【收藏夹】等多种类型的工具栏。

利用【插入】工具栏可以快速插入多种网页元素，如 Div、Image、Table、无序列表、有序列表、列表项、Hyperlink 等。

在如图 1-11 所示的插入工具"类型"列表中选择相应的选项即可切换不同类型的插入工具栏。在该列表中选择【表单】类型，则显示【表单】类型的按钮，如图 1-12 所示。

图 1-10
【插入】面板

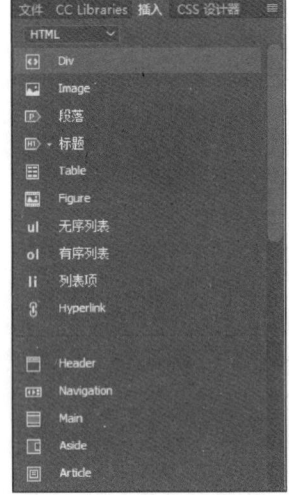

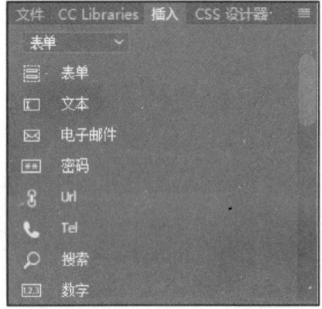

图 1-11
插入工具的类型

图 1-12
【表单】类型的按钮

6. 认识 Dreamweaver 的【属性】面板

【属性】面板用于查看和更改所选取的对象或文本的各种属性，每个对象有不同的属性。【属性】面板比较灵活，它随着选择对象的不同而改变。例如，当选择一幅图像时，【属性】面板上将出现该图像的对应属性，如图 1-13 所示。如果选择了表格，则【属性】面板会显示对应表格的相关属性。

图 1-13
【属性】面板

（1）关闭【属性】面板的方法

单击【属性】面板右上角的图标▤，在弹出的下拉菜单中选择【关闭】命令，如图 1-14 所示，【属性】面板将被关闭。

（2）打开【属性】面板的方法

在 Dreamweaver 主界面中，选择菜单【窗口】→【属性】命令即可打开【属性】面板。

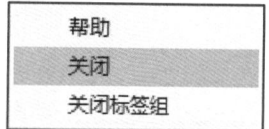

图 1-14
关闭【属性】面板的菜单

（3）隐藏【属性】面板的方法

双击【属性】面板左上角的"属性"标题名称，即可隐藏【属性】面板。【属性】面板隐藏时，双击"属性"标题，就会显示【属性】面板。

7. 认识 Dreamweaver 的面板组

Dreamweaver 包括多个面板，这些面板都有不同的功能，将它们叠加在一起便形成了面板组。如图 1-15 所示，面板组主要包括【插入】面板、【文件】面板、【CSS 设计器】面板等。各个面板可以打开或关闭，平常没有使用时可以关闭，需要时再显示出来，这样可以充分利用有限的屏幕空间。

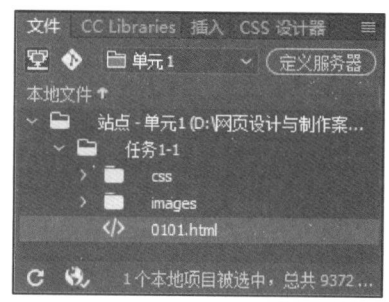

图 1-15
面板组与【文件】面板

（1）显示面板的方法

要显示面板，在【窗口】菜单中选择相应的命令即可，如图 1-16 所示。要单独关闭某一个面板，在对应面板标题处右击，在如图 1-17 所示的快捷菜单中选择【关闭】命令即可。

图 1-16
【窗口】菜单

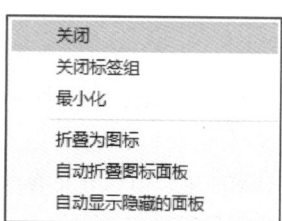

图 1-17
关闭面板的快捷菜单

（2）显示或隐藏各个面板的方法

双击面板的标题即可实现显示或隐藏面板。

（3）隐藏或显示全部面板的方法

查看页面设计的整体效果时，可以直接按快捷键【F4】或者选择菜单【窗口】→【隐藏面板】命令隐藏全部面板，再次按快捷键【F4】则可以重新显示全部面板。

8．认识 Dreamweaver 的【文件】面板

网站是多个网页、图像、动画、程序等文件有机联系的整体，要有效地管理这些文件及其联系，需要一个有效的工具，【文件】面板便是这样的工具。【文件】面板主要有以下3个方面的功能。

① 管理本地站点，包括建立文件夹和文件，对文件夹和文件进行重命名等操作，也可以管理本地站点的结构。

② 管理远程站点，包括文件上传、文件更新等。

③ 可以连接网络应用服务器，预览动态网页。

打开【文件】面板的方法：选择菜单【窗口】→【文件】命令，或者按快捷键【F8】，即可显示【文件】面板。【文件】面板的组成如图 1-18 所示，其中显示了当前站点的内容。

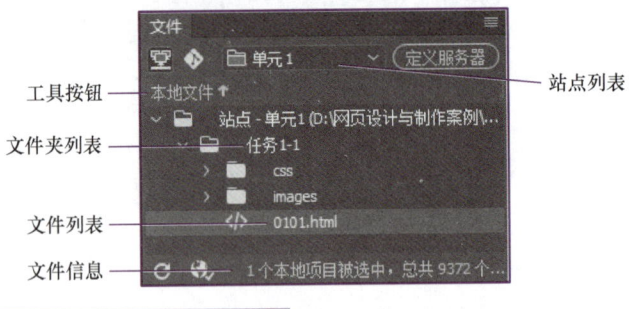

图 1-18
【文件】面板

9．认识 Dreamweaver 的标签选择器

在文档窗口底部的状态栏中，显示环绕当前选定内容标签的层次结构，单击该层次结构中的任何标签，即可选择该标签及网页中对应的内容。在标签选择器中还可以设置网页的显示比例，如图 1-19 所示。

图 1-19
标签选择器

•【任务 1-1-3】 打开与保存网页文档 0101.html

 任务描述

① 启动 Dreamweaver，打开一个网页文档 0101.html。

② 浏览网页 0101.html。

③ 保存对网页 0101.html 的修改。

④ 关闭网页 0101.html。

　**任务实施**

1.打开网页文档 0101.html

在 Dreamweaver 主窗口中，选择菜单【文件】→【打开】命令，弹出【打开】对话框，在该对话框中可以打开多种类型的文档，如 HTML 文档、JavaScript 文档、XML 文档、库文档、模板文档等。在【打开】对话框中选择文件夹"任务 1-1"中的网页文档 0101.html，如图 1-20 所示，单击【打开】按钮即可。

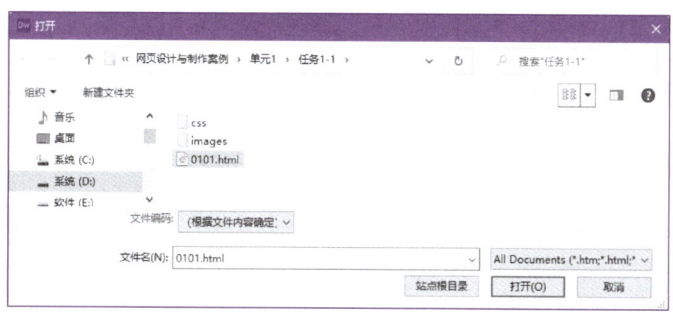

图 1-20
【打开】对话框

在 Dreamweaver 中打开最近曾打开过的网页文档方法如下。

在 Dreamweaver 主窗口中选择菜单【文件】，将鼠标指针指向【打开最近的文件】菜单项，在弹出的级联菜单中选择需要打开的文件即可打开最近编辑过的网页文档。如果选择【启动时重新打开文档】命令，则下次启动 Dreamweaver 后将自动打开上次退出时处于打开状态的文档。

2.浏览网页

在 Dreamweaver 主窗口中浏览网页的方法有以下 2 种。

方法 1：选择菜单【文件】→【实时预览】→【Microsoft Edge】命令，如图 1-21 所示。

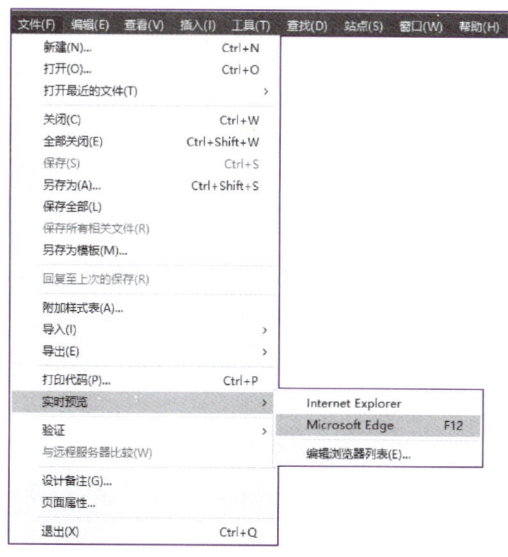

图 1-21
浏览网页的菜单命令

11

方法 2：按快捷键【F12】浏览网页，网页 0101.html 浏览效果如图 1-22 所示。

图 1-22
网页 0101.html 浏览效果

3. 保存网页文档

保存网页文档的方法主要有以下 3 种。

方法 1：在【标准】工具栏中单击【保存】按钮 或者【全部保存】按钮 。

方法 2：在 Dreamweaver 主窗口中选择菜单【文件】→【保存】或者【保存全部】命令。

方法 3：按组合键【Ctrl+S】。

✎ 提示：

　　① 如果同时打开了多个文档窗口，则需要切换到待保存的网页文档所在窗口中进行保存。如果单击【全部保存】按钮，则不需要切换。

　　② 如果网页文档是第一次保存，则会弹出一个【另存为】对话框，在其中选择正确的保存路径、输入合适的文件名，然后单击【保存】按钮即可。

4. 关闭网页文档

在 Dreamweaver 主窗口中，如果需要关闭打开的网页文档，选择菜单【文件】→【关闭】或者【全部关闭】命令即可。如果页面尚未保存，则会弹出一个对话框，确认是否保存。

【任务 1-1-4】　在浏览器中浏览大美阿坝网页

 任务描述

① 认识浏览器窗口的基本组成。

② 认识网页的基本组成元素。

③ 认识网页的布局结构。

 任务实施

启动浏览器（如 IE 浏览器），在地址栏中输入相应的网页地址（盘符\网页设计与制作案例\单元 1\任务 1-1\0101.html）按【Enter】键就能浏览该网页。也可直接找到需要浏览的网页文档，然后双击该文档，即可浏览该网页。

文件夹"任务 1-1"中网页 index0101.html 的浏览效果如图 1-22 所示，观察该网页的基本组成、布局结构和色彩搭配。

1. 认识浏览器窗口的基本组成

浏览器是用户浏览网页的软件，支持多种具有交互性的网络服务，可以显示和播放从 Web 服务器获取的网页中的多种信息，是人们通过网络进行交流的主要工具。浏览器窗口通常由网页标题、标准按钮、地址栏、网页窗口等部分组成，如图 1-23 所示。

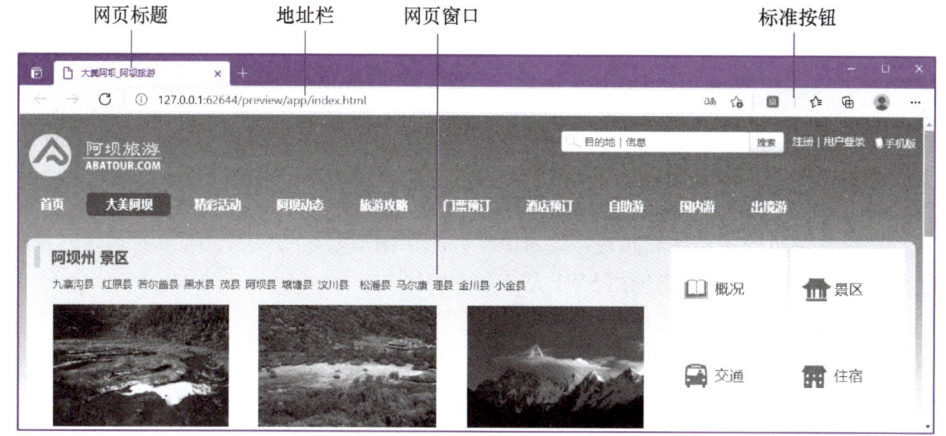

图 1-23
浏览器窗口的组成

（1）网页标题

网页标题位于浏览器窗口顶部的标题栏中，用来显示当前浏览网页的标题，便于浏览者清楚地知道所浏览网页的主题。

（2）标准按钮

标准按钮是浏览网页时常用的工具按钮。

（3）地址栏

使用地址栏可以查看当前浏览网页的网址，在地址栏中输入网址并按【Enter】键，可以打开相应的网页。

（4）网页窗口

网页窗口用于显示所浏览的网页。

2. 认识网页的基本组成元素

打开浏览器，在地址栏中输入一个网址，一个精美的网页便呈现出来。网页中包含了多种形式的内容，如文本、图像、动画、视频等，如图 1-22 所示。网页的最终目的是为浏览者显示有价值的信息，并留下深刻的印象。

（1）文本

文本是网页传递信息的主要元素，不仅传输速度快，而且可以根据需要对其字体、大小、颜色、底纹、边框等属性进行设置，风格独特的网页文本会给浏览者带来赏心悦目的感受。建议用于网页正文的文字一般不要太大，也不要使用过多的字体，中文文字一般可使用宋体，大小为 9 磅或 12 像素左右即可。

注意：

这里所说的文本并非指图片中的文字。

（2）图像

丰富多彩的图像是美化网页必不可少的元素，用于网页上的图像一般为 JPG 格式和 GIF 格式，即以.jpg 和.gif 为扩展名的图像文件。网页图片根据用途可以分为：表示网站标识的 Logo 图片，用于广告宣传的 Banner 图片，用于修饰的小图片、产品图片或风景图片、背景图片、按钮图片等。

注意：

虽然图像在网页中不可缺少，但不宜太多，否则会让人眼花缭乱，也会使网页的浏览速度降低。

（3）动画

动画是网页中最活跃的元素，创意出众、制作精致的动画是吸引浏览者眼球的有效方法之一，目前网页中经常使用 SWF 动画和 GIF 图片。

（4）超链接

超链接是 Web 网页的主要特色，是指从一个网页指向另一个目的端的链接。这个"目的端"通常是另一个网页，但也可以是下列情况之一：相同网页上的不同位置、一个下载的文件、一幅图片、一个 E-mail 地址等。超链接可以是文本、按钮或图片，将鼠标指针指向超链接位置时，指针会变成小手形状。

　笔 记

（5）导航栏

导航栏是一组超链接的集合，用来指引用户跳转到某一页面或内容的链接入口，可以方便地浏览网页。一般网站中的导航栏在各个网页中的位置比较固定，而且风格也基本一致。导航栏一般有 4 种常见的布局位置：页面的左侧、右侧、顶部和底部。导航栏可以是按钮或者文本超链接。

（6）表单

表单可以接收用户在浏览器端输入的信息，然后将这些信息发送到服务器端，服务器的程序对数据进行加工处理，这样可以实现一些交互作用的网页。

（7）网站的 Logo

Logo 是网站的标志、名片，如搜狐网站的狐狸标志，如同商标一样，Logo 是网站特色和内涵的集中体现，使人看见 Logo 就联想起网站。一个好的 Logo 往往会反映网站的某些信息，特别是对一个商业网站来说，可以从中了解到这个网站的类型或者内容。Logo 可以是中文、英文，也可以是符号、图案，还可以是动物或者人物，等等。

（8）视频

在网页中插入视频文件将会使网页变得更加精彩而富有动感。常用的视频文件格式有 FLV、MP4 等。

（9）其他元素

网页中除了上述这些最基本的构成元素，还包括广告、计数器、音频等其他元素，它们不仅能点缀网页，而且在网页中起到十分重要的作用。

3．认识网页的布局结构

网站的布局实质上就是网站的版式，通常有上下型、上中下型、左右型、左中右型等几种，中部通常分为左右区块、左中右区块等多种布局。网站一般使用 div 标签+CSS

方式进行布局。

随着 Web 标准的逐渐普及，越来越多的网站开始进行 Web 标准化设计，使用 HTML+CSS 方式布局网页。这实际上是通过插入 div 标签，并对其应用 CSS 定位或浮动属性来实现的。HTML+CSS 布局具有许多优势：代码书写完整规范，页面下载速度快，样式定义方便，搜索引擎优化等。

【引导训练考核评价】

本单元的"引导训练"考核评价内容见表 1-1。

表 1-1　单元 1"引导训练"考核评价表

	考核内容	标准分	计分
考核要点	（1）熟练创建本地站点	1	
	（2）正确分析网页的基本元素	1	
	（3）熟悉 Dreamweaver 的工作界面	1	
	（4）会打开与保存网页文档	1	
	（5）会在浏览器中浏览网页	1	
	（6）认真完成本单元的任务，态度端正、操作规范、时间观念强、有协作精神、学习效果较好	1	
	小计	6	
评价方式	自我评价　　　　　　小组评价	教师评价	
考核得分			
存在的主要问题			

【同步训练】

【任务 1-2】　打开并浏览阿坝概况网页

　任务描述

① 在文件夹"单元 1"中创建子文件夹"任务 1-2"，将网页文档 0102.html 以及所需的素材复制到该子文件夹中。

② 在 Dreamweaver 中打开文件夹"任务 1-2"中的网页 0102.html 并进行浏览，其浏览效果如图 1-24 所示。

③ 在 Dreamweaver 主窗口中切换到【代码视图】，观察网页的 HTML 代码。

微课 1-2
打开并浏览阿坝概况
网页

④ 分析所浏览网页的主要组成元素、布局结构、色彩特点等。

图 1-24
网页 0102.html 的
浏览效果

【同步训练考核评价】

本单元"同步训练"评价内容见表 1-2。

表 1–2　单元 1"同步训练"评价表

任务名称	打开并浏览阿坝概况网页				
完成方式	【　】小组协作完成　　　【　】个人独立完成				
同步训练任务完成情况评价					
自我评价		小组评价		教师评价	
存在的主要问题					

【问题探究】

【探究 1】　解释网页和网站，并简要说明网页的工作原理。

（1）网页

网页是用 HTML 或者其他语言编写的，通过浏览器编译后供用户获取信息的页面，网页可以包含文字、图像、动画、视频、超链接等各种网页元素。

网页按其表现形式可以分为静态网页和动态网页。静态网页实际上是图文结构的页面，浏览者可以阅读页面中的信息，网页可以包括 GIF 动画、Flash 动画、视频和脚本程序等，但是浏览器端与服务器端不发生交互操作。动态网页的"动"指的是"交互性"，是指浏览器端和服务器端可以进行交互操作，大部分信息存储在服务器端的数据库中，根据浏览者的请求从服务器端的数据库中取出数据，传送到浏览器端，然后显示出来。

（2）网站

网站是若干相关网页的集合。通过超链接将网站中多个网页建立联系，形成一个主题鲜明、风格一致的 Web 站点。网站中的网页结构性较强，组织比较严密。通常，网站都有一个主页，包括网站 Logo 和导航栏等内容，导航栏包含了指向其他网页的超链接。

（3）网页的工作原理

网站包含的文件位于 Web 服务器中，浏览者通过浏览器向 Web 服务器发出请求，Web 服务器则根据请求，将浏览者所访问的网页传送到客户端，显示在浏览器中。一个网页的工作过程可以归纳为以下 4 个步骤。

① 用户在浏览器中输入网页的网址，如 http:// www.sina.com。

② 客户端的访问请求被送往网站所在的 Web 服务器，服务器查找对应的网页。

③ 若找到网页，Web 服务器就把找到的网页回送给客户端。

④ 客户端收到返回的网页后在浏览器中显示出来。

【探究 2】 解释术语：Internet、WWW、URL、Hypertext、HTTP、HTML、CSS、Server 与 Browser。

详见电子活页 1-1。

【探究 3】 解读网页中的 HTML 代码。

利用 Dreamweaver 创建的网页，会自动生成由 HTML 描述的代码框架。HTML 是一种纯文本类型、解释执行的标记语言，使用 HTML 编写的网页文件也是标准的纯文本文件。当用浏览器浏览网页时，浏览器读取网页中的 HTML 代码，分析其语法结构，然后根据解释的结果显示网页内容。

在 Dreamweaver 主界面中单击【代码】按钮 代码，切换到【代码视图】，观察网页的 HTML 代码，对 HTML 代码形成初步印象。

（1）空白网页的 HTML 代码

空白网页的 HTML 代码如下。

```
<!doctype html>
<html>
  <head>
      <meta charset="utf-8">
      <title>无标题文档</title>
  </head>
  <body>
```

笔 记

术语解释

```
        </body>
    </html>
```

HTML 文档主要由头部内容和主体内容两部分组成。头部内容是文档的开头部分，对文件进行一些必要的定义；主体内容是 HTML 网页的主要部分。在 HTML 网页文档的基本结构中主要包含以下几种标签。

1）html 标签

<html>…</html>标签在最外层，表示这对标签之间的内容是 HTML 文档。

2）head 头部标签

head 头部标签以<head>标签开始、</head>标签结束，头部标签出现在文件的起始部分，用来说明文件的有关信息。头部标签内最常用的标签是标题标签，其格式为：

```
<title>网页标题</title>
```

3）body 主体标签

文档主体内容以<body>标签开始、</body>标签结束，网页正文中的所有内容（如文字、图像、表格、动画等）都包含在这对标签之间。

（2）DOCTYPE 声明

HTML5 中使用<!DOCTYPE html>声明，该声明方式适用所有版本的 HTML，HTML5 中不可以使用版本声明。

<!DOCTYPE>声明必须是 HTML 文档的第一行，位于<html>标签之前。<!DOCTYPE>声明不是 HTML 标签，是一个文档类型标记。DOCTYPE 是一种标准通用标记语言的文档类型声明，它告诉标准通用标记语言解析器，应该使用什么样的文档类型定义解析文档，它用来告知 Web 浏览器页面使用了哪种 HTML 版本。

在 HTML 4.01 中，<!DOCTYPE>声明引用 DTD，因为 HTML 4.01 基于 SGML。DTD 规定了标签语言的规则，这样浏览器才能正确地呈现内容。HTML5 不基于 SGML，所以不需要引用 DTD。在 HTML 4.01 中有 3 种<!DOCTYPE>声明，在 HTML5 中只有一种，即<!DOCTYPE html>。

<!DOCTYPE>声明没有结束标记，并且对大小写不敏感。应始终向 HTML 文档添加<!DOCTYPE>声明，这样浏览器才能获知文档类型。

（3）设置网页关键字和说明的 HTML 代码

设置网页关键字和说明的 HTML 代码位于头部标签<head>与</head>之间，代码如下。

```
<meta name="keywords" content="阿坝旅游 阿坝目的地 阿坝旅游攻略">
<meta name="description" content="九寨沟县自然资源十分丰富，这里不仅有世界级自然风景名胜区九寨沟，还有神仙池风景区、大熊猫自然保护区、白河金丝猴自然保护区、甘海子国家森林。">
```

（4）链接外部样式表文件的 HTML 代码

链接外部样式表文件的 HTML 代码一般位于头部标签<head>与</head>之间，示例代码如下。

```
<link rel="stylesheet" type="text/css" href="css/common.css">
<link rel="stylesheet" type="text/css" href="css/main.css">
```

（5）链接外部 JS 文件的 HTML 代码

链接外部 JS 文件的 HTML 代码一般位于头部标签<head>与</head>之间，示例代码如下。

```
<script   src="js/1.js" type="text/javascript"></script>
```

【探究 4】 了解制作网页与处理网页元素的常用工具。

制作网页的专业工具功能越来越完善、操作越来越简单，处理图像、制作动画、发布网站的专业软件应用也非常广泛。

制作网页的常用工具如下。

① 制作网页的专门工具：Dreamweaver。

② 图像处理工具：Photoshop、Fireworks。

③ 动画制作工具：Flash、Swish。

④ 抓图工具：HyperSnap、HyperCam、Camtasia Studio。

⑤ 网站发布工具：CuteFTP。

【探究 5】 了解 HTML5 的主要变化。

HTML5 提供了一些新的元素和属性，如<nav>和<footer>，这些标签将有利于搜索引擎的索引整理，同时更好地帮助小屏幕装置和视障人士使用，此外，还为其他浏览要素提供了新的功能，如<audio>和<video>标记。详见电子活页 1-2。

【探究 6】 了解 HTML5 新增的标签和废除的标签。

在 HTML5 中，新增加了多个标签元素，同时也废除了多个标签元素。详见电子活页 1-3。

【探究 7】 了解 HTML5 新增的属性和废除的属性。

HTML5 中，在新增加和废除很多元素的同时，也增加和废除了很多属性。详见电子活页 1-4。

HTML5 的主要变化

HTML5 新增与废除的标签

HTML5 新增与废除的属性

⊃【单元习题】

详见电子活页 1-5。

单元 1 习题

单元 2　制作文本网页

网页中的信息主要通过文字来表达。文字是网页的主体和构成网页最基本的元素，它具有准确快捷地传递信息、存储空间小、易复制、易保存、易打印等优点，其优势很难被其他元素所取代。在 Dreamweaver 中输入文本与在 Word 中输入文本很相似，都可以对文本的格式进行设置。

本单元通过制作一个文本网页，学会建立站点目录结构、创建网页文档、设置网页的首选项、设置页面的整体属性、在网页中输入与编辑文本、对网页文本进行格式化处理。

单元 2 素质目标

拓展阅读 2
草地上的红色传奇永不褪色

案例 2　大美中国-九寨沟景区

全域景区

【知识疏理】

1．HTML5 中常用的结构标签

HTML5 常用的结构标签见表 2-1。

表 2-1　HTML5 常用的结构标签

标签名称	标签描述	标签名称	标签描述
<header>	定义头部内容区域	<div>	定义文档中的块级区域
<section>	定义 Web 页面中的一块区域	<p>	定义文档中的段落
<nav>	定义导航区域	<span>	定义文档中的行级区域
<aside>	定义页面内容的侧边栏	<dialog>	定义对话框
<footer>	定义尾部内容区域	<article>	定义独立的文章内容区域

笔 记

HTML5 常用的结构标签说明如下。

（1）<div>标签

div 是 division（分割）的缩写，是一个通用块状元素，是常用的结构化元素，其 display 属性默认为 block。div 没有明确的语义，表示文档结构块的意思，它可以将文档分割为多个有意义的区域，所以使用<div>标签可以实现网页的布局，是网页布局的主要元素。

（2）标题标签

HTML 中定义了 6 级标题，分别为 h1、h2、h3、h4、h5、h6，这 6 个标签具有明确的语义，这些元素的第一个字母 h 是 header（标题）的首字母，后面的数字表示标题的级别。使用 h1、h2、h3、h4、h5 和 h6 可以定义网页标题，每级标题的字号大小依次递减。其中 h1 表示一级标题，字号最大，h2 表示二级标题，字号较小，依次类推，六级标题字号最小。

h1、h2、h3、h4、h5 和 h6 都是块状元素，CSS 和浏览器都预定义了 h1～h6 标签的默认样式，一般搜索引擎对标题标签具有较强的敏感性，特别是 h1 和 h2 元素。建议使用 h1～h6 标签定义网页的标题，并且放在相应的结构层次中。

（3）段落标签

p 是 paragraph（段落）的首字母，<p>标签用于定义文本段落，该标签具有明确的语义特征。<p>标签是块状元素，每个文本段落在默认状态下都定义了上、下边界，具体大小在不同浏览器中有所区别。当需要在网页中插入新段落时，可以使用段落标签<p></p>，它可以将标签后面的内容另起一段，在 Dreamweaver 的【设计视图】中，按【Enter】键后，就会自动形成一个段落，相当于添加了<p>标签。

（4）<span>标签

span 表示范围的意思，是一个通用内联元素，没有明确的语义特征，可以作为文本或内联元素的容器，其 display 属性默认为 inline。一般用<span>标签为部分文本或内联元素定义特殊的样式、修饰特定内容和辅助<div>标签完善页面布局等。

2. CSS 文本属性

CSS 文本属性可定义文本的外观，通过文本属性，可以设置文本的颜色、字符间距、对齐文本、装饰文本、对文本进行缩进等。

（1）缩进文本

把 Web 页面中段落的第一行缩进，这是一种最常用的文本格式化效果。CSS 提供了 text-indent 属性，该属性可以方便地实现段落的首行缩进。通过使用 text-indent 属性，所有元素的第一行都可以缩进一个指定的长度。text-indent 属性可以继承。

以下示例代码会使所有段落的首行缩进 2em。

```
p {text-indent: 2em;}
```

一般来说，可以为所有块级元素应用 text-indent，但无法将该属性应用于行内元素，图像之类的替换元素也无法应用 text-indent 属性。不过，如果一个块级元素（如段落）的首行中有一个图像，它会随该行的其余文本移动。如果想将一个行内元素的第一行"缩进"，可以用左内边距或外边距创造这种效果。

text-indent 属性值还可以设置为负值，这样可以实现很多有趣的效果，如"悬挂缩进"，即第一行悬挂在元素中余下部分的左边，示例代码如下。

```
p {text-indent: -2em;}
```

不过，在为 text-indent 设置负值时要注意，如果对一个段落设置了负值，那么首行的某些文本可能会超出浏览器窗口的左边界。为了避免出现这种显示问题，建议针对负缩进再设置一个外边距或内边距，示例代码如下。

```
p {text-indent:-2em; padding-left:2em;}
```

text-indent 属性值可以使用所有长度单位，包括百分比值。百分数要相对于缩进元素父元素的宽度。换句话说，如果将缩进值设置为 20%，所影响元素的第一行会缩进其父元素宽度的 20%。

在以下示例代码中，缩进值是父元素的 20%，即 100 像素。

```
div {width: 500px;}
p {text-indent: 20%;}
<div>
    <p>this is a paragragh</p>
</div>
```

（2）水平对齐

text-align 是一个基本属性，它会影响一个元素中文本行之间的对齐方式，其取值 left、right 和 center 会使得元素中的文本分别左对齐、右对齐和居中。

（3）文字间隔

word-spacing 属性可以改变文字（单词）之间的标准间隔，其默认值 normal 与设置值为 0 是一样的。word-spacing 属性接受一个正长度值或负长度值。如果提供一个正长度值，那么文字之间的间隔就会增加。为 word-spacing 设置一个负值，就会把文字拉近，示例代码如下。

```
p.spread { word-spacing: 30px; }
p.tight { word-spacing: -0.5em; }
```

（4）字母间隔

与 word-spacing 属性一样，letter-spacing 属性的可取值包括所有长度，默认关键字是 normal（这与 letter-spacing:0 相同）。输入的长度值会使字母之间的间隔增加或减少指定的量，示例代码如下。

```
h1 { letter-spacing: –0.5em }
h4 { letter-spacing: 20px }
```

letter-spacing 属性与 word-spacing 属性的区别在于，字母间隔修改的是字符或字母之间的间隔。

（5）字符转换

text-transform 属性处理文本的大小写，该属性有 4 个取值：none、uppercase、lowercase 和 capitalize。默认值 none 对文本不做任何改动，将使用源文档中的原有大小写。顾名思义，uppercase 和 lowercase 将文本转换为全为大写和全为小写字符，capitalize 只设置每个单词的首字母大写。

（6）文本装饰

text-decoration 属性提供了很多有趣的行为，text-decoration 有 5 个值：none、underline、overline、line-through、blink。underline 会对元素添加下画线，overline 的作用恰好相反，会在文本的顶端画一个上画线，line-through 则在文本中间画一个贯穿线，blink 会让文本闪烁。

none 值会关闭原本应用到一个元素上的所有装饰。通常，无装饰的文本是默认外观，但也不总是这样。例如，链接默认会有下画线，如果希望去掉超链接的下画线，可以使用以下 CSS 来实现。

```
a {text-decoration: none;}
```

注意：

如果显式地用这样一个规则去掉超链接的下画线，那么超链接与正常文本之间在视觉上的唯一差别就是颜色。

（7）文本阴影

在 CSS3 中，text-shadow 属性可向文本应用阴影，允许规定水平阴影、垂直阴影、模糊距离以及阴影的颜色。

（8）处理空白符

white-space 属性会影响到对源文档中的空格、换行和 Tab 字符的处理。通过使用该属性，可以影响浏览器处理文字之间和文本行之间的空白符的方式。从某种程度上讲，默认的 HTML 处理已经完成了空白符处理，它会把所有空白符合并为一个空格。所以给定以下代码，它在 Web 浏览器中显示时，各个文字之间只会显示一个空格，同时忽略元素中的换行。

```
<p>This     paragraph has     many     spaces          in it.</p>
```

可以使用以下声明显式地设置这种默认行为。

```
p {white-space: normal;}
```

上面的规则告诉浏览器按照平常的做法去处理，即丢掉多余的空白符。如果给定这个值，换行字符（回车）会转换为空格，一行中多个空格也会转换为一个空格。

如果将 white-space 设置为 pre，受这个属性影响的元素中，空白符的处理就有所不同，其行为就像 HTML 的 pre 元素一样，空白符不会被忽略。

3. 网页中多重样式的应用

如果网页中某些属性在不同样式表中被同样的选择器定义，那么属性值将被继承过来。例如，外部样式表拥有针对 h3 选择器的 3 个属性，代码如下。

```
h3 {
    color: red;
    text-align: left;
    font-size: 8pt;
}
```

而内部样式表拥有针对 h3 选择器的两个属性，代码如下。

```
h3 {
    text-align: right;
    font-size: 20pt;
}
```

假如拥有内部样式表的这个页面同时与外部样式表链接，那么 h3 得到的样式如下。

```
color: red; text-align: right; font-size: 20pt;
```

即颜色属性将被继承于外部样式表，而文字排列（text-alignment）和字体尺寸（font-size）会被内部样式表中的规则取代。

4. 解释标记-moz-、-webkit-、-o-和-ms-

① -moz-：以-moz-开头的样式代表 Firefox 浏览器特有的属性，只有 Firefox 浏览器可以解析。moz 是 Mozilla 的缩写。

② -webkit-：以-webkit-开头的样式代表 WebKit 浏览器特有的属性，只有 WebKit 浏览器可以解析。WebKit 是一个开源的浏览器引擎，Chrome、Safari 浏览器都采用 WebKit 内核。

③ -o-：以-o-开头的样式代表 Opera 浏览器特有的属性，只有 Opera 浏览器可以解析。

④ -ms-：以-ms-开头的样式代表 IE 浏览器特有的属性，只有 IE 浏览器可以解析。

【操作准备】

1. 创建所需的文件夹

在本地硬盘（如 D 盘）中创建一个文件夹"网页设计与制作案例"，在该文件夹中创建子文件夹"单元 2"。

2. 启动 Dreamweaver

在 Windows 的【开始】菜单中选择【Adobe Dreamweaver】命令即可启动 Dreamweaver。

3.创建站点

创建一个名称为"单元 2"的本地站点，站点文件夹为"单元 2"。

【引导训练】

微课 2-1
制作阿坝概况的文本
网页

【任务 2-1】 制作阿坝概况的文本网页

本任务的基本要求是：制作一个纯文本的网页 0201.html，介绍阿坝藏族羌族自治州的地理位置、行政区划、气候资源和生态资源。

网页 0201.html 的浏览效果如图 2-1 所示。

图 2-1
网页 0201.html 的
浏览效果

阿坝概况

地理位置：

　　阿坝藏族羌族自治州地处青藏高原东南缘，横断山脉北端与川西北高山峡谷的接合部。
　　位于四川省西北部，紧邻成都平原，北部与青海、甘肃省相邻，东南西三面分别与成都、绵阳、德阳、雅安、甘孜等市州接壤。

行政区划：

　　辖马尔康、金川、小金、阿坝、若尔盖、红原、壤塘、汶川、理县、茂县、松潘、九寨沟、黑水13县，224个乡镇。

气候资源：

　　气温自东南向西北并随海拔由低到高而相应降低。西北部的丘状高原冬季严寒漫长，夏季凉寒湿润，年平均气温0.8～4.3℃。山原地带夏季温凉，冬春寒冷，干湿季明显，年平均气温5.6～8.9℃。高山峡谷地带，随着海拔高度变化，气候从亚热带到温带、寒温带、寒带，呈明显的垂直性差异。

生态资源：

　　阿坝州占有我国13处自然遗产中的3处：九寨沟、黄龙、四川大熊猫栖息地。其中，九寨沟、黄龙是集世界自然遗产、人与生物圈保护区和"绿色环球21"可持续发展旅游的保护区3项顶级桂冠的风景区。独特的藏、羌民族风情，神秘的藏传佛教文化吸引了越来越多的中外游客。

【任务 2-1-1】 建立站点目录结构

　任务描述

① 在站点"单元 2"中建立文件夹"任务 2-1"。

② 在文件夹"任务 2-1"中建立子文件夹"text"。

　任务实施

为了对各类文件进行分类存储，接下来在站点"单元 2"的文件夹中根据需要创建多个子文件夹。

1.建立子文件夹"任务 2-1"

在【文件】面板的站点根目录单元 2 上右击，然后在弹出的快捷菜单中选择【新建文件夹】命令，如图 2-2 所示。此时会建立一个名为 untitled 的文件夹，如图 2-3 所示，将文件夹重命名为"任务 2-1"，如图 2-4 所示。

2.建立子文件夹 text

在【文件】面板中右击建好的文件夹"任务 2-1"，在弹出的快捷菜单中选择【新建

文件夹】命令，然后将文件夹名称修改为 text 即可，结果如图 2-5 所示。切换到 Windows
资源管理器观察刚才创建的文件夹结构，如图 2-6 所示。

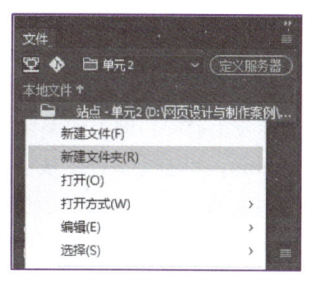

图 2-2
选择【新建文件夹】命令

图 2-3
创建文件夹的默认名称

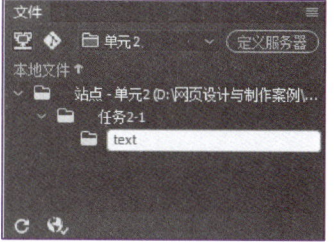
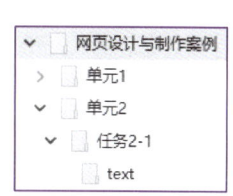

图 2-4
将文件夹重命名为
"任务 2-1"

图 2-5
新建子文件夹 text

图 2-6
新建的文件夹结构

【任务 2-1-2】 创建与保存网页文档 0201.html

 任务描述

① 新建一个网页文档。

② 将新建的网页文档保存在文件夹"任务 2-1"中，并命名为 0201.html。

 任务实施

1. 创建网页文档

在 Dreamweaver 主界面中，选择菜单【文件】→【新建】命令，弹出【新建文档】
对话框，在左侧默认选中"新建文档"选项，在"文档类型"列表框默认选中 HTML，在
"框架"选项区域默认选中"无"，如图 2-7 所示，单击【创建】按钮，此时在 Dreamweaver
文档窗口区域创建了一个名为 Untitled-1.html 的网页文档。

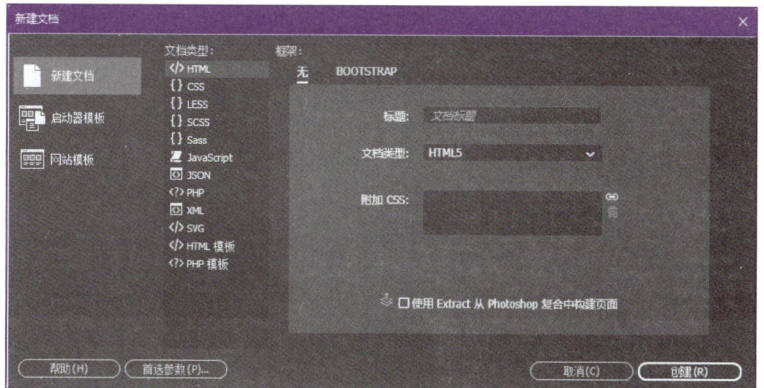

图 2-7
【新建文档】对话框

 提示：

也可以在【文件】面板中右击子文件夹"任务 2-1"，在弹出的快捷菜单中选择【新建文件】命令，即可新建网页文档。

2. 保存网页文档

在 Dreamweaver 主界面中，选择菜单【文件】→【保存】命令，弹出如图 2-8 所示的【另存为】对话框，在其中输入网页文档的名称 0201.html，单击【保存】按钮，新建的网页文档便会以名称 0201.html 保存在对应的文件夹"任务 2-1"中，如图 2-9 所示，这样便创建了一个空白网页文档。

图 2-8
【另存为】对话框

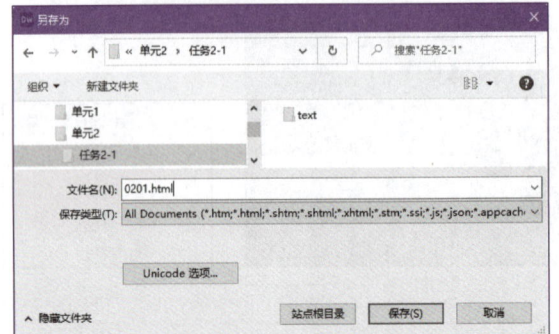

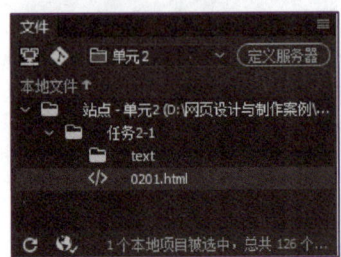

图 2-9
创建网页文档
0201.html

 提示：

也可以在【标准】工具栏中单击【保存】按钮或者【全部保存】按钮进行保存，后面将会应用此方法进行快速保存。

【任务 2-1-3】 设置网页的首选项

任务描述

为了更好地使用 Dreamweaver，建议读者在使用之前，首先根据自己的工作方式和爱好进行相关参数的设置。

① 设置启动 Dreamweaver 时不再显示开始屏幕。

② 设置新建网页文档的默认扩展名为.html，默认文档类型为 HTML5，默认编码为 Unicode（UTF-8）。

③ 设置复制文本时的参数为"带结构的文本以及全部格式（粗体、斜体、样式）"。

任务实施

1. 打开【首选项】对话框

在 Dreamweaver 主界面中，选择菜单【编辑】→【首选项】命令或者使用快捷键【Ctrl+U】，即可打开【首选项】对话框，如图 2-10 所示。

【首选项】对话框左侧"分类"列表框中列出了多种类别，选择一种类别后，该类别中对应的选项将会显示在右侧参数设置区域。根据需要修改参数，单击【应用】按钮，即可完成设置。

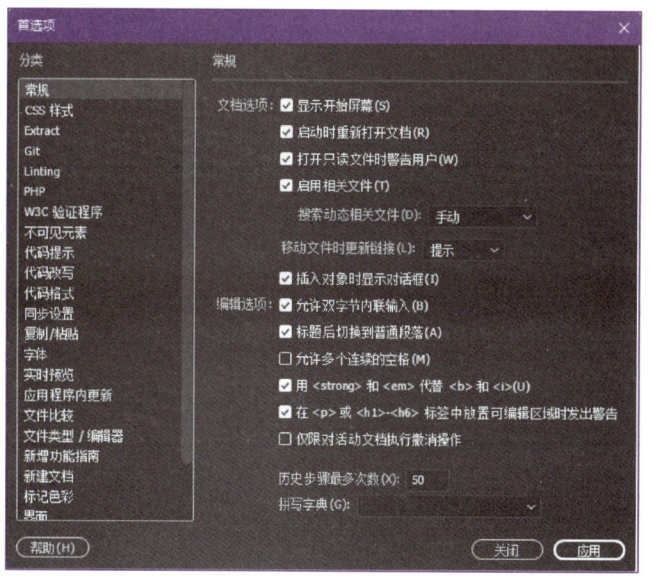

图 2-10
【首选项】对话框

2. 设置启动 Dreamweaver 时不再显示开始屏幕

打开【首选项】对话框，在左侧"分类"列表框中选择"常规"选项，如图 2-10 所示，在右侧区域取消选中"文档选项"组中的"显示开始屏幕"复选框，然后单击【应用】按钮。下次启动 Dreamweaver 时将不再显示起始页。

3. 设置"新建文档"属性

打开【首选项】对话框，在左侧"分类"列表框中选择"新建文档"选项，然后在右侧区域设置"默认文档"为 HTML、"默认扩展名"为.html、"默认文档类型"为 HTML5、"默认编码"为 Unicode（UTF-8），如图 2-11 所示。

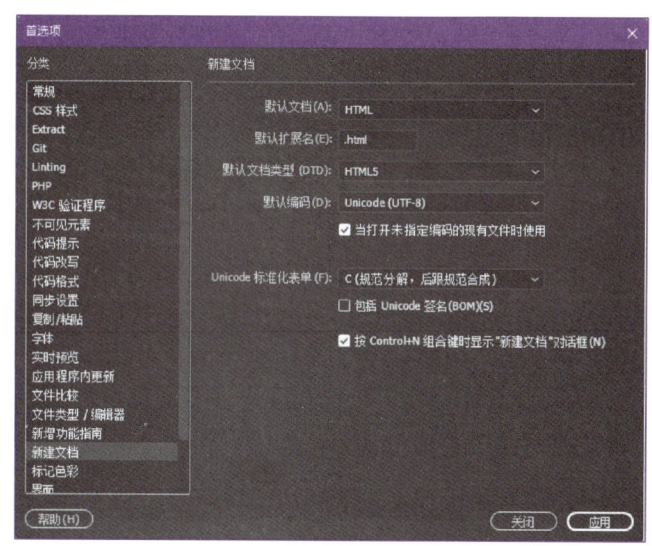

图 2-11
设置"新建文档"属性

4. 设置"复制/粘贴"属性

打开【首选项】对话框，在左侧"分类"列表框中选择"复制/粘贴"选项，如图 2-12

所示，在右侧区域选中"带结构的文本以及全部格式（粗体、斜体、样式）"单选按钮即可。此外，还可以设置"复制/粘贴"时，是否保留换行符，是否清理 Word 段落间距等。

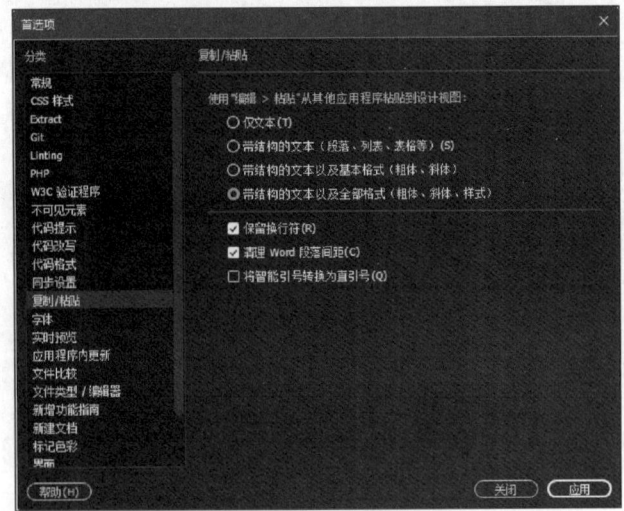

图 2-12
设置"复制/粘贴"属性

"首选项"设置完成后，单击【应用】按钮即可。

【任务 2-1-4】　设置页面的整体属性

网页的页面属性可以控制网页的标题、背景颜色、背景图片、文本颜色等，主要对外观进行整体上的控制，以保证页面属性的一致性。

 任务描述

1. 网页的"外观"属性设置要求

设置网页的"页面字体"为"宋体"，"大小"为 14 px，"背景颜色"为#BCDBF0，"左边距"和"右边距"为 30 px，"上边距"和"下过距"为 10 px。

2. 网页的"链接"属性设置要求

设置网页的链接字体为"宋体"，大小为 14 px，链接颜色为 blue，变换图像链接的颜色为 aqua，已访问链接的颜色为 olive，活动链接的颜色为 red，下画线样式为"仅在变换图像时显示下画线"。

3. 网页的"标题"属性设置要求

设置网页的标题字体为"黑体"，标题 1 的大小为 24 px、颜色为#0000FF，标题 2 的大小为 18 px、颜色为#71B230，标题 3 的大小为 14 px、颜色为 black。

4. 网页的"标题/编码"属性设置要求

设置网页的标题为"阿坝概况"，文档类型为 HTML5，编码为 Unicode（UTF-8）。

 任务实施

1. 打开【页面属性】对话框

在 Dreamweaver 主窗口中，选择菜单【文件】→【页面属性】命令或者在【属性】

面板中单击【页面属性】按钮，都可以打开【页面属性】对话框，如图 2-13 所示。

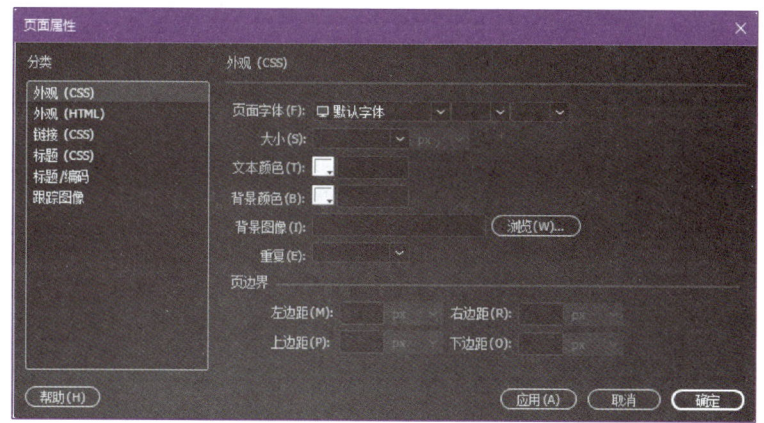

图 2-13
【页面属性】对话框

在【页面属性】对话框左侧"分类"列表框中列出了 6 种不同的类别：外观（CSS）、外观（HTML）、链接（CSS）、标题（CSS）、标题/编码、跟踪图像，选择一种类别后，该类别中对应的选项将会显示在右侧的属性参数设置区域。根据需要修改相应类别的属性参数，单击【确定】或【应用】按钮，即可完成页面属性设置。

2. 设置"外观"属性

（1）设置页面字体

在左侧"分类"列表框中选择"外观（CSS）"，从右侧"页面字体"下拉列表框中选择"宋体"作为页面中的默认文本字体。

如果该下拉列表框中没有列出所需的字体，可以选择最后一项"管理字体…"，如图 2-14 所示，打开【管理字体】对话框。切换到【自定义字体堆栈】选项卡，在"可用字体"列表框中选择"宋体"，然后单击 << 按钮，也可以在"可用字体"列表框中直接双击所需字体，"选择的字体"和"字体列表"列表框便会出现该字体，如图 2-15 所示，然后单击【完成】按钮，刚才所选取的字体便会出现在"字体列表"列表框中。

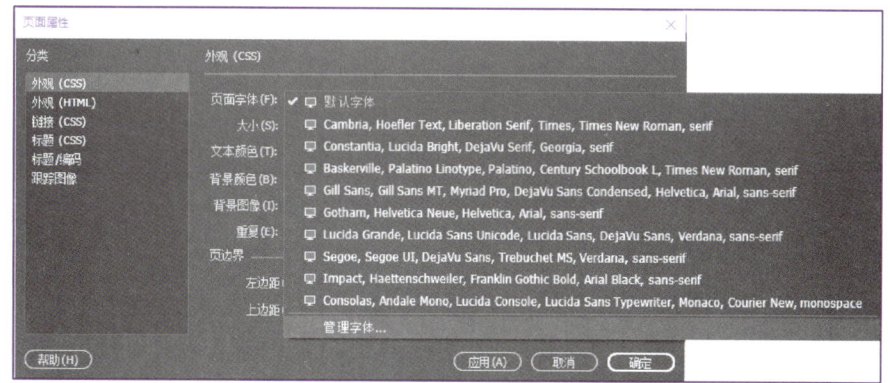

图 2-14
供选择的字体列表

（2）设置页面字号大小

从"大小"列表框中选择 14，其单位为 px（像素）。

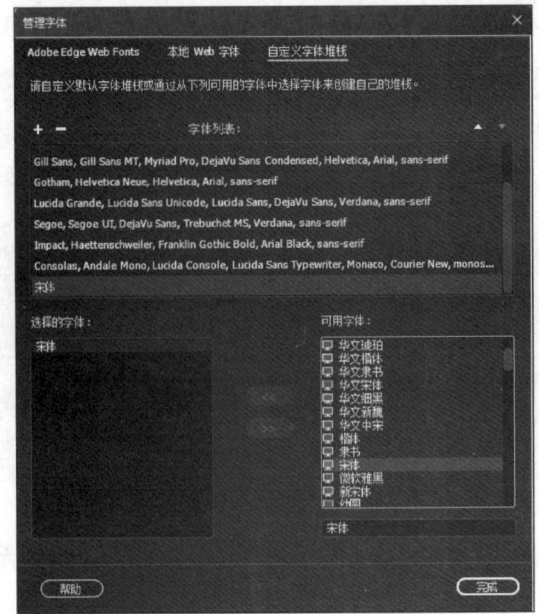

图 2-15
添加字体

（3）设置网页的背景颜色

一般情况下，背景颜色都设置为白色，如果不设置背景颜色，常用的浏览器也会默认网页的背景颜色为白色。为了增强网页背景效果，可以对背景颜色进行设置，这里设置背景颜色为#BCDBF0。

✎ 提示：

文本颜色的设置方法与背景颜色的设置方法相同。

（4）设置页边界

在"左边距"文本框中输入网页左边空白的宽度：30 px，表示网页内容的左边起始位置距浏览器左边框为 30 px。在"右边距"文本框中输入网页右边空白的宽度：30 px，表示网页内容的右边末尾位置距浏览器右边框为 30 px。"上边距"和"下边距"设置方法与"左边距"相同。

（5）设置背景图像

在【页面属性】对话框中也可以设置网页的"背景图像"，其方法是：在"背景图像"文本框中输入网页背景图像的路径和名称，这里建议输入相对路径，不要使用绝对路径。也可以单击文本框右侧的【浏览】按钮，在弹出的【选择图像源文件】对话框中选择图像文件作为网页的背景图像，最后单击【确定】按钮即可。

使用图像作背景时，可以在"重复"下拉列表框中选择背景图像的重复方式，其选项包括 no-repeat、repeat、repeat-x 和 repeat-y。

"外观"属性的设置如图 2-16 所示，此时单击【确定】按钮或者【应用】按钮，即可完成设置。

3. 设置"链接"属性

① 打开【页面属性】对话框。

引导训练

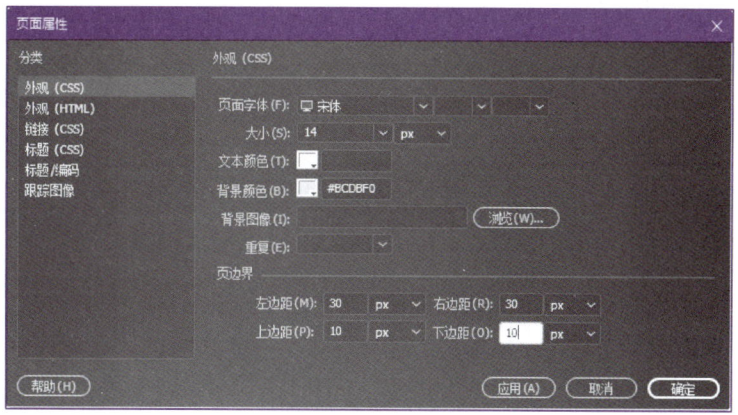

图 2-16
设置页面的"外观"属性

② 在左侧"分类"列表框中选择"链接（CSS）"。

③ 在右侧"链接字体"下拉列表框中选择"宋体"，如果其中没有列出所需的字体，可以选择最后一项"管理字体…"，添加所需的字体。

④ 在"大小"下拉列表框中选择 14，单位默认为"像素（px）"。

⑤ 设置"链接颜色"为 blue。

⑥ 设置"变换图像链接"为 aqua。

⑦ 设置"已访问链接"为 olive。

⑧ 设置"活动链接"为 red。

⑨ 设置"下画线样式"为"仅在变换图像时显示下画线"。

"链接"属性的设置如图 2-17 所示，此时单击【确定】按钮或者【应用】按钮，即可完成设置。

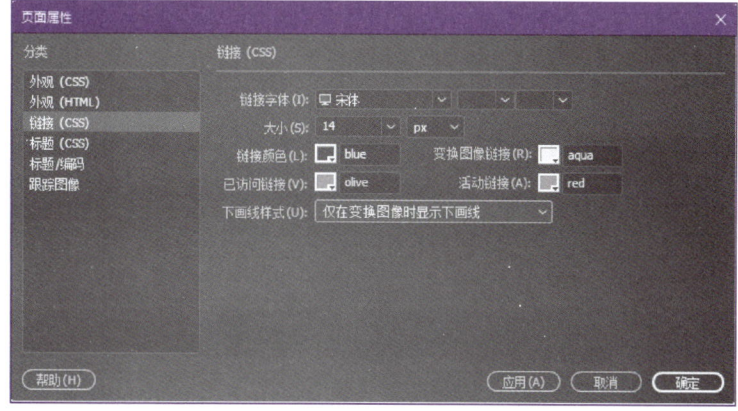

图 2-17
设置页面的"链接"属性

4. 设置"标题"属性

① 打开【页面属性】对话框，在左侧"分类"列表框中选择"标题（CSS）"。

② 在右侧"标题字体"下拉列表框中选择"黑体"，如果其中没有列出所需的字体，可以选择最后一项"编辑字体列表…"，添加所需的字体。

③ 在"标题 1"的"大小"下拉列表框中选择 24，单位默认为 px（像素），设置颜色为#0000ff。

33

④ 在"标题 2"的"大小"下拉列表框中选择 18，单位默认为 px（像素），设置颜色为#71B230。

⑤ 在"标题 3"的"大小"下拉列表框中选择 14，单位默认为 px（像素），设置颜色为 black。

"标题"属性的设置如图 2-18 所示，其他"标题"的设置方法类似。此时单击【确定】按钮或者【应用】按钮，即可完成设置。

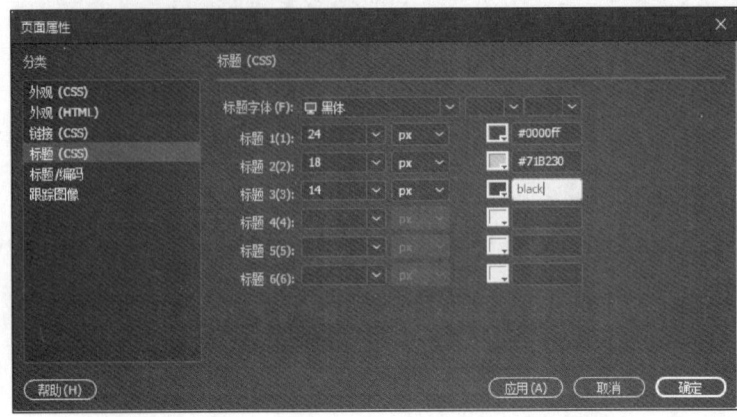

图 2-18
设置页面的"标题"
属性

5. 设置"标题/编码"属性

"标题/编码"选项用于设置网页标题和文字编码等属性。网页标题可以是中文、英文或其他符号，它显示在浏览器的标题栏位置。当网页被加入收藏夹时，网页标题又作为网页的名字出现在收藏夹中。

① 打开【页面属性】对话框，在左侧"分类"列表框中选择"标题/编码"。

② 在右侧"标题"文本框中输入"阿坝概况"。

③ 在"文档类型"下拉列表框中选择 HTML5。

④ 在"编码"下拉列表框中选择 Unicode（UTF-8），将网页的文字编码设置成中文。

"标题/编码"属性的设置如图 2-19 所示，此时单击【确定】按钮或者【应用】按钮，即可完成设置。

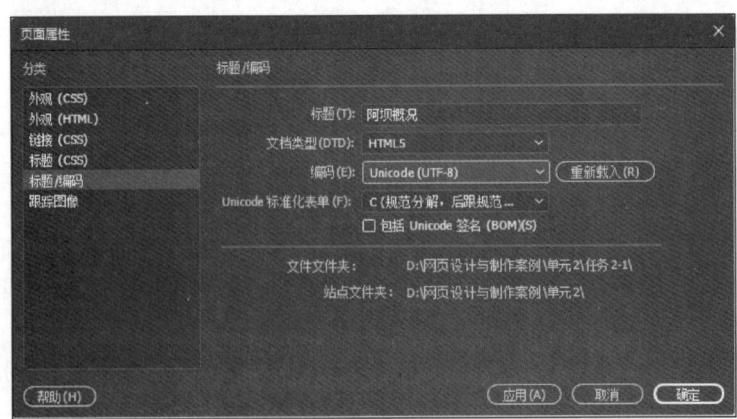

图 2-19
设置页面的"标题/编
码"属性

提示：

在【页面属性】对话框中也可以设置页面的"跟踪图像"属性，在正式制作网页之前，可以先绘制一幅网页设计草图，Dreamweaver 可以将这种草图设置成跟踪图像，作为辅助背景，用于引导网页的设计。跟踪图像的文件格式必须为 JPEG、GIF 或 PNG。在 Dreamweaver 中跟踪图像是可见的，但在浏览器中浏览网页时，跟踪图像不会被显示。

6．保存网页的属性设置

单击【标准】工具栏中的【保存】按钮或【全部保存】按钮，保存网页的属性设置。

【任务 2-1-5】 在网页中输入文字

任务描述

在网页中输入多个标题和一段正文文字。

任务实施

1．确定文字输入位置

单击网页编辑窗口中的空白区域，窗口中随即出现闪动的光标，标识输入文字的初始位置，效果如图 2-20 所示。

2．输入页面文本的标题

选择输入法，在适当位置输入一行文字"阿坝概况"作为页面文本的标题，然后按【Enter】键换行，效果如图 2-21 所示。

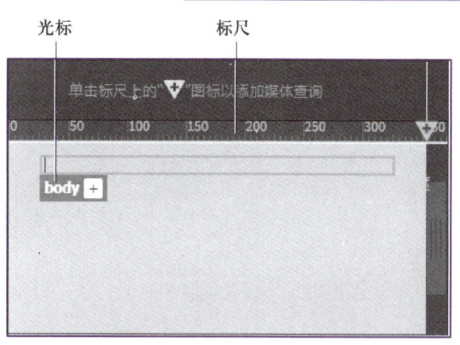

图 2-20
文档窗口的光标
与标尺

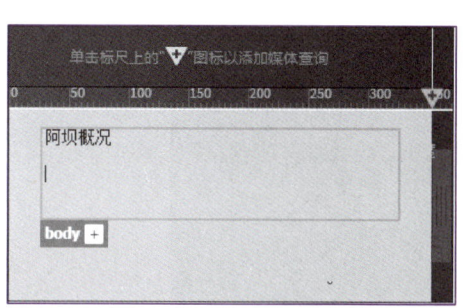

图 2-21
输入页面文本的
标题后换行

3．输入页面段落文本的标题

在图 2-21 所示的光标位置输入段落文本的标题"地理位置："，然后按【Enter】键换行。

4．输入空格和文本段落

在新的一行按【Ctrl+Shift+Space】组合键输入 2 个空格，然后输入一行文字"阿坝藏族羌族自治州地处青藏高原东南缘，横断山脉北端与川西北高山峡谷的接合部。"，按【Shift + Enter】组合键实现换行。

📝 提示：

按【Ctrl+Shift+Space】组合键输入空格，按【Shift + Enter】组合键实现换行，即添加
，如果在【设计】视图中页面无明显效果，可以在【代码】视图中对应代码位置实现。

在【插入】面板中切换到【HTML】类，然后在该工具栏中选择"不换行空格"选项，如图 2-22 所示。使用类似的方法插入 2 个连续的空格。

📝 提示：

也可以在 Dreamweaver 主界面选择菜单【插入】→【HTML】→【不换行空格】命令插入空格，如图 2-23 所示。

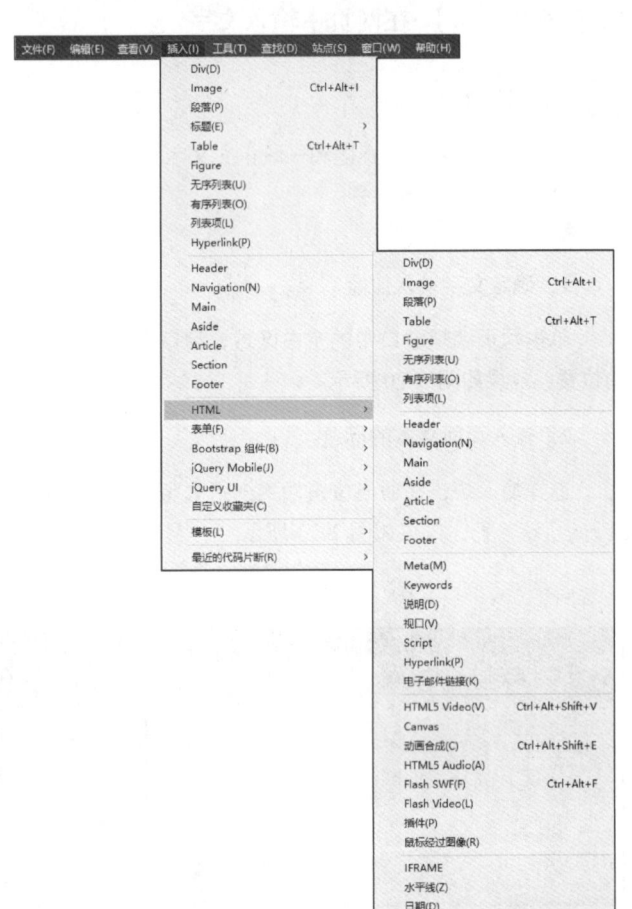

图 2-22
选择"不换行空格"

图 2-23
选择【不换行空格】
命令

接着输入文字"位于四川省西北部，紧邻成都平原，北部与青海、甘肃省相邻，东南西三面分别与成都、绵阳、德阳、雅安、甘孜等市州接壤。"，切换到【设计】视图，效果如图 2-24 所示。

📝 提示：

应区别网页中两种不同换行方法的行距。按【Enter】键，换行的行距较大，换行会形成不同的段落，而按【Shift + Enter】组合键，换行的行距较小，仍为同一个段落。在【插入】面板中切换到【HTML】类，然后在该工具栏中选择"字符"→"换行符"选项，如图 2-25 所示。

36

图 2-24
输入空格和多行文本

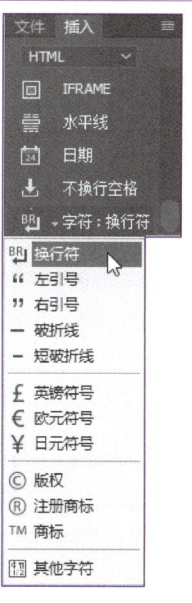

阿坝概况

地理位置：

  阿坝藏族羌族自治州地处青藏高原东南缘，横断山脉北端与川西北高山峡谷的结合部。

  位于四川省西北部，紧邻成都平原，北部与青海、甘肃省相邻，东南西三面分别与成都、绵阳、德阳、雅安、甘孜等市州接壤。

图 2-25
插入"换行符"

5.保存

保存所输入的文本。

【任务 2-1-6】 输入与编辑网页中的文本

在网页中输入的文本与 Word 一样，也能进行编辑修改，常见的文本编辑操作如下。

① 拖动鼠标选中一个或多个文字、一行或多行文本，也可以选中网页中的全部文本。

② 按【Backspace】键或【Delete】键实现删除文本操作。

③ 将光标移动到需要插入文本的位置，输入新的文本。

④ 实现复制、剪切、粘贴等操作。

⑤ 实现查找与替换操作。

⑥ 实现撤销或重做操作。

这些文本编辑操作可以使用 Dreamweaver 主界面【编辑】菜单中的命令完成，部分操作也可以先选中文本，然后右击打开快捷菜单，利用其中的命令完成。

 任务描述

① 输入"行政区划："及相关内容。

② 输入"气候资源："及相关内容。

③ 输入"生态资源："及相关内容。

在输入文本过程中注意换行和输入合适的空格，同时对输入的文本进行编辑，以保证准确无误。

任务实施

1.输入"行政区划："及相关内容

按【Enter】键换行，然后输入段落标题"行政区划："。

笔 记

再一次按【Enter】键换行，先输入 2 个空格，然后输入文本"辖马尔康、金川、小金、阿坝、若尔盖、红原、壤塘、汶川、理县、茂县、松潘、九寨沟、黑水 13 县，224 个乡镇"。

2．输入"气候资源："及相关内容

再一次按【Enter】键换行，然后输入段落标题"气候资源："。

再一次按【Enter】键换行，先输入 2 个空格，然后输入如图 2-26 所示的多行文本。

图 2-26
"气候资源："及相关
内容

气温自东南向西北并随海拔由低到高而相应降低。西北部的丘状高原冬季严寒漫长，夏季凉寒湿润，年平均气温0.8～4.3℃。山原地带夏季温凉，冬春寒冷，干湿季明显，年平均气温5.6～8.9℃。高山峡谷地带，随着海拔高度变化，气候从亚热带到温带、寒温带、寒带，呈明显的垂直性差异。

3．输入"生态资源："及相关内容

再一次按【Enter】键换行，然后输入段落标题"生态资源："。

再一次按【Enter】键换行，先输入 2 个空格，然后输入如图 2-27 所示的多行文本。

图 2-27
"生态资源："及相关
内容

阿坝州占有我国13处世界自然遗产中的3处：九寨沟、黄龙、四川大熊猫栖息地。其中，九寨沟、黄龙是集世界自然遗产、人与生物圈保护区和"绿色环球21"可持续发展旅游的保护区3项顶级桂冠的风景区。独特的藏、羌民族风情，神秘的藏传佛教文化吸引了越来越多的中外游客。

4．保存

保存网页 0201.html。

【任务 2-1-7】 网页文本的格式化

Dreamweaver 中专门提供了对文本进行格式化的【属性】面板，文本的字体、大小和颜色等属性的设置可以通过【属性】面板完成。

任务描述

① 将网页的文本标题"阿坝概况"的格式设置为"标题 1"，并在网页中居中对齐。
② 将网页的段落标题"地理位置："、"行政区划："、"气候资源："和"生态资源："的格式设置为"标题 2"。

任务实施

1．显示【属性】面板

在 Dreamweaver 窗口中，选择菜单【窗口】→【属性】命令，打开【属性】面板，HTML【属性】面板如图 2-28 所示。在【属性】面板中单击左下角的【CSS】按钮 ᴴ CSS，即可切换到 CSS【属性】面板，如图 2-29 所示。同样在【属性】面板中单击【HTML】按钮 ＜＞ HTML，即可切换到 HTML【属性】面板。

图 2-28
HTML【属性】面板

图 2-29
CSS【属性】面板

2．设置标题"阿坝概况"的格式属性

选中网页的文本标题"阿坝概况"，在 HTML【属性】面板的"格式"下拉列表框中选择"标题 1"，切换到 CSS【属性】面板，单击【居中对齐】按钮，使页面文本标题居中对齐。

3．设置各个段落标题的格式属性

选中第一个段落标题"地理位置："，在 HTML【属性】面板的"格式"下拉列表框中选择"标题 2"。使用类似的方法设置其他 3 个标题"行政区划："气候资源："和"生态资源："的格式为"标题 2"。

4．保存

保存对网页文本的格式设置。

【任务 2-1-8】 设置超链接与浏览网页效果

任务描述

① 在网页 0201.html 中将"阿坝藏族羌族自治州"设置为超链接。

② 在浏览器中浏览网页 0201.html 的效果。

任务实施

1．设置超链接

在网页文档中选中文字"阿坝藏族羌族自治州"，然后在【属性】面板的"链接"文本框中输入#，即链接到当前页面，此时页面文字"阿坝藏族羌族自治州"的颜色自动变为 blue，即在【页面属性】对话框中所设置的"链接颜色"，【属性】面板如图 2-30 所示。

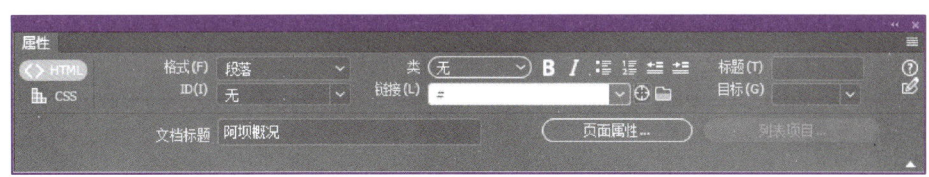

图 2-30
设置【属性】面板

保存网页的超链接设置。

2．浏览网页效果

按快捷键【F12】，网页的浏览效果如图 2-1 所示。

观察页面中标题、段落文字和项目列表的字体、大小、颜色和对齐方式。重点观察所设置超链接的文字颜色，将鼠标指针指向超链接文字"阿坝藏族羌族自治州"，观察颜色的变化，单击超链接文字"阿坝藏族羌族自治州"，观察颜色的变化。

【任务 2-1-9】 在【代码】视图查看 CSS 代码和 HTML 代码

 任务描述

① 切换到【代码】视图。

② 在【代码】视图中查看 CSS 代码和 HTML 代码。

 任务实施

1. 切换到【代码】视图

在 Dreamweaver 主窗口的【文档】工具栏中单击【代码】按钮，即可切换到【代码】视图。

2. 网页"外观"属性设置的样式代码

在 Dreamweaver 的【页面属性】对话框中对页面的"外观"属性进行设置，自动生成的样式代码见表 2-2。

表 2-2　网页"外观"属性设置的样式代码

序号	CSS 代码
01	body,td,th {
02	font-family: "宋体";
03	font-size: 14px;
04	}
05	body {
06	background-color: #BCDBF0;
07	margin-left: 30px;
08	margin-top: 10px;
09	margin-right: 30px;
10	margin-bottom: 10px;
11	}

这些样式代码分别定义了页面文字的字体和大小，页面的背景颜色、左边距、上边距、右边距和下边距。

3. 网页"链接"属性设置的样式代码

在 Dreamweaver 的【页面属性】对话框中对页面的"链接"属性进行设置，自动生成的样式代码见表 2-3。

表 2-3　网页"链接"属性设置的样式代码

序号	CSS 代码
01	a {
02	font-family: "宋体";
03	font-size: 14px;
04	color: blue;
05	}
06	a:link {

续表

序号	CSS 代码
07	text-decoration: none;
08	}
09	a:visited {
10	text-decoration: none;
11	color: olive;
12	}
13	a:hover {
14	text-decoration: underline;
15	color: aqua;
16	}
17	a:active {
18	text-decoration: none;
19	color: red;
20	}

这些样式代码分别定义了页面链接文字的字体和大小、网页链接初始状态的颜色、已访问链接的颜色、变换图像链接的颜色、活动链接的颜色以及下画线的样式。

4．网页"标题"属性设置的样式代码

在 Dreamweaver 的【页面属性】对话框中对页面的"标题"属性进行设置，自动生成的样式代码见表 2-4。

表 2-4　网页"标题"属性设置的样式代码

序号	CSS 代码
01	h1,h2,h3,h4,h5,h6 {
02	font-family: "黑体";
03	}
04	h1 {
05	font-size: 24px;
06	color: #0000ff;
07	text-align: center;
08	}
09	h2 {
10	font-size: 18px;
11	color: #71B230;
12	}
13	h3 {
14	font-size: 14px;
15	color: black;
16	}

这些样式代码分别定义了标题 h1～h6 的字体，以及标题 h1～h3 的大小和颜色。

【CSS 设计器】面板中标签<body>的"布局"属性设置如图 2-31 所示，标签<h1>的"文本"属性设置如图 2-32 所示。在【CSS 设计器】-【属性】面板中，单击【布局】按钮可以显示或设置"布局"属性，单击【文本】按钮则可以显示或设置"文本"属性。

41

图 2-31
标签<body>的"布局"属性设置

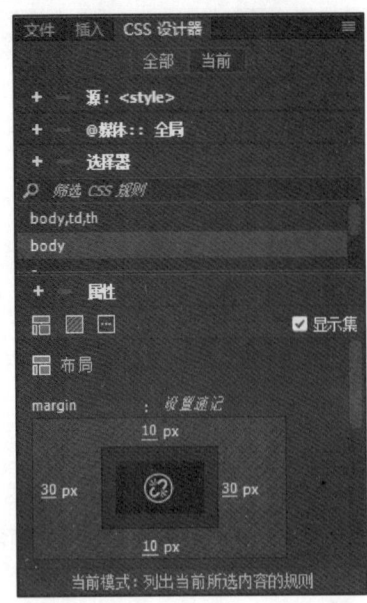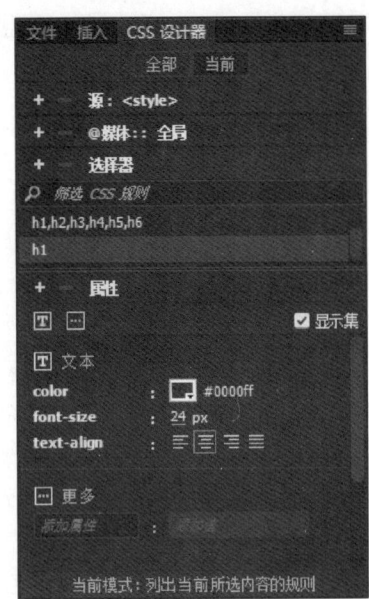

图 2-32
标签<h1>的"文本"属性设置

5. HTML 代码的标题标签与段落标签的应用

网页 0201.html 的主体 HTML 代码见表 2-5，这些代码主要为标题标签和段落标签的应用。

表 2-5   HTML 代码的标题标签与段落标签的应用

序号	HTML 代码
01	<body>
02	<h1>阿坝概况</h1>
03	<h2>地理位置：</h2>
04	<p> <a href="#">阿坝藏族羌族自治州</a>地处青藏高原东南缘，横断山脉北端与川西北高山峡谷的接合
05	部。
06	位于四川省西北部，紧邻成都平原，北部与青海、甘肃省相邻，东南西三面分别与成都、绵阳、德阳、
07	雅安、甘孜等市州接壤。</p>
08	<h2>行政区划：</h2>
09	<p> 辖马尔康、金川、小金、阿坝、若尔盖、红原、壤塘、汶川、理县、茂县、松潘、九寨沟、黑水 13
10	县，224 个乡镇。</p>
11	<h2>气候资源：</h2>
12	<p> 气温自东南向西北并随海拔由低到高而相应降低。西北部的丘状高原冬季严寒漫长，夏季凉寒湿润，
13	年平均气温 0.8～4.3℃。山原地带夏季温凉，冬春寒冷，干湿季明显，年平均气温 5.6～8.9℃。高山峡谷地带，随着海
14	拔高度变化，气候从亚热带到温带、寒温带、寒带，呈明显的垂直性差异。</p>
15	
16	<h2>生态资源：</h2>
17	<p> 阿坝州占有我国 13 处世界自然遗产中的 3 处：九寨沟、黄龙、四川大熊猫栖息地。其中，九寨沟、
18	黄龙是集世界自然遗产、人与生物圈保护区和"绿色环球 21"可持续发展旅游的保护区 3 项顶级桂冠的风景区。独特
19	的藏、羌民族风情，神秘的藏传佛教文化吸引了越来越多的中外游客。</p>
20	
21	</body>

（1）标题标签

HTML 中，定义了 6 级标题，分别为 h1、h2、h3、h4、h5、h6，每级标题的字体大

小依次递减，一级标题字号最大，六级标题字号最小。标题字可以在页面中分别实现水平方向左、居中、右对齐，以便文字在页面中的排版。对齐方式可以为 left（左对齐）、right（右对齐）或 center（居中对齐）。

表 2-5 中的第 02 行应用了标题 1，第 03、08、11 和 16 行应用了标题 2。

（2）段落标签

当需要在网页中插入新段落时，可以使用段落标签<p></p>，它可以将标签后面的内容另起一段。在 Dreamweaver 的【设计】视图中，按【Enter】键后，就会自动形成一个段落，相当于添加了<p>标签。段落文字的水平对齐方式有 3 种：left（左对齐）、right（右对齐）、center（居中对齐）。

表 2-5 中第 04～07 行为一个段落，第 09～10 行、第 12～15 行、第 17～20 行各为一个段落，各包含了一对段落标签<p> </p>。

（3）强制换行标签

强制换行标签
是一个单标签，与段落标签在显示效果上都是另起一行书写，但是段落标签的行距较宽，制作网页时，换行可以通过按【Shift+Enter】组合键实现。

表 2-5 中的第 05 行有一个强制换行标签
。

（4）转义符号

表 2-5 中第 04、06、09、12 和 17 行插入了多个转义符号 ，表示空格。

【任务 2-2】 使用 CSS 美化文本标题和文本段落

 任务描述

① 创建样式文件 base.css 和 main.css，在该样式文件中定义标签的属性、类选择符及其属性。

② 创建网页文档 0202.html，且链接外部样式文件 base.css 和 main.css。

③ 在网页 0202.html 中添加必要的 HTML 标签和输入文字。

④ 浏览网页 0202.html 的效果，如图 2-33 所示，该网页包含文本标题和多个正文段落。

微课 2-2
使用 CSS 美化文本
标题和文本段落

阿坝概况

地理位置： 阿坝藏族羌族自治州地处青藏高原东南缘，横断山脉北端与川西北高山峡谷的结合部，位于四川省西北部，紧邻成都平原，北部与青海、甘肃省相邻，东南西三面分别与成都、绵阳、德阳、雅安、甘孜等市州接壤。

行政区划： 辖马尔康、金川、小金、阿坝、若尔盖、红原、壤塘、汶川、理县、茂县、松潘、九寨沟、黑水13县，224个乡镇。

气候资源： 气温自东南向西北并随海拔由低到高而相应降低。西北部的丘状高原冬季严寒漫长，夏季凉寒湿润，年平均气温为0.8～4.3℃。山原地带夏季温凉，冬春寒冷，干湿季明显，年平均气温为5.6～8.9℃。高山峡谷地带，随着海拔高度变化，气候从亚热带到温带、寒温带、寒带，呈明显的垂直性差异。

生态资源： 阿坝州的九寨沟、黄龙是集世界自然遗产、人与生物圈保护区和"绿色环球21"可持续发展旅游的保护区 3 项顶级桂冠的风景区。独特的藏、羌民族风情、神秘的藏传佛教文化吸引了越来越多的中外游客。

图 2-33
网页 0202.html 的
浏览效果

 任务实施

1. 在站点"单元 2"创建文件夹

（1）建立子文件夹"任务 2-2"

在【文件】面板中站点根目录"单元 2"上右击，在弹出的快捷菜单中选择【新建文

件夹】命令，此时会建立一个名为 untitled 的文件夹，将文件夹重命名为"任务 2-2"。

（2）建立子文件夹 css

在文件夹"任务 2-2"上右击，在弹出的快捷菜单中选择【新建文件夹】命令，然后将文件夹名称修改为 css 即可。

2．创建样式文件 base.css

在 Dreamweaver 主窗口中选择菜单【文件】→【新建】命令，打开【新建文档】对话框，在左侧选择"新建文档"选项，设置"文档类型"为 CSS，如图 2-34 所示。

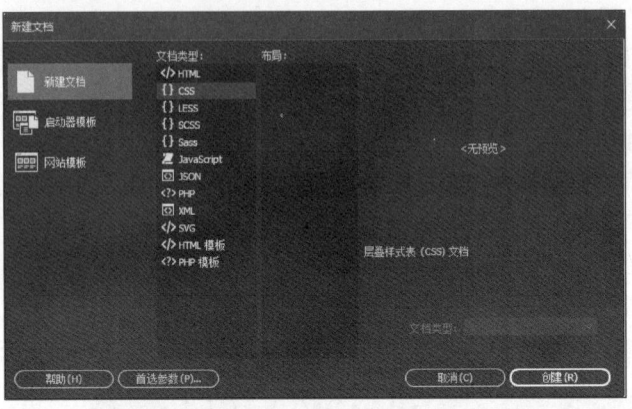

图 2-34
【新建文档】对话框

在【新建文档】对话框中单击【创建】按钮，创建一个 CSS 文件。将新建的 CSS 文件保存在 css 文件夹中，并命名为 base.css。

（1）定义标签 <body> 的属性

打开【CSS 设计器】面板，其初始状态如图 2-35 所示，在"选择器"区域单击【添加选择器】按钮，输入选择器名称"body"，按【Enter】键。然后选择选择器"body"，并取消选中"显示集"复选框，如图 2-36 所示。

图 2-35
【CSS 设计器】的初始状态

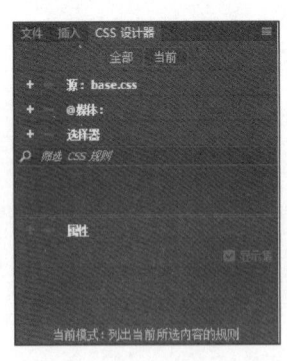

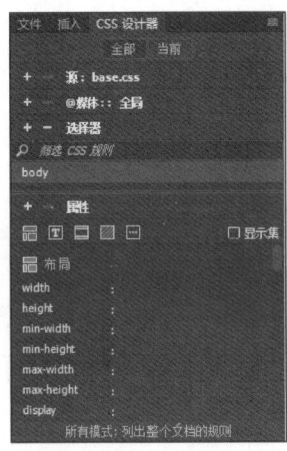

图 2-36
选择新添加的选择器"body"

在"布局"区域设置 width 为 1200 px，如图 2-37 所示。

在【属性】面板中单击【文本】按钮，切换到"文本"属性设置区域，设置 color 为 #666，如图 2-38 所示。

然后依次设置 font-family 为"微软雅黑"，font-size 为 12 px，line-height 为 2 em，text-indent 为 32 px，如图 2-39 所示。

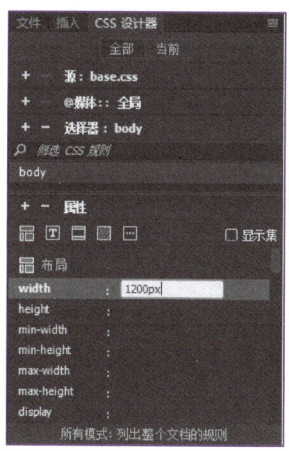 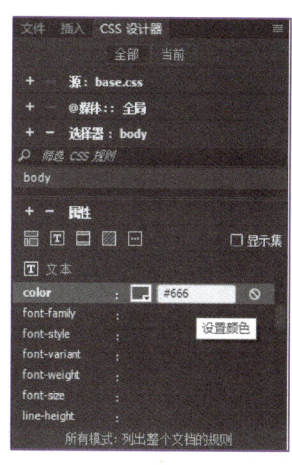 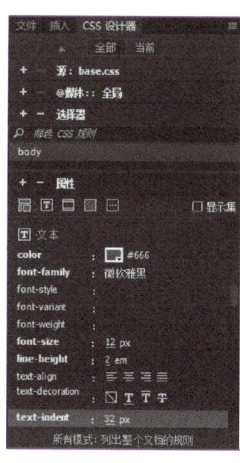

图 2-37
设置 width 的属性值

图 2-38
设置 color 的属性值

图 2-39
设置多项属性

在图 2-39 所示的【CSS 设计器】属性列表中指向某一个属性行，会出现【删除 CSS 属性】按钮🗑，单击该按钮，则可删除对应的属性设置。

标签<body>的属性设置完成后，会自动添加如下 CSS 代码。

```css
body {
    width: 1200px;
    color: #666;
    font-family: "微软雅黑";
    font-size: 12px;
    line-height: 2em;
    text-indent: 32px;
}
```

（2）添加选择器"h1, h2, p"并定义其属性

在【CSS 设计器】面板的选择器列表中选择选择器"body"，单击【添加选择器】按钮➕，然后输入新的选择器"h1, h2, p"，如图 2-40 所示。

在选择器列表中选择刚才添加的选择器"h1, h2, p"，然后在【属性】面板的 margin 区域设置上、右、下、左的 margin 属性值为 0 px，接着在 padding 区域设置上、右、下、左的 padding 属性值为 0 px，如图 2-41 所示。

选择器"h1, h2, p"的属性设置完成后，会自动添加如下 CSS 代码。

```css
h1, h2, p {
    margin-top: 0px;
    margin-right: 0px;
    margin-bottom: 0px;
    margin-left: 0px;
    padding-top: 0px;

    padding-right: 0px;
    padding-bottom: 0px;
    padding-left: 0px;
}
```

图 2-40
添加新的选择器 "h1,h2,p"

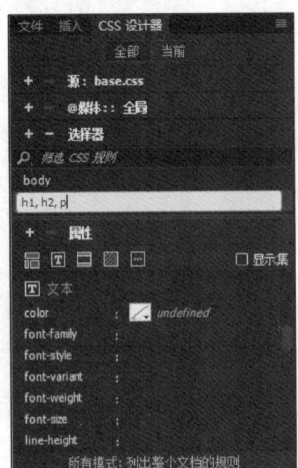

图 2-41
设置 margin 和 padding
属性

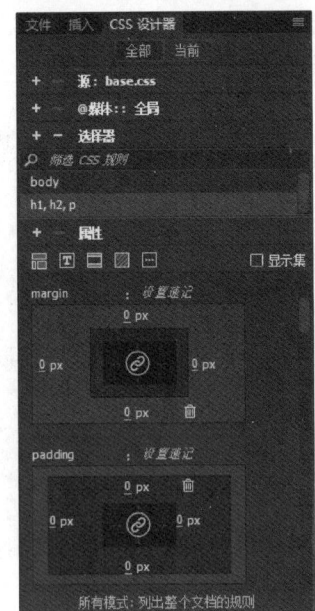

由于 margin 和 padding 4 个方向的属性都设置为 0 px，可以将代码予以简化，结果如下。

```
h1, h2, p {
    margin: 0px;
    padding: 0px;
}
```

保存样式文件 base.css。

3．创建样式文件 main.css

创建样式文件 main.css，将其保存到文件夹 css 中。

（1）定义标签<section>的属性

打开【CSS 设计器】面板，在"选择器"区域单击【添加选择器】按钮➕，输入选择器名称 section，按【Enter】键。然后选择选择器 section，在"布局"区域中设置 width 为 1200 px。在 margin 区域的上方输入 10，即设置 margin-top 的属性值为 10 px。

标签<section>的属性设置完成后，会自动添加如下 CSS 代码。

```
section {
    width: 1200px;
    margin-top: 10px;
}
```

保存样式文件 main.css。

（2）添加选择器.ec-g 并定义其属性

在【CSS 设计器】面板的选择器列表中选择选择器 section，然后单击【添加选择器】按钮➕，添加新的选择器.ec-g。

在选择器列表中选择刚才添加的选择器.ec-g，在【属性】面板中设置"布局"属性，设置 width 为 860 px，padding 的上、右、下、左为 10 px。

选择器.ec-g 的属性设置完成后，会自动添加如下 CSS 代码。

```
.ec-g {
    width: 860px;
    padding: 10px;
}
```

（3）添加其他选择器并定义其属性

在【CSS 设计器】面板中分别添加选择器.w-box、.w-box h2、.w-box p，并设置各个选择器的属性。

样式文件 main.css 中各选择器及其属性设置的 CSS 代码见表 2-6。

表 2-6　样式文件 main.css 中各选择器及其属性设置的 CSS 代码

序号	CSS 代码	序号	CSS 代码
01	section {	14	.w-box h2 {
02	width: 1200px;	15	text-align: center;
03	margin-top: 10px;	16	font-size: 24px;
04	}	17	}
05	.ec-g {	18	
06	width: 860px;	19	.w-box p {
07	padding: 10px;	20	margin: 0.75em 0;
08	}	21	line-height: 162%;
09	.w-box {	22	color: #666;
10	padding: 10px 20px 10px 5px;	23	font-size: 14px;
11	background-color: transparent;	24	padding-left: 15px;
12	}	25	text-indent: 32px;
13		26	}

4. 创建网页文档 0202.html

（1）创建网页文档 0202.html

在文件夹"任务 2-2"中创建网页文档 0202.html。

（2）链接外部样式表

切换到网页文档 0202.html 的【代码】视图，在标签</head>前输入链接外部样式表的代码如下。

```
<link href="css/base.css" rel="stylesheet" type="text/css">
<link href="css/main.css" rel="stylesheet" type="text/css">
```

（3）编写网页主体布局结构的 HTML 代码

切换到【代码】视图，在网页标签<body>和</body>之间输入 HTML 代码，在输入标签过程中会自动显示相关的标签列表。例如，输入标签<section>，当输入<se 时会出现如图 2-42 所示的标签列表。

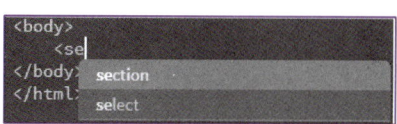

图 2-42
输入标签<section>时
出现的标签列表

网页 0202.html 主体布局结构的 HTML 代码见表 2-7。

表 2-7　网页 0202.html 主体布局结构的 HTML 代码

序号	HTML 代码
01	\<section\>
02	\<div class="ec-g"\>
03	\<div class="w-box"\>
04	\<!--标题--\>
05	\</div\>
06	\<div class="w-box"\>
07	\<!--内容--\>
08	\</div\>
09	\</div\>
10	\</section\>

说明：

插入\<div\>标签也可以使用【插入】菜单中的【Div】命令实现，方法如下：将光标置于网页中需要插入\<div\>标签的位置，选择菜单【插入】→【Div】命令，打开【插入 Div】对话框，在"插入"下拉列表中选择"在插入点"，在 Class 下拉列表中选择合适的类，如 ec-g，如图 2-43 所示，单击【确定】按钮，即可插入\<div\>标签，然后输入文本内容或插入图片即可。

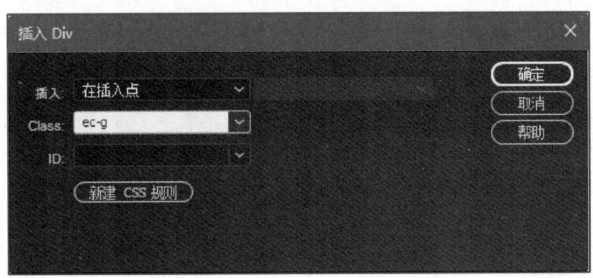

图 2-43
【插入 Div】对话框

（4）输入 HTML 标签与文字

网页 0202.html 的 HTML 代码见表 2-8。

表 2-8　网页 0202.html 的 HTML 代码

序号	HTML 代码
01	\<body\>
02	\<section\>
03	\<div class="ec-g"\>
04	\<div class="w-box"\>
05	\<h2\>阿坝概况\</h2\>
06	\</div\>
07	\<div class="w-box"\>
08	\<p\>\<strong\>地理位置\</strong\>：阿坝藏族羌族自治州地处青藏高原东南缘，横断山脉北端与川西北高山峡谷的接
09	合部，位于四川省西北部，紧邻成都平原，北部与青海、甘肃省相邻，东南西三面分别与成都、绵阳、德阳、雅安、甘
10	孜等市州接壤。\</p\>
11	\<p\>\<strong\>行政区划\</strong\>：辖马尔康、金川、小金、阿坝、若尔盖、红原、壤塘、汶川、理县、茂县、松潘、
12	九寨沟、黑水 13 县，224 个乡镇。\</p\>
13	\<p\>\<strong\>气候资源\</strong\>：气温自东南向西北并随海拔由低到高而相应降低。西北部的丘状高原冬季严寒漫
14	长，夏季凉寒湿润，年平均气温为 0.8～4.3℃。山原地带夏季温凉，冬春寒冷，干湿季明显，年平均气温为 5.6～8.9℃。
15	高山峡谷地带，随着海拔高度变化，气候从亚热带到温带、寒温带、寒带，呈明显的垂直性差异。\</p\>

续表

序号	HTML 代码
16	<p><strong>生态资源</strong>：阿坝州的九寨沟、黄龙是集世界自然遗产、人与生物圈保护区和"绿色环球 21"
17	可持续发展旅游的保护区 3 项顶级桂冠的风景区。独特的藏、羌民族风情、神秘的藏传佛教文化吸引了越来越多的中外
18	游客。</p>
19	</div>
20	</div>
21	</section>
22	</body>

5. 保存与浏览网页

保存网页文档 0202.html，在浏览器中的浏览效果如图 2-33 所示。

【引导训练考核评价】

本单元"引导训练"的考核评价内容见表 2-9。

表 2-9 单元 2 "引导训练"考核评价表

	考核内容	标准分	计分
考核要点	（1）能正确建立站点目录结构	1	
	（2）会正确设置网页首选项	1	
	（3）会正确设置页面的整体属性	1	
	（4）熟练在网页中输入与编辑文字	1	
	（5）熟练对网页文本进行格式化处理	1	
	（6）熟练使用 CSS 美化文本标题和文本段落	2	
	（7）认真完成本单元的任务、态度端正、操作规范、时间观念强、有协作精神、学习效果较好	1	
	小计	8	
评价方式	自我评价	小组评价	教师评价
考核得分			
存在的主要问题			

【同步训练】

【任务 2-3】 制作九寨沟概况的文本网页

 任务描述

创建网页 0203.html，并在该网页中输入以下 HTML 标签及文字。

微课 2-3
制作九寨沟概况的文本
网页

49

```
<h2>九寨沟概况</h2>
    <p>九寨沟位于四川省西北部岷山山脉南段的阿坝藏族羌族自治州九寨沟县漳扎镇
境内，因沟内有树正、荷叶、则查洼等9个藏族村寨而得名。九寨沟年均气温为6～14℃，
冬无严寒，夏季凉爽，四季景色各异：仲春树绿花艳，盛夏幽湖翠山，金秋尽染山
林，隆冬冰塑自然，以翠湖、叠瀑、彩林、雪峰、藏情、蓝冰"六绝"著称于世。
    </p>
```

创建样式文件 base.css，在该样式文件中定义<h2>标签的 CSS 代码如下。

```
h2 {
    font-family: sans-serif;              /*字体名称*/
    font-size: 35px;                      /*文本大小*/
    font-weight: 700;                     /*文本粗细*/
    color: #3a3a3a;                       /*文本颜色*/
    text-align: center;                   /*文本的水平对齐方式*/
    text-shadow: 3px 3px 0px #c7c7c7;     /*文本的阴影效果*/
    line-height: 40px;                    /*设置行高*/
    padding: 3px 0 3px 0;                 /*设置内边距*/
    margin-bottom: 10px;                  /*设置下外边距*/
}
```

在样式文件 base.css 中定义<p>标签的 CSS 定义代码如下。

```
p {
    font-family: "宋体", "Times New Roman", Arial;    /*字体名称*/
    font-size: 14px;                      /*文本大小*/
    font-style: normal;                   /*字体风格 */
    font-weight: bold;                    /*文本粗细*/
    color:#333 ;                          /*文本颜色*/
    text-decoration: none;                /*文本装饰*/
    text-indent: 2em;                     /*首行缩进*/
    line-height: 2em;                     /*行高*/
}
```

针对网页 0203.html 中的标题文字"九寨沟概况"和正文文字进行各种类型的文本属性设置。

① 设置字体分别为 Sans-serif、Georgia、Times New Roman、Times、Serif。

② 设置字体风格属性分别为 Italic 或者 Oblique。

③ 设置标题文字的大小分别为 35 px、2.5 em、400%或者 x-large，设置正文文字的大小分别为 16 px、9 pt、0.875 em、200%或者 small、medium、large。

④ 设置字体加粗属性分别为 bold、bolder、lighter 或者 700。

⑤ 设置颜色属性分别为#3a3a3a、#c63、RGB(0,0,255)、RGB(0%,0%,100%)、gray 或者 orange 等。

⑥ 设置水平对齐属性分别为居中对齐或者右对齐。

⑦ 设置文字装饰属性分别为 underline、overline、line-through 或者 blink。

⑧ 设置行高属性分别为 30 px、40 px 或者 150%等。

⑨ 设置内边距 padding 为 3 px、0、3 px、0。

⑩ 设置下外边距 margin-bottom 为 10 px。

【操作提示】

① 在站点"单元 2"中创建文件夹"任务 2-3"。

② 创建样式文件 base.css，在其中定义<h2>标签和<p>标签的 CSS 代码。

③ 在文件夹"任务 2-3"中创建网页 0203.html，在其中输入所需的 HTML 标签及文字。

④ 浏览网页 0203.html 的效果，如图 2-44 所示。

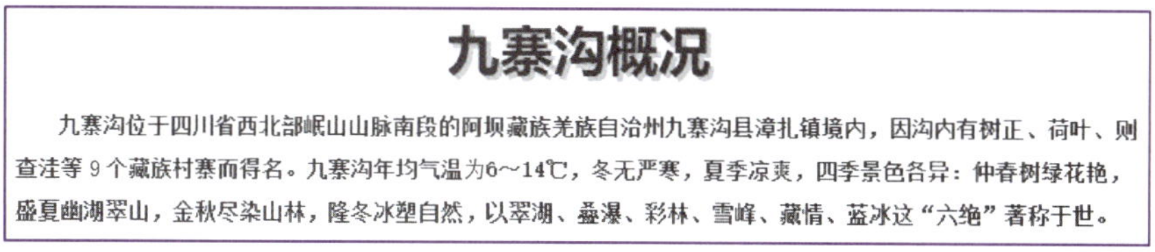

九寨沟概况

　　九寨沟位于四川省西北部岷山山脉南段的阿坝藏族羌族自治州九寨沟县漳扎镇境内，因沟内有树正、荷叶、则查洼等 9 个藏族村寨而得名。九寨沟年均气温为6～14℃，冬无严寒，夏季凉爽，四季景色各异：仲春树绿花艳，盛夏幽湖翠山，金秋尽染山林，隆冬冰塑自然，以翠湖、叠瀑、彩林、雪峰、藏情、蓝冰这"六绝"著称于世。

图 2-44
网页 0203.html 的浏览
效果

⑤ 按照任务描述的要求改变各个属性设置，重新浏览其效果。

【同步训练考核评价】

本单元"同步训练"评价内容见表 2-10。

表 2-10　单元 2"同步训练"评价表

任务名称	制作九寨沟概况的文本网页		
完成方式	【　】小组协作完成　　【　】个人独立完成		
同步训练任务完成情况评价			
自我评价		小组评价	教师评价
存在的主要问题			

【问题探究】

【探究1】 CSS 与 HTML 有何区别？ CSS 有何优点？

　　CSS 与 HTML 的主要区别有：网页是用 HTML 书写的，一个 HTML 网页包含了许多 HTML 标签，HTML 是一种纯文本、解决执行的标记语言，HTML 定义了网页的结构和网页元素，能够实现网页的普通格式要求。但是随着网页制作技术的不断发展，HTML 格式化功能的不足也日益明显，于是 CSS 便应运而生。CSS 可以控制许多仅使用 HTML 无法控制的属性，例如，CSS 可以指定自定义列表项目符号并指定不同的字体大小和单位，除了设置文本格式外，CSS 还可以控制网页中"块"级别元素的格式和定位。同时，CSS 弥补了 HTML 对网页格式化功能的不足，如 CSS 可以控制段落间距、行距等。CSS 的代码嵌入在 HTML 文档中，编写 CSS 的方法和编写 HTML 文档的方法相同。

CSS 的主要优点是提供便利的更新功能，更新 CSS 样式时，使用该样式的所有网页文档格式都自动更新为新样式。

CSS 具有更好的易用性与扩展性，CSS 可以应用到很多页面中，从而使不同的页面获得一致的布局和外观，使用外部样式表可以一次作用于若干文档，甚至整个站点。

【探究 2】 定义 CSS 的位置有哪几种？CSS 的 3 种用法在同一个网页文档中可以混用吗？

浏览网页时，当浏览器读到一个样式表时，会根据它来格式化 HTML 文档。插入样式表的方法有以下 3 种。

（1）外部样式表

当样式需要应用于很多页面时，外部样式表将是理想的选择。使用外部样式表时，可以通过改变一个文件来改变整个站点的外观。每个页面使用<link>标签链接到样式表。

<link>标签通常用在文档头部，示例代码如下。

```
<head>
    <link href="css/base.css" rel="stylesheet" type="text/css">
</head>
```

浏览器会从文件外部样式表 base.css 中读到样式声明，并根据它来格式化文档。外部样式表可以在任何文本编辑器中进行编辑，样式表应该以.css 扩展名进行保存。外部样式表文件不能包含任何 HTML 标签，以下是一个样式表文件的示例代码。

```
hr {color: sienna;}
p {margin-left: 20px;}
body {background-image: url("images/back40.gif");}
```

不要在属性值与单位之间留有空格。假如使用 margin-left:20 px 而不是 margin-left:20 px，那么它仅在 IE6 中有效，在 Mozilla、Firefox 或 Netscape 中却无法正常工作。

另外，还可以使用@import 导入外部样式表文件，它需要写在标签<style></style>内，代码如下。

```
<style type="text/css">
<!--
    @import url("css/base.css");
-->
</style>
```

📝 提示：

　　<style></style>标签内注释标签<!--……-->的作用是当浏览器不支持样式表时，屏幕上也不会将样式定义当作页面内容显示出来。

（2）内部样式表

当单个文档需要特殊样式时，需要使用内部样式表。可以使用<style>标签在文档头部定义内部样式表，示例代码如下。

```
<head>
    <style type="text/css">
        hr {color: sienna;}
```

```
        p {margin-left: 20px;}
        body {background-image: url("images/back.gif");}
    </style>
</head>
```

（3）内联样式

由于内联样式要将表现和内容混杂在一起，那么它会损失掉样式表的许多优势，应慎用这种方法，当样式仅需要在一个元素上应用一次时可以使用内联样式。

要使用内联样式，需要在相关标签内使用样式（style）属性，style 属性可以包含任何 CSS 属性。以下代码展示如何改变段落的颜色和左外边距。

```
<p style="color: sienna; margin-left:20px">
    This is a paragraph
</p>
```

上述 3 种方法可以混用，不会造成混乱。浏览器在显示网页时先检查是否有行内嵌入式 CSS，有就执行；其次检查是否有头部 CSS，有就执行；在前两者都没有的情况下再检查链接的外部文件方式的 CSS。因此可以看出，3 种 CSS 的执行优先级是：内联样式→内部样式表→外部样式表。

【探究 3】 CSS 的应用主要有哪几种形式？各有哪些特点和规则？

HTML 文档中包含多种网页元素，如文本、列表、图像、表格、表单等，而每一种网页元素又有多种不同类型的属性。CSS 的应用主要有 3 种形式：第 1 种是对某一种标签重新设置属性，第 2 种是对某一种标签的特定属性进行设置，第 3 种是组合多种属性自定义样式。这 3 种形式定义时也有所不同。详见电子活页 2-1。

CSS 样式应用形式

【探究 4】 定义 CSS 属性时经常使用的长度单位有哪些？

定义 CSS 属性时，所有长度都可以为正数或负数加上一个合适的单位来表示，有的属性只能为正数值。长度单位分为两大类：绝对单位和相对单位。详见电子活页 2-2。

定义 CSS 属性时经常
使用的长度单位

【探究 5】 如何设计网页的页面标题？

网页的页面标题相当于商店的招牌，标题通常位于页面的上端或中央，清楚明确地表示出来。

（1）标题文本的字号要合适

与其他文本相比，标题的字号应大一些、笔画粗一点为宜。在字号大小相同的情况下，加粗文字也能产生强化的效果。但是标题也不能过度放大，应该选择与主页风格协调的字号、笔画粗细以及配色。

（2）标题使用鲜艳的色彩

标题使用鲜艳的色彩可以起到强化标题的作用，当基于特定风格的要求而不得不将文字缩小时，鲜艳的色彩能够有效地保持文字的强度，使标题得到强化，使其效果更加清晰、引人瞩目。

（3）利用空间突出标题

标题周围留出一定的空间，使标题文字具有更加强烈而醒目的效果。

【探究 6】 如何设计网页中的页面文字？

网页最基本的作用是传递信息，信息最好的载体就是文字。网页中主要通过文字来给浏览者传递一定的信息。将文字和图像合理地结合起来，使整个网页更加有吸引力。详

设计网页页面文字

见电子活页 2-3。

【探究 7】网页中颜色的表示方法主要有哪些？

颜色是通过对红、绿和蓝光的组合来显示的。CSS 颜色使用组合了红、绿、蓝颜色值（RGB）的十六进制（HEX）表示法进行定义。对光源进行设置的最低值可以是 0（十六进制 00），最高值是 255（十六进制 FF）。十六进制值使用 3 个两位数来编写，并以#符号开头。CSS 常用颜色的 HEX 表示法与 RGB 表示法见表 2-11。

表 2-11　CSS 常用颜色的 HEX 表示法与 RGB 表示法

颜色 HEX 表示法	颜色 RGB 表示法	颜色 HEX 表示法	颜色 RGB 表示法
#000000	RGB(0,0,0)	#00FFFF	RGB(0,255,255)
#FF0000	RGB(255,0,0)	#FF00FF	RGB(255,0,255)
#00FF00	RGB(0,255,0)	#FFFFFF	RGB(255,255,255)
#0000FF	RGB(0,0,255)	#CCCCCC	RGB(204,204,204)
#FFFF00	RGB(255,255,0)	#C0C0C0	RGB(192,192,192)

网页中颜色的表示方法

从 0～255 种红、绿、蓝三原色的值能够组合出总共超过 1600 万种不同的颜色（根据 256×256×256 计算）。大多数现代显示器都能显示出至少 16384 种不同的颜色。多年前，当计算机只支持最多 256 种颜色时，216 种"网络安全色"列表被定义为 Web 标准，并保留了 40 种固定的系统颜色。现在，这些都不再重要，因为大多数计算机都能显示数百万种颜色。详见电子活页 2-4。

【探究 8】何谓色彩的三原色？色彩的三要素是什么？

色彩的三原色是能够按照一些数量规定合成其他任何一种颜色的基色。所有颜色其实都是由三原色按照不同的比例混合而成的。计算机屏幕的色彩是由红、绿、蓝 3 种原色组成的。

色彩的三要素是指色相、饱和度和明度，自然界的颜色可分为彩色和非彩色两大类，非彩色是指黑色、白色和各种深浅不一的灰色，其他所有颜色均属于彩色。

- 色相是色彩的相貌、颜色的属性，也就是区分色彩各类的名称，如"红色"代表一个具体的色相。色相由波长决定，如天蓝、蓝色、靛蓝是同一色相，它们看上去有区别是因为明度和饱和度不同。
- 饱和度又叫纯度，是指色彩的纯净程度，也可以说是色相感觉鲜艳或灰暗的程度。
- 明度是指色彩的明暗程度，体现颜色的深浅。它是全部色彩都具有的属性，最适合表现物体的立体感和空间感。

非彩色只有明度特征，没有色相和饱和度的区别。

【探究 9】网页页面色彩的搭配有哪些技巧？

不同的颜色给人不同的感觉，色彩选择的总原则是"总体协调、局部对比"，即网页的整体色彩效果和谐，局部或小范围可以有一些强烈色彩的对比。选择页面色彩时应考虑文化习惯、流行趋势、浏览群体、个人偏好等因素。网页页面色彩的搭配有以下技巧。

（1）特色鲜明

一个网站中颜色的运用必须有其自身独特的风格，因为只有这样才能使网站显得个性鲜明，并给浏览者留下深刻的印象。

（2）搭配合理

网站中色彩合理搭配的目的是使用户在第一时间和访问整个网站过程中始终都能获得一种和谐、愉快的视觉感受。

（3）讲究艺术性

在设计网站的色彩方案时，既要符合网站主题要求，与内容相协调，也要有一定的艺术特色和良好的视觉感受。应用红色、橙色、黄色等暖色调颜色可使网页呈现出热情、和煦的视觉氛围，应用青色、绿色、紫色等冷色调颜色可使网页呈现出宁静、清凉的视觉氛围。

（4）合理使用邻近色

所谓邻近色，就是在色带上相邻近的颜色，如绿色和蓝色、红色和黄色就互为邻近色。采用邻近色设计网页可以使网页避免色彩杂乱，易于达到页面的和谐统一。

（5）合理使用对比色

所谓对比色，就是指颜色视觉差异十分明显的颜色，如红色与绿色、橙色与蓝色。在网站的色彩方案设计中，合理使用对比色可突出重点并产生强烈的视觉效果。在设计时一般以一种颜色为主色调，对比色作为点缀，起到画龙点睛的功效。

（6）巧妙使用背景色

背景色一般采用素淡清雅的色彩，避免采用花纹复杂的图片和纯度很高的色彩作为背景色，同时在设计中应使背景色与网页中的文字产生强烈的色彩对比，其目的是最大限度地突出显示文字。

（7）严格控制色彩的数量

一般情况下，在同一网页中颜色数量应控制在 3 种以内，必要时可以通过调整色彩的色相、纯度和饱和度等属性来获取其他颜色。

HTML5 中常用文本标签

【探究 10】 HTML5 中常用的文本标签有哪些？

详见电子活页 2-5。

【探究 11】 如何定义 CSS 字体属性？

网页设计时，一般使用 font 属性定义字体的通用属性，该属性可以设置所有字体属性，包括字体名称、字体大小、文字粗细、样式、变体、颜色和行高等方面。详见电子活页 2-6。

定义 CSS 字体属性

➲【单元习题】

详见电子活页 2-7。

单元 2 习题

单元 3　制作图文混排网页

图像也是网页中的主要元素之一，图像不仅能美化网页，而且能够更直观地表达信息。在页面中恰当地使用图像，能使网页更加生动、形象和美观。本单元主要学习制作图文混排网页的方法。

单元 3 素质目标

拓展阅读 3
红军长征在阿坝的"六
个之最"

案例 3　大美中国-九寨
沟景区
发现之旅

【知识疏理】

1. HTML5 中常用的图片标签

HTML5 的图像标签见表 3-1。

表 3-1　HTML5 的图像标签

标签名称	标签描述	标签名称	标签描述
<img>	定义图像	<figcaption>	定义 figure 元素的标题
<map>	定义图像映射	<figure>	定义媒介内容的分组及其标题
<area>	定义图像内部的区域		

（1）<img>标签

<img>标签用于向网页中嵌入一幅图像。从技术上讲，<img>标签并不会在网页中插入图像，而是从网页上链接图像。<img>标签创建的是被引用图像的占位空间，它有两个必需的属性：src 属性和alt 属性。

（2）<figure>标签和<figcaption>标签

<figure>标签表示一段独立的流内容（如图像、图表、照片、代码等），一般表示文档主体流内容中的一个独立单元，figure 元素的内容应该与主内容相关，但如果被删除，则不应对文档流产生影响。使用 figcaption 元素可以为 figure 元素组添加标题。向文档中插入带标题图片的示例代码如下。

```
<figure>
    <figcaption>九寨沟风光</figcaption>
    <img src="images/t01.jpg" width="300" height="220" >
</figure>
```

图 3-1
带标题的图片浏览
效果

带标题的图片浏览效果如图 3-1 所示。

<figcaption>标签用于定义 figure 元素的标题，figcaption 元素应该置于 figure 元素的第一个或最后一个子元素的位置。

2. 设置 CSS 背景色

CSS 允许应用纯色作为背景，可以使用background-color 属性为元素设置背景色，这个属性接受任何合法的颜色值，其取值为指定的颜色或 transparent（即透明色），默认值为 transparent。也就是说，如果一个元素没有指定背景色，那么背景就是透明的，这样其父元素的背景才能可见。一般不采用这种方法进行设置，如果某个元素的父元素被设置了背景色，那么该元素就可以使用这种形式恢复成透明色的效果。

定义背景色的示例代码如下。

```
.main { background-color: #fff;}
p {background-color: gray;}
```

如果希望背景色从元素中的文本向外稍有延伸，只需增加一些内边距即可，代码如下。

```
p {background-color: gray; padding: 20px;}
```

可以为网页中的任何元素设置背景色，也可以为 HTML 的标签设置背景色。

3．设置图像的透明度

通过 CSS 创建透明图像非常容易，定义透明效果的 CSS3 属性是 opacity 即可。CSS 的 opacity 属性是 W3C CSS 推荐标准的一部分。

（1）创建透明图像

创建透明图像的 CSS 代码如下。

```
img {
    opacity:0.4;
    filter:alpha(opacity=40);    /* 针对 IE8 以及更早的版本 */
}
```

IE9、Firefox、Chrome、Opera 和 Safari 使用属性 opacity 来设定透明度。opacity 属性能够设置的值为 0.0～1.0，值越小，越透明。IE8 以及更早的版本使用滤镜 filter:alpha(opacity=x) 来设定透明度，x 能够取的值为 0～100。值越小，越透明。

（2）创建透明图像的 hover 效果

将鼠标指针移到图片上时，会改变图片的透明度，实现图像透明度的 hover 效果。

创建透明图像 hover 效果的 CSS 代码如下。

```
img {
    opacity:0.4;
    filter:alpha(opacity=40);    /* 针对 IE8 以及更早的版本 */
}
img:hover {
    opacity:1.0;
    filter:alpha(opacity=100);    /* 针对 IE8 以及更早的版本 */
}
```

在这个实例中，当鼠标指针移到图像上时，如果希望图像是不透明的，那么对应的 CSS 是 opacity=1，IE8 以及更早的浏览器则设置为 filter:alpha(opacity=100)。当鼠标指针移出图像后，图像会再次透明。

4．CSS 框模型

CSS 框模型（Box Model）规定了元素框处理元素内容、内边距、边框和外边距的方式。CSS 框模型组成结构示意图如图 3-2 所示，其中 element 表示网页元素，border 表示边框，padding 表示内边距（也将其翻译为填充），margin 表示外边距（也将其翻译为空白或空白边）。本书将 padding 和 margin 统一称为内边距和外边距，边框内的空白是内边距，边框外的空白是外边距。

元素框的最内部分是实际的内容，直接包围内容的是内边距。内边距呈现了元素的背景。内边距的边缘是边框。边框以外是外边距，外边距默认是透明的，因此不会遮挡其后的任何元素。背景应用于由内容和内边距、边框组成的区域。

内边距、边框和外边距都是可选的，默认值是 0。但是，许多元素将由样式表设置外边距和内边距。可以通过将元素的 margin 和 padding 设置为 0 来覆盖这些浏览器样式，可

以分别进行，也可以使用通用选择器对所有元素进行设置，示例代码如下。

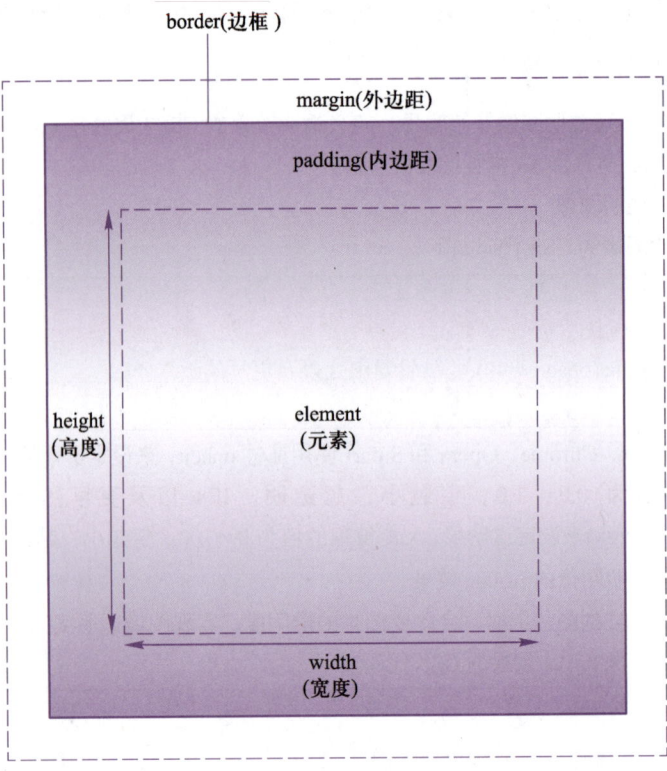

图 3-2
CSS 框模型组成
结构示意图

```
* {
    margin: 0;
    padding: 0;
}
```

在 CSS 中，width 和 height 指的是内容区域的宽度和高度。增加内边距、边框和外边距不会影响内容区域的尺寸，但是会增加元素框的总尺寸。

假设元素框每条边上有 10 像素的外边距和 5 像素的内边距。如果希望这个元素框达到 100 像素，就需要将内容的宽度设置为 70 像素，如图 3-3 所示。

```
#box {
    width: 70px;
    margin: 10px;
    padding: 5px;
}
```

内边距、边框和外边距可以应用于一个元素的所有边，也可以应用于单独的边。外边距可以是负值，而且在很多情况下都要使用负值的外边距。

5．CSS 边框属性

在 HTML 中，使用 CSS 边框属性，可以创建出效果出色的边框，并且可以应用于任何元素。通过 CSS3，可以创建圆角边框，给矩形添加阴影，使用图片来绘制边框，并且不需使用 Photoshop 之类的设计软件。在 CSS3 中，border-radius 属性用于创建圆角，

box-shadow 属性用于给方框添加阴影，border-image 属性可以使用图片来创建边框。元素的边框（border）是围绕元素内容和内边距的一条或多条线，border 属性允许设置元素边框的样式、宽度和颜色。详见电子活页 3-1。

CSS 边框属性

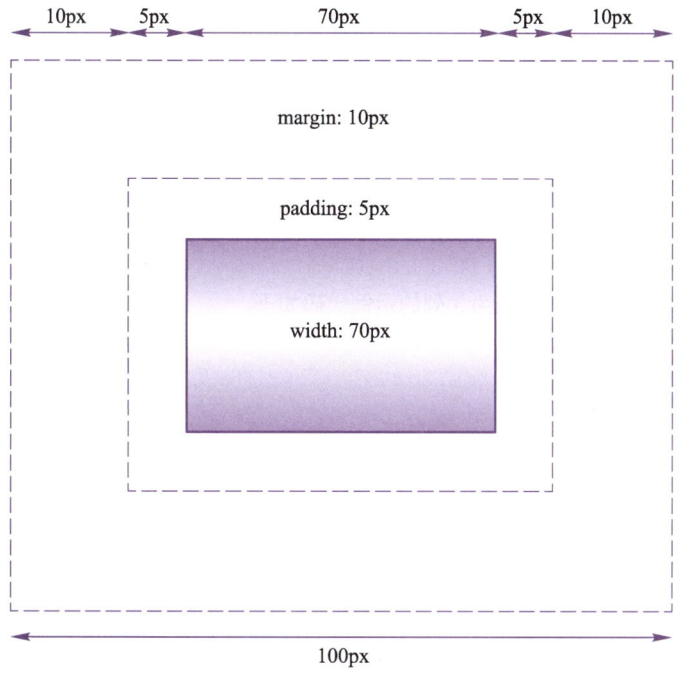

图 3-3
元素框的内容宽度、内边距和外边距尺寸示意图

6. CSS 外边距属性

围绕在元素边框的空白区域是外边距（margin），设置外边距会在元素外创建额外的"空白"。设置外边距最简单的方法就是使用 margin 属性，这个属性接受任何长度单位（如像素、英寸、毫米或 em）、百分数值甚至负值。详见电子活页 3-2。

CSS 外边距属性

7. CSS 内边距属性

元素的内边距（padding）就是边框与元素内容之间的空白区域，控制该区域最简单的属性是 padding 属性。padding 属性定义元素的内边距，接受长度值或百分比值，但不允许使用负值。例如，如果设计所有 h1 元素的各边都有 10 像素的内边距，只需要编写以下代码。

```
h1 {padding: 10px;}
```

还可以按照上、右、下、左的顺序分别设置各边的内边距，各边均可以使用不同的单位或百分比值，代码如下。

```
h1 {padding: 10px 0.25em 2ex 20%;}
```

也通过使用下面 4 个单独的属性，分别设置上、右、下、左内边距：padding-top、padding-right、padding-bottom、padding-left。

前面提到过，可以为元素的内边距设置百分数值。百分数值是相对于其父元素的 width 而计算的，这一点与外边距一样。所以，如果父元素的 width 发生改变，它

们也会随之改变。

下面这条规则定义把段落的内边距设置为父元素 width 的 10%。

```
p {padding: 10%;}
```

如果一个段落的父元素是 div 元素，那么它的内边距要根据 div 的 width 来计算。上、下内边距与左、右内边距一致，即上、下内边距的百分数会相对于父元素宽度来设置，而不是相对于高度。

8. CSS 多列属性

通过 CSS3，可以创建多列来对文本进行布局，就像报纸那样。column-count 属性用于设置元素被分隔的列数。

把 div 元素中的文本分隔为 3 列的示例代码如下。

```
div
{
  -moz-column-count:3;        /* Firefox */
  -webkit-column-count:3;     /* Safari 和 Chrome */
  column-count:3;
}
```

column-gap 属性用于设置列之间的间隔，规定列之间 40 像素间隔的示例代码如下。

```
div
{
  -moz-column-gap:40px;       /* Firefox */
  -webkit-column-gap:40px;    /* Safari 和 Chrome */
  column-gap:40px;
}
```

column-rule 属性用于设置列之间的宽度、样式和颜色规则，示例代码如下。

```
div
{
  -moz-column-rule:3px outset #ff0000;       /* Firefox */
  -webkit-column-rule:3px outset #ff0000;    /* Safari and Chrome */
  column-rule:3px outset #ff0000;
}
```

【操作准备】

1. 创建所需的文件夹

在本地硬盘（如 D 盘）中创建一个文件夹"网页设计与制作案例"，在该文件夹中创建子文件夹"单元 3"。

2. 启动 Dreamweaver

使用 Windows 的【开始】菜单或桌面快捷方式启动 Dreamweaver。

【引导训练】

【任务 3-1】 制作介绍九寨沟景区景点的图文混排网页

微课 3-1
制作介绍九寨沟景区
景点的图文混排网页

本任务的主要操作如下。

① 使用【管理站点】对话框创建站点"单元 3"。

② 使用【文件】面板新建网页 0301.html。

③ 设置网页的背景图像。

④ 在网页中输入所需的文本内容与设置文本格式。

⑤ 在网页中插入多幅图像与设置图像属性。

⑥ 在【代码】视图中查看 CSS 代码和 HTML 代码。

图文混排网页的浏览效果如图 3-4 所示。

图 3-4
图文混排网页的浏览
效果

•【任务 3-1-1】 使用【管理站点】对话框创建站点"单元 3"

 任务描述

使用【管理站点】对话框创建一个名为"单元 3"的本地站点,站点文件夹为"单元 3"。

 任务实施

1. 打开【管理站点】对话框

在 Dreamweaver 主界面中,选择菜单【站点】→【管理站点】命令,打开如图 3-5 所示的【管理站点】对话框。

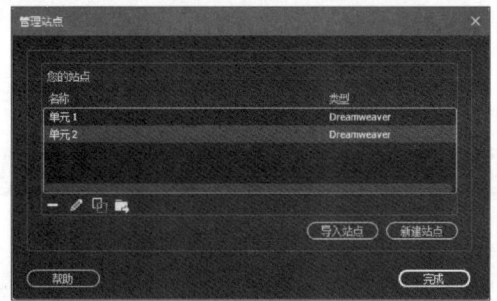

图 3-5
【管理站点】对话框

2. 打开【站点设置对象】对话框

在【管理站点】对话框中单击【新建站点】按钮，打开【站点设置对象】对话框，在该对话框的"站点名称"文本框中输入"单元 3"，在"本地站点文件夹"文本框中输入完整的路径名称"D:\网页设计与制作案例\单元 3\"，如图 3-6 所示。

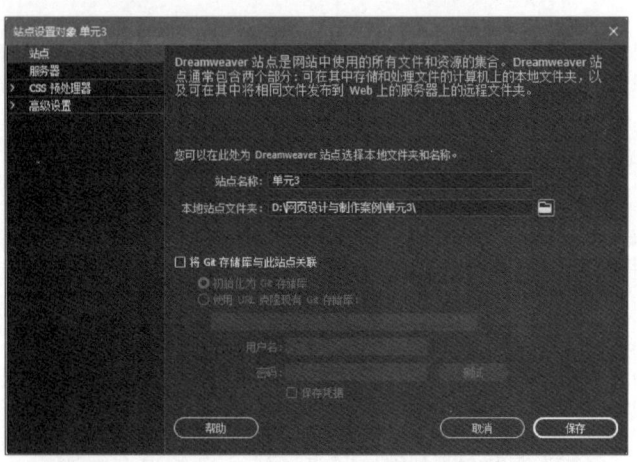

图 3-6
输入"站点名称"和
"本地站点文件夹"

在【站点设置对象】对话框中单击【保存】按钮，保存创建的站点，返回【管理站点】对话框，如图 3-7 所示。这时可以发现在站点列表中增加了一个站点选项"单元 3"。如果需要对该站点的信息进行修改，可以在【管理站点】对话框中单击【编辑当前选定站点】按钮 ，重新打开【站点设置对象】对话框，对站点信息进行修改即可。

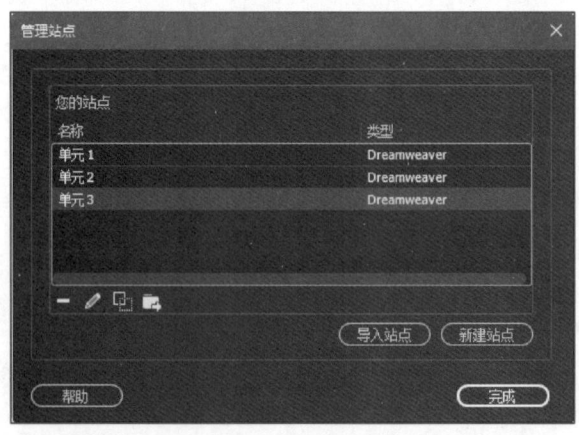

图 3-7
新建站点"单元 3"
后的【管理站点】对
话框

64

在【管理站点】对话框中单击【完成】按钮，完成新建站点的创建。

•【任务 3-1-2】 使用【文件】面板新建网页 0301.html

 任务描述

使用【文件】面板在站点"单元 3"中新建一个网页文档 0301.html。

 任务实施

1. 打开【文件】面板

如果【义件】面板处于隐藏状态，可选择菜单【窗口】→【文件】命令，打开【文件】面板。

✎ 提示：

> 如果【文件】面板处于打开状态，在【窗口】菜单的【文件】命令左侧会有√标记，此时再次单击【文件】命令，则会关闭该面板。

2. 创建文件夹和复制所需的资源

在文件夹"单元 3"中创建子文件夹"任务 3-1"，再在文件夹"任务 3-1"中创建 images、text 等子文件夹，且将所需的素材复制到对应的子文件夹中。

3. 新建网页文档

在【文件】面板中站点"单元 3"的文件夹"任务 3-1"上右击，在弹出的快捷菜单中选择【新建文件】命令，如图 3-8 所示。然后输入新的网页文档名称 0301.html，按【Enter】键确认，结果如图 3-9 所示。

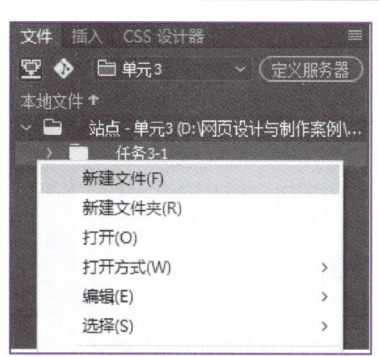

图 3-8
选择【新建文件】命令

图 3-9
新建一个网页文档

•【任务 3-1-3】 设置页面的背景图像

 任务描述

设置网页 0301.html 的背景图像为 bg-gray.png。

任务实施

1. 打开新建的网页文档 0301.html

在【文件】面板中双击网页文档 0301.html，在 Dreamweaver 文档窗口中打开该网页文档。

2. 设置网页的背景图像

单击【属性】面板中的【页面属性】按钮，打开【页面属性】对话框，在该对话框的【外观（CSS）】属性组中单击背景图像文本框右侧的【浏览】按钮，弹出【选择图像源文件】对话框，在该对话框中搜索到所要设置的背景图像文件 bg-gray.png，如图 3-10 所示。

图 3-10
【选择图像源文件】
对话框

选中该文件，单击【确定】按钮，返回【页面属性】对话框，如图 3-11 所示，然后单击【确定】按钮，这样就为网页设置了所需的背景图像。

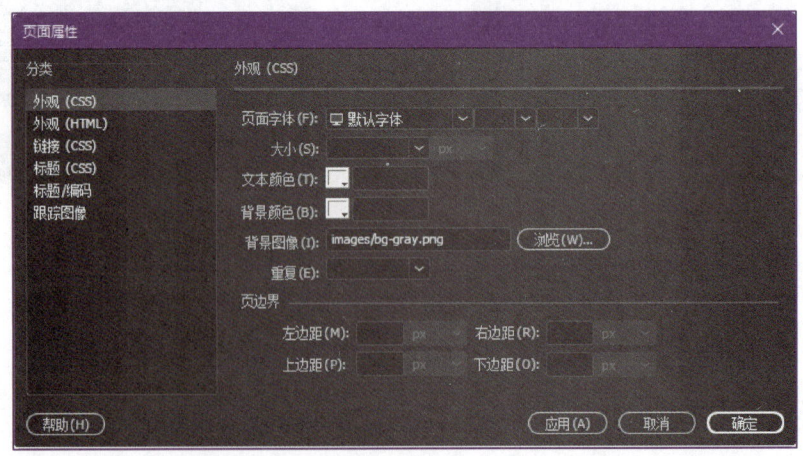

图 3-11
【页面属性】对话框

【任务3-1-4】 在网页中输入所需的文本内容与设置文本格式

任务描述

① 在网页 0301.html 中输入所需的文本内容。

② 将网页 0301.html 的标题设置为"诺日朗群海"。

③ 设置网页 0301.html 中文本标题"诺日朗群海"的字体为"黑体"，大小为 18 px，颜色为#0000FF，对齐方式为"居中对齐"，目标规则为"内联样式"。

④ 设置网页 0301.html 中正文文本的字体为"宋体"，大小为 14 px，样式名称为 style6。

任务实施

1. 在网页中输入所需的文本内容

在网页 0301.html 中输入如图 3-12 所示的文本内容。

> 诺日朗群海
>
> 诺日朗群海海拔达2365米，是日则沟的起点。18个海子组成的群海水色湛蓝，穿林而出的叠瀑使群海五光十色。春夏时堤堰柳暗花明，湖水充满生机；秋天红叶如火，湖水一片灿烂；冬季水凝成冰，一派冰清玉洁。

图 3-12
网页 0301.html 中输入
的文本内容

2. 设置网页 0301.html 的文本格式

在【属性】面板中单击左下角的【CSS】按钮，切换到【属性】-【CSS】面板。选择页面文本的标题"诺日朗群海"，然后在【属性】面板的"字体"下拉列表框中选择"黑体"，设置大小为 18 px，颜色为#0000FF，对齐方式为"居中对齐"，目标规则为"内联样式"。【属性】-【CSS】面板如图 3-13 所示。

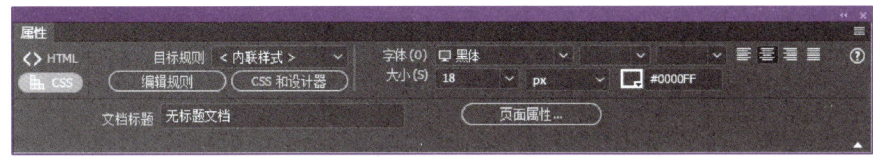

图 3-13
在【属性】-【CSS】
面板中设置标题的文本
属性

在正文段落的开始位置插入 2 个空格，以类似方法设置页面正文文本的字体为"宋体"，大小为 14 px。

3. 设置网页标题

在【属性】面板的"文档标题"文本框中输入网页标题"诺日朗群海"。

4. 保存网页

单击【标准】工具栏中的【保存】按钮或【全部保存】按钮，保存网页的属性设置。

5. 预览网页效果

按【F12】键预览网页的效果，如图 3-14 所示。

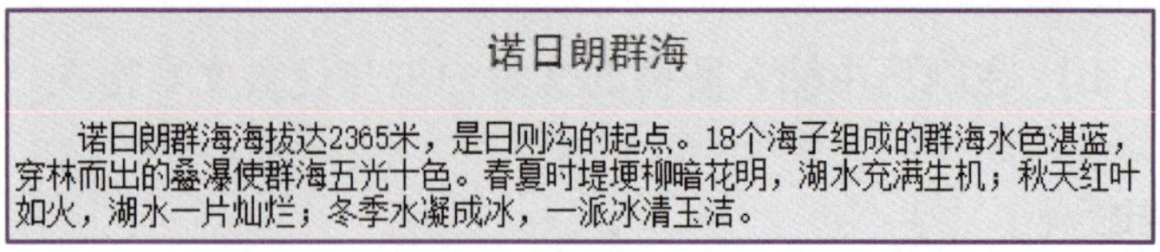

图 3-14
网页 0301.html 中的
文本预览效果

诺日朗群海

诺日朗群海海拔达2365米，是日则沟的起点。18个海子组成的群海水色湛蓝，穿林而出的叠瀑使群海五光十色。春夏时堤埂柳暗花明，湖水充满生机；秋天红叶如火，湖水一片灿烂；冬季水凝成冰，一派冰清玉洁。

笔 记

【任务3-1-5】 在网页中插入多幅图像与设置图像属性

任务描述

① 在网页 0301.html 中插入图像 t01.jpg，并设置其属性：宽为 600，高为 400，替换文本为"诺日朗群海"，垂直边距为 15，水平边距为 10。

② 在网页 0301.html 中插入图像 t02.jpg、t03.jpg、t04.jpg 和 t05.jpg，并设置各幅图像的属性：宽为 150，高为 100，替换文本分别为"图片 2""图片 3""图片 4"和"图片 5"，垂直边距为 10，水平边距为 5。

任务实施

1. 插入第 1 幅图像

将光标置于标题"诺日朗群海"右侧，按【Enter】键换行，然后选择菜单【插入】→【图像】命令，在弹出的【选择图像源文件】对话框中选择 images 文件夹中的图像文件 t01.jpg，如图 3-15 所示。

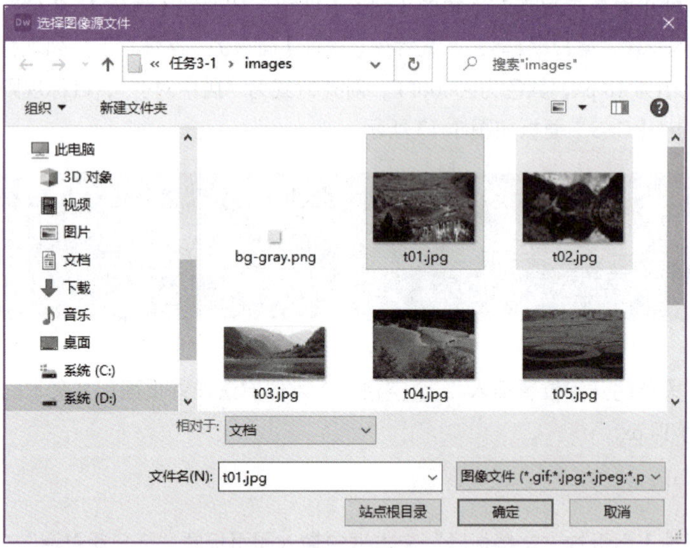

图 3-15
在【选择图像源文件】对
话框中选择图像文件

单击【确定】按钮，即可在网页 0301.html 中插入一幅图像。

2. 设置第 1 幅图像的属性

选中插入的第 1 幅图像，在【属性】面板的"宽"文本框中输入"600"，在"高"文本框中输入"400"，默认单位均为 px。然后在"替换"文本框中输入"诺日朗群海"，在"标题"文本框中也输入"诺日朗群海"，图像 t01.jpg 的属性设置如图 3-16 所示。

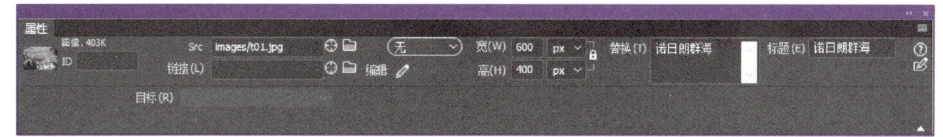

图 3-16
图像 t01.jpg 的属性
设置

在 Dreamweaver 主窗口的【文档】工具栏中单击【代码】按钮，切换到【代码】视图，在第 1 幅图像的标签<img>中添加以下设置垂直边距、水平边距的代码。

hspace="10" vspace="15

该图像对应的<img>标签完整代码如下。

<img src="images/t01.jpg" alt="诺日朗群海" width="600" height="400" title="诺日朗群海" hspace="10" vspace="15">

3. 插入第 2 幅图像

在 Dreamweaver 主窗口的【文档】工具栏中单击【设计】按钮，切换到【设计】视图，将光标置于文本之后，按【Enter】键换行，然后按照类似方法插入 4 幅图像，即文件夹 images 中的图像 t02.jpg、t03.jpg、t04.jpg 和 t05.jpg。

4. 设置 4 幅图像的属性

选中插入的第 2 幅图像 t02.jpg，在【属性】面板的"宽"文本框中输入"150"，在"高"文本框中输入"100"，默认单位均为 px，在"替换"文本框中输入"图 2"作为替换文本。

同样，切换到【代码】视图，在第 2 幅图像 t02.jpg 的标签<img>添加以下代码。

hspace="5" vspace="10"

使用同样的方法插入其他 3 幅图像 t03.jpg、t04.jpg 和 t05.jpg，并设置各个图像的属性。

5. 保存并查看效果

保存网页中插入的图像和设置的图像属性，按【F12】键浏览图文混排网页的效果，如图 3-4 所示。

•【任务 3-1-6】 在【代码】视图中查看 CSS 代码和 HTML 代码

 任务描述

① 切换到【代码】视图。
② 在【代码】视图中查看 CSS 代码和 HTML 代码。

 任务实施

1. 切换到【代码】视图

在 Dreamweaver 主窗口的【文档】工具栏中单击【代码】按钮，切换到【代码】视图。

2. 查看网页 0301.html 中的图像标签

在网页中插入图像可以起到美化网页的作用，插入图像的标签只有 1 个。网页 0301.html 中所插入的图像 t01.jpg 的 HTML 代码见表 3-2，所插入其他图像的 HTML 代码与图像 t01.jpg 类似。

表 3-2　图像 t01.jpg 的 HTML 代码

序号	HTML 代码
01	<img src="images/t01.jpg" alt="诺日朗群海" width="600" height="400" title="诺日朗群海"
02	hspace="10" vspace="15">

说明：

图像标签属性的含义如下。

src 属性用于指定图像源文件所在的路径；alt 属性用于指定替换文本；width 和 height 用于指定图像的显示大小；vspace 用于调整图像和文字之间的上下距离；hspace 用于调整图像和文字之间的左右距离；title 属性用于指定标题文本。

3. 查看网页 0301.html 中的 CSS 样式代码

通过【属性】面板设置页面背景图像自动生成的 CSS 样式代码见表 3-3。表 3-3 中第 03 行是页面背景图像的代码。

表 3-3　网页 0301.html 中的 CSS 样式代码

序号	HTML 代码
01	<style type="text/css">
02	body {
03	background-image: url(images/bg-gray.png);
04	}
05	</style>

微课 3-2
使用 CSS 美化网页文本与图片

【任务 3-2】 使用 CSS 美化网页文本与图片

任务描述

① 打开现有的 CSS 样式文件 base.css，认识网页标签的属性设置。

② 创建 CSS 样式文件 main.css，在该样式文件定义所需的 CSS 代码，通过 CSS 代码的定义与分析，熟悉 HTML 的元素类型、CSS 的样式规则、CSS 的属性定义及属性值单位等方面的内容。

③ 在网页中输入以下 HTML 标签及文字。

```
<div id="top">
    </div><img src="images/t01.jpg" alt=""></div>
</div>
<div class="content">
    <p>阿坝州地处四川盆地与青藏高原的结合部，幅员面积 8.42 万平方千米，总
人口 90 余万，是以藏族、羌族为主的少数民族自治州。境内自然风光雄秀、历史人文
```

璀璨、生态气候优越，拥有九寨沟、黄龙、大熊猫栖息地 3 处世界自然遗产，被誉为"世界自然遗产之乡"。</p>
　　</div>
　　<div id="bot"><p>本内容最终解释权归阿坝旅游所有</p></div>

④ 浏览网页 0302.html 的效果，如图 3-17 所示。

图 3-17
网页 0302.html 的
浏览效果

任务实施

1. 创建文件夹和复制所需的资源

在站点"单元 3"中创建文件夹"任务 3-2"，在该文件夹中创建子文件夹 css 和 images，且将所需的素材复制到对应的子文件夹中。

2. 创建网页 0302.html

在站点"单元 3"的文件夹"任务 3-2"中创建网页 0302.html。

3. 分析 CSS 样式文件 base.css 中的 CSS 代码

样式文件 base.css 的 CSS 代码定义见表 3-4。观察、分析该样式文件 base.css 中的 CSS 代码，了解 CSS 的样式规则、CSS 的属性定义及属性值的单位。

<p align="center">表 3-4　样式文件 base.css 的 CSS 代码定义</p>

序号	CSS 代码	序号	CSS 代码
01	body{	10	div,p{
02	background-image: url(../images/travel-bg-gray.png);	11	margin:0px;
03	background-position: left top;	12	padding:0px;
04	background-repeat: repeat-x;	13	}
05	}	14	
06	section{	15	img{
07	width: 1200px;	16	border: none;
08	margin-top: 10px;	17	vertical-align: middle;
09	}	18	}

4. 在文件夹 css 中创建一个样式文件

在文件夹 css 中创建样式文件 main.css，在该样式文件定义所需的 CSS 代码。样式文

件 main.css 的 CSS 代码定义见表 3-5。

表 3-5　样式文件 main.css 的 CSS 代码定义

序号	CSS 代码	序号	CSS 代码
01	#top,#bot {	19	.content p {
02	width: 100%;	20	font-family: "微软雅黑";
03	max-width: 1920px;	21	font-size:16px;
04	background: #09C;	22	text-indent: 32px;
05	margin: 5px auto;	23	color: #1999e6;
06	text-align: center;	24	}
07	line-height: 35px;	25	
08	}	26	#bot {
09		27	width: 100%;
10	#top img {	28	height:35px;
11	width: 100%;	29	line-height: 35px;
12	height:300px;	30	background-color: #09C;
13	}	31	text-align: center;
14	.content {	32	color: #FF0;
15	width: 100%;	33	font-size:16px;
16	max-width: 1047px;	34	font-weight:bold;
17	margin: 10px auto;	35	float: left;
18	}	36	}

5．在网页 0302.html 中插入所需的标签和输入所需的文字内容

在网页 0302.html 中插入所需的标签和输入所需的文字内容，完整的 HTML 代码见表 3-6。

表 3-6　网页 0302.html 完整的 HTML 代码

序号	HTML 代码
01	<!doctype html>
02	<html>
03	<head>
04	<meta charset="utf-8">
05	<title>阿坝旅游</title>
06	<link rel="stylesheet" type="text/css" href="css/base.css" >
07	<link rel="stylesheet" type="text/css" href="css/main.css" >
08	</head>
09	<body>
10	<div id="top">
11	<div><img src="images/t01.jpg"></div>
12	</div>
13	<div class="content">
14	<p>阿坝州地处四川盆地与青藏高原的结合部，幅员面积 8.42 万平方千米，总人口 90 余万，是以藏族、羌族
15	为主的少数民族自治州。境内自然风光雄秀、历史人文璀璨、生态气候优越，拥有九寨沟、黄龙、大熊猫栖息地 3 处世
16	界自然遗产，被誉为"世界自然遗产之乡"。
17	</p>
18	</div>
19	<div id="bot"><p>本内容最终解释权归阿坝旅游所有</p></div>
20	</body>
21	</html>

6. 查看与编辑 CSS 属性

在网页的【设计】视图中，将光标置于图片下方的文字段落中，在【属性】面板中查看选择器.content p 的属性设置，如图 3-18 所示。

在【属性】面板中单击【编辑规则】按钮，打开【.content p 的 CSS 规则定义】对话框，如图 3-19 所示，在其中可以对选择器的属性进行编辑修改。

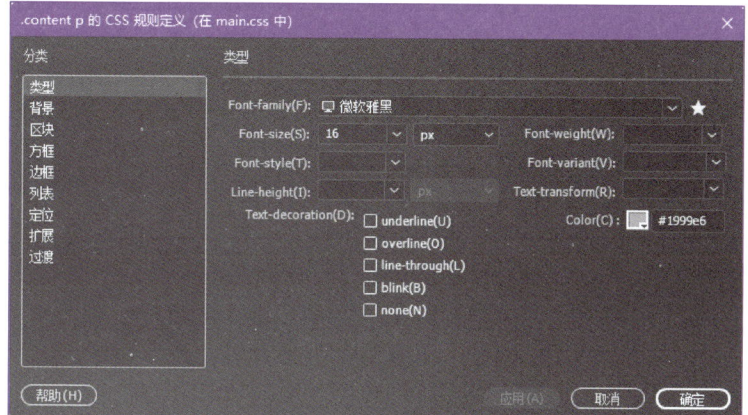

将光标置于最后的文本段落中，分别在【属性】面板和【CSS 设计器】面板中查看 ID 选择器#bot 的属性设置，如图 3-20 所示。

同样，在【属性】面板中单击【编辑规则】按钮，打开【#bot 的 CSS 规则定义】对

话框，如图 3-21 所示，在其中可以对选择器的属性进行编辑修改。

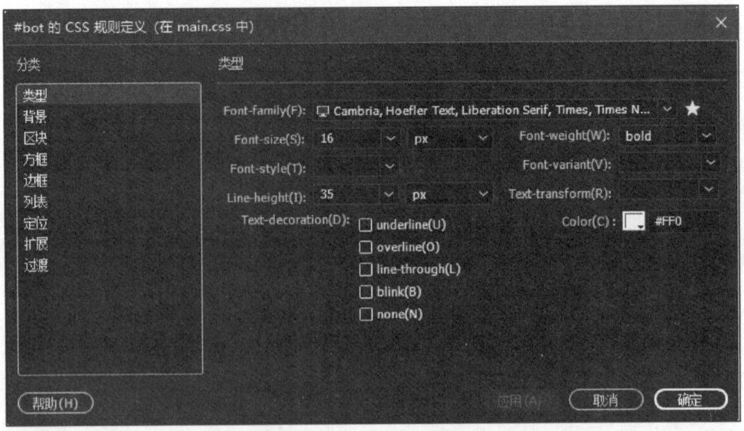

图 3-21
编辑属性设置

在【#bot 的 CSS 规则定义】对话框左侧的"分类"列表中选择"背景"选项，切换到【背景】界面，对背景相关的属性进行编辑修改，如图 3-22 所示。

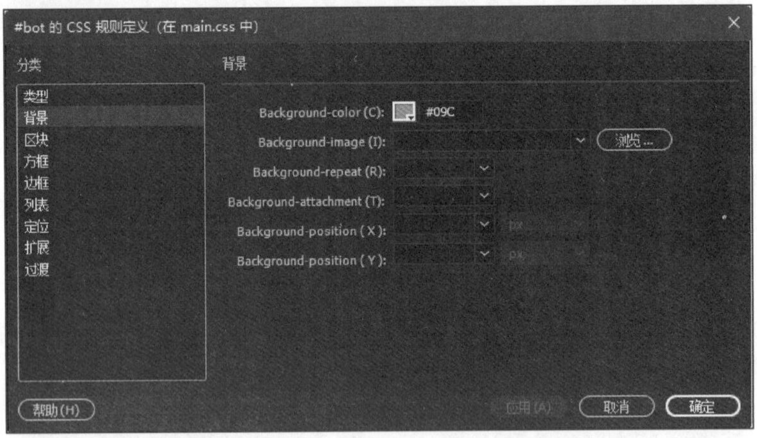

图 3-22
编辑背景相关的属性
设置

在【#bot 的 CSS 规则定义】对话框左侧的"分类"列表中选择"区块"选项，切换到【区块】界面，对区块相关的属性进行编辑修改，如图 3-23 所示。

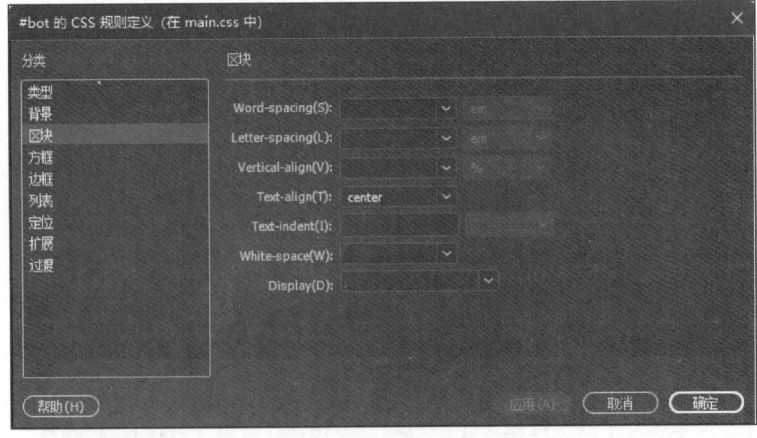

图 3-23
编辑区块相关的属性
设置

在【#bot 的 CSS 规则定义】对话框左侧的"分类"列表中选择"方框"选项，切换到【方框】界面，对方框相关的属性进行编辑修改，如图 3-24 所示。

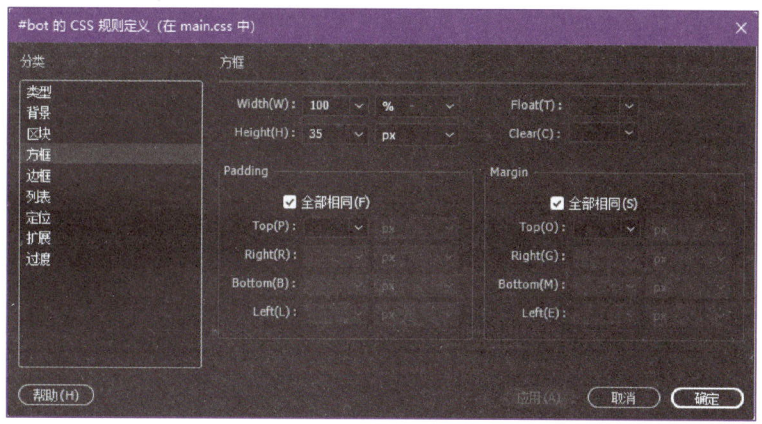

7. 保存与浏览网页 0302.html

保存网页文档 0302.html，在浏览器中的浏览效果如图 3-17 所示。

【任务 3-3】 制作多幅图片并行排列的网页

 任务描述

① 创建样式文件 base.css 和 main.css，在该样式文件中定义标签的属性、类选择符及其属性。

② 创建网页文档 0303.html，并链接外部样式文件 base.css 和 main.css。

③ 在网页 0303.html 中添加必要的 HTML 标签和输入文字。

④ 浏览网页 0303.html 的效果，如图 3-25 所示，该网页包含多幅图片。

 **任务实施**

1. 创建文件夹和复制所需的资源

在站点"单元 3"中创建文件夹"任务 3-3"，在该文件夹中创建子文件夹 css 和 images，且将所需的素材复制到对应的子文件夹中。

2. 定义网页主体布局结构和美化图片的 CSS 代码

在文件夹 css 中创建样式文件 base.css，在该样式文件中编写样式代码，见表 3-7。

表 3-7　样式文件 base.css 中的 CSS 代码定义

序号	CSS 代码	序号	CSS 代码
01	html, body,div, img {	08	body {
02	margin: 0;	09	line-height: 150%;
03	padding: 0;	10	font-weight: bold;
04	}	11	font-size: 14px;
05	img {	12	font-family: "微软雅黑", "宋体";
06	border: none;	13	background: #FFFFFF;
07	}	14	}

在文件夹 css 中创建样式文件 main.css，在该样式文件中编写样式代码，网页主体布局结构和美化图片的 CSS 代码定义见表 3-8。

表 3-8　样式文件 main.css 中网页主体布局结构和美化图片的 CSS 代码定义

序号	CSS 代码	序号	CSS 代码
01	#wrap {	10	.conDiv img {
02	margin: 10px auto;	11	width: 150px;
03	width: 1020px;	12	height: 140px;
04	}	13	display: block;
05	.conDiv {	14	margin-right: 5px;
06	width: 100%;	15	float: left;
07	height: 198px;	16	border-radius: 5px;
08	margin: 20px auto;	17	border: 5px solid #CCC;
09	}	18	}

表 3-8 中的 CSS 代码 border-radius: 5 px;实现了圆弧边框的效果。

3．创建网页文档 0303.html 与链接外部样式表

在文件夹"任务 3-3"中创建网页文档 0303.html，切换到网页文档 0303.html 的【代码】视图，在标签</head>前输入链接外部样式表的代码如下。

```
<link href="css/base.css" rel="stylesheet" type="text/css">
<link href="css/main.css" rel="stylesheet" type="text/css">
```

4．编写网页主体布局结构的 HTML 代码

网页 0303.html 主体布局结构的 HTML 代码见表 3-9。

表 3-9　网页 0303.html 主体布局结构的 HTML 代码

序号	HTML 代码
01	<div id="wrap">
02	<div class="conDiv">
03	<!--图片位置-->
04	</div>
05	</div>

5．在网页中插入图片与设置图片属性

在网页文档 0303.html 中插入图片与设置图片属性，其 HTML 代码见表 3-10。

表 3–10　网页 0303.html 的 HTML 代码

序号	HTML 代码
01	<div id="wrap">
02	<div class="conDiv">
03	<img src="images/t01.jpg" alt="图片 1">
04	<img src="images/t02.jpg" alt="图片 2">
05	<img src="images/t03.jpg" alt="图片 3">
06	<img src="images/t04.jpg" alt="图片 4">
07	<img src="images/t05.jpg" alt="图片 5">
08	</div>
09	</div>

6. 保存与浏览网页

保存网页文档 0303.html，在浏览器中的浏览效果如图 3-25 所示。

【引导训练考核评价】

本单元"引导训练"的考核评价内容见表 3-11。

表 3–11　单元 3 "引导训练" 考核评价表

	考核内容	标准分	计分
考核要点	（1）能应用【文件】面板新建网页文档	1	
	（2）能正确设置页面的背景图像	1	
	（3）能在网页中合适的位置熟练插入图像并设置其属性	1	
	（4）能熟练实现图文混排效果	2	
	（5）能使用 CSS 美化网页文本与图片	4	
	（6）认真完成本单元的任务，态度端正、操作规范、时间观念强、有协作精神、学习效果较好	1	
	小计	10	
评价方式	自我评价　　　　　　　　　小组评价	教师评价	
考核得分			
存在的主要问题			

【同步训练】

【任务 3-4】　在网页中设置图片与背景属性

微课 3-4
在网页中设置图片与
背景属性

 **任务描述**

创建网页 0304.html，在该网页中插入<div>标签和所需的图片。

定义<img>标签的 CSS 代码如下。

```
img{
    width:300px;
    height:220px;
    border: 2px #CCC solid;
    border-radius: 4px;
}
```

定义<div>标签的 CSS 代码如下。

```
div{
    background-image:url(images/travel-bg.png);
    background-repeat:no-repeat;
    background-size:100% 100%;
    background-origin:padding-box;
    padding:20px;
    margin:10px;
}
```

针对上述图片进行各种类型的图片属性设置，并设置背景图像。

① 设置多种不同的图片长度和宽度。

② 设置多种不同的图片边框。

③ 设置 div 区域的背景图像，并为背景图像设置多种不同的 background-repeat、background-size、background-position、background-origin 属性值以及 margin 和 padding 属性值。

【操作提示】

① 在站点"单元 3"中创建文件夹"任务 3-4"，在该文件夹中创建网页 0304.html。

② 在网页 0304.html 中插入<div>标签和所需的图片，并设置该图片的 alt 属性，对应的 HTML 代码如下：

```
<div><img src="images/t01.jpg" alt="九寨沟美景" ></div>
```

③ 定义<img>标签的 CSS 代码。

④ 定义<div>标签的 CSS 代码。

⑤ 浏览网页 0304.html 的效果，如图 3-26 所示。

图 3-26
网页 0304.html 的浏览效果

⑥ 按照任务描述的要求，不断改变各个属性的设置，重新浏览其效果。

【任务 3-5】 制作阿坝州景区景点的图文混排网页

微课 3-5
制作阿坝州景区景点的
图文混排网页

任务描述

① 创建样式文件 base.css 和 main.css，在该样式文件中定义标签的属性、类选择符及其属性。

② 创建网页文档 0305.html，并链接外部样式文件 base.css 和 main.css。

③ 在网页 0305.html 中添加必要的 HTML 标签、插入图片和输入文字。

④ 浏览网页 0305.html 的效果，如图 3-27 所示，该网页左侧为一幅图片，右侧为文字内容。

阿坝州风景区位于长江、黄河上游，四川省西北部，青藏高原东南缘，北部与青海、甘肃省相邻，东南西三面分别与成都、绵阳、德阳、雅安、甘孜等市州接壤。面积8.42万平方千米。辖13个县（马尔康县、金川县、小金县、阿坝县、若尔盖县、红原县、壤塘县、汶川县、理县、茂县、松潘县、九寨沟县、黑水县），225个乡（镇）。总人口84万，其中藏族占52.5%，羌族占17.4%，汉族占26.8%，其他民族占3.3%，是四川省第二大藏区和全国主要羌族聚居区；也是红军长征时经过的"雪山草地"...更多>

图 3-27
网页 0305.html 的浏览效果

【操作提示】

1. 网页的 HTML 代码编写

网页 0305.html 主体结构的 HTML 代码见表 3-12。

表 3-12 网页 0305.html 主体结构的 HTML 代码

序号	HTML 代码
01	\<section class="ec-g">
02	\<div class="w-info">
03	\<img class="scrollLoadingImg" src="images/t201.jpg" alt="">
04	\<p>\</p>
05	\</div>
06	\</section>

2. 网页的 CSS 代码定义

网页 0305.html 中主要的 CSS 代码定义见表 3-13。

表 3-13 网页 0305.html 中主要的 CSS 代码定义

序号	CSS 代码	序号	CSS 代码
01	section {	05	.}
02	width: 1202px;	06	
03	position: relative;	07	.ec-g {
04	margin-top: 10px;	08	float: left;

续表

序号	CSS 代码	序号	CSS 代码
09	display: inline;	19	padding: 5px;
10	border-width: 0;	20	font-size: 14px;
11	min-height: 50px;	21	line-height: 238%;
12	position: relative;	22	}
13	width: 860px;	23	.w-info img {
14	}	24	width: 405px;
15	.w-info {	25	height: 270px;
16	position: relative;	26	margin: 6px 26px 20px 10px;
17	margin-left: 20px;	27	float: left;
18	margin-top: 20px;	28	}

【同步训练考核评价】

本单元"同步训练"评价内容见表 3-14。

表 3-14　单元 3"同步训练"评价表

任务名称	【任务 3-4】在网页中设置图片与背景属性 【任务 3-5】制作阿坝州景区景点的图文混排网页		
完成方式	【　】小组协作完成　　　【　】个人独立完成		
同步训练任务完成情况评价			
自我评价		小组评价	教师评价
存在的主要问题			

【问题探究】

【探究 1】　页面中图像有何作用？网页中图像在信息传达上应具备哪些功能？

传递信息的视觉要素包括版式、文字、图像、色彩等，其中能在一瞬间让浏览者了解访问的主页是否与印象相同的就是图像，而又以直接表现标题或主页信息的插图和照片最有说服力，它能够使浏览者直接确认信息。在浏览网页时，通过观看图片，就能了解网页的主题，使浏览者在阅读标题和正文之前，对内容有一个大致了解，然后就可以放心地深入到正文之中。

网页中图像在信息传达上应具备以下功能。

① 要有良好的视觉吸引力，能吸引浏览者的注意力，通过"阅读最省力原则"吸引浏览者注意网站。

② 要简洁明确地传达网站信息，能使浏览者一目了然地抓住网站信息的重点。

③ 要有强而有力的诱导作用，造成鲜明的视觉感受效果，能使浏览者与自己的问题联系起来，在浏览过程中产生愿望和欲求。

【探究 2】　目前，因特网上支持的图像格式主要有哪几种类型？

目前，因特网上支持的图像格式主要有 GIF（Graphics Interchange Format）、JPEG（Joint Photographic Experts Group）、PNG（Portable Network Graphic）3 种。其中 GIF 和 JPEG 这两种格式的图片文件由于文件较小，适合网络传输，而且能够被大多数浏览器完全支持，所以是网页制作中最为常用的文本格式。

笔 记

- GIF 图像文件的特点是：最多只能包含 256 种颜色，支持透明的前景色、动画格式。GIF 格式特定的存储方式使得 GIF 文件特别擅长表现那些包含有大面积单色区的图像，以及所含颜色不多、变化不繁杂的图像，如徽标、文字图片、卡通形象等。
- JPEG 图像采用的是一种有损的压缩算法，支持 24 位真彩色，支持渐进的显示效果，即在网络传输速度较慢时，一幅图像可以由模糊到清晰慢慢显示出来，但不支持透明的背景色，适用于表现色彩丰富、物体形状结构复杂的图像，如照片等。

【探究 3】 在设计网页时，应对网页中的图像进行合理搭配，对图像的处理主要包括哪些方面？

好的图像可以使页面增色，但不当的图像则会带来不良效果。网页中图像不是孤立的，要与页面统一，对图像的处理主要包括以下几个方面。

（1）图像的外形处理

图像的外形能使网页的气氛发生变化，并直接影响网页访问者的兴趣。一般而言，方形的图像显得稳定而严肃，三角形的图像显得锐利，圆形或曲线外形的图像显得柔软亲切，一些不规则或不带边框的图像显得活泼。

（2）图像的面积处理

图像在网页中占据的面积大小能直接显示其重要程度。一般而言，大图像容易在网页中形成视觉焦点且感染力强，传达的情感较为强烈；小图像常用来穿插在文本群中，显得简洁而精致，有点缀和呼应网页主题的作用。

（3）图像的数量处理

图像的数量是根据网页中内容灵活确定的。如果网页中只使用了一幅图像，则会使网页内容显得突出且安定。如果再增加一幅图像，则网页会因为有了对比和呼应而活泼起来。

（4）图像的背景处理

网页图像与背景是对比和统一的关系，也就是说，图像与背景在和谐统一的基础上，应具有一定的对比，以使主要图像更加突出。

【探究 4】 在 CSS3 中如何设置网页背景图像？

在 CSS3 之前，背景图片的尺寸由图片的实际尺寸决定。在 CSS3 中，可以规定背景图片的尺寸，这就允许在不同环境中重复使用背景图片。可以以像素或百分比规定尺寸，如果以百分比规定尺寸，那么尺寸相对于父元素的宽度和高度。

CSS 为实现网页背景图像的广泛应用，提供了大量的属性，且得到了各大浏览器的支持，综合利用这些属性可以提高网页布局和排版的灵活性和适应能力。详见电子活页 3-3。

设置网页背景图像

【探究 5】 网页中的背景定位有哪些方法？

网页中的背景定位的常用方法如下。

① 应用位置关键字。

② 应用百分数值。

③ 应用长度值。

详见电子活页 3-4。

网页中背景定位

笔 记

【探究6】 在网页中使用图像应注意哪些事项?

在网页中使用图像应注意以下几点。

① 网站首页中应具有醒目的标题文字、Logo 标志、主题图像等,令人过目不忘是制作网页重要的目标。

② 网页中的图像应具有一定的实际作用,尽量减少只有装饰作用的图像在页面中所占的比例,以便突出页面主题。

③ 页面中的图像要力求清晰可见、意义简洁。对于图形内所包含的文字,要注意不要因压缩而导致无法识别。

④ 图像设计时不要过多使用渲染、渐变层、光影等特殊效果的图像,这样会使图像容量变大。设计时应该多替浏览者考虑,尽量采用压缩设计。

⑤ 为了节省传输时间,许多浏览者会采用"不显示图像"的模式浏览网页,所以在放置图像时,一定要为每幅图像添加不显示时的"替换文本",当页面中没有显示图像时,浏览者也能看到该图像想表达的内容。

【探究7】 在 Dreamweaver 的【代码】视图中如何使用【通用】工具栏实现缩进与凸出代码、选择父标签、注释代码功能?

【代码】视图会以不同的颜色显示 HTML 源代码,以帮助用户区分各种标签,同时用户也可以自己指定标签或代码的显示颜色。Dreamweaver 中的【通用】工具栏位于【代码】视图的左侧。

利用【通用】工具栏可以实现以下操作。

(1)缩进与凸出代码

为了保证源代码的可读性,一般都需要将代码进行一定的缩进或凸出,从而显得错落有致。选择一段代码,按【Tab】键或单击【通用】工具栏中的【缩进代码】按钮,即可实现代码的缩进。对于已缩进的代码,如果想要凸出显示,可按【Shift+Tab】组合键或者单击【通用】工具栏中的【凸出代码】按钮,即可实现代码的凸出显示。

(2)选择父标签

代码标签之间一般都存在着嵌套关系,如何快速查找某<html>标签的父标签是哪一个呢?可以直接将光标置于该标签代码中,然后单击【选择父标签】按钮即可。可以单击多次依次选择父标签。

(3)注释代码

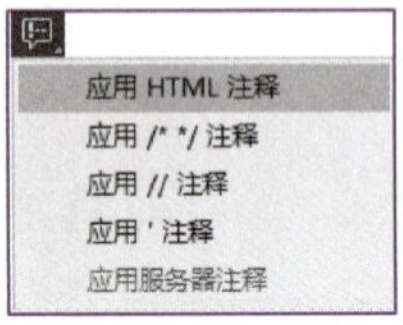

选择需要注释的代码行,单击【通用】工具栏中的【应用注释】按钮,再在弹出菜单中选择一种注释方法即可,如图 3-28 所示。

图 3-28
多种注释代码的标签

若要取消注释,可先选择要取消注释的代码行,然后单击【通用】工具栏中的【删除注释】按钮即可。

⊃【单元习题】

详见电子活页 3-5。

单元 3 习题

单元4 制作包含列表和表格的网页

列表标签能够实现网页结构化列表，对于需要排列显示的标题列表、导航菜单、新闻信息等，使用列表标签具有明显的优势。列表在网页布局和排版方面也有强大的功能，由于列表比较整齐美观、方便浏览，是网页常用的元素。由于CSS定义了强大的列表属性，各种浏览器对CSS列表属性都支持，使用列表配合<div>标签可以实现更多的网页布局。

列表标签<ul>、<ol>、<li>、<dl>、<dt>和<dd>都是块状元素，一般习惯于配对使用，<ul>和<li>结合定义无序列表，<ol>和<li>结合定义有序列表，<dl>、<dt>和<dd>结合实现定义列表，<li>标签显示为列表项，即display属性设置为list-item，每个列表项占据一行，这种样式也是块状元素的一种特殊形式。

表格在显示数据方面非常灵活，设计网页时应充分发挥表格的数据组织功能。表格与定义列表一样，一般由3个标签配合使用，表格由<table>标签定义，行由<tr>标签定义，每行中的单元格由<td>标签定义，<td>标签必须包含在<tr>标签内。数据存放在单元格中，即<td></td>标签内。一个数据单元格中可以包含文本、图像、列表、段落、表单、表格等网页元素。

单元4 素质目标

拓展阅读4

雪山草地红色阿坝是中
国革命淬火成钢之地

案例4 大美中国-九寨
沟景区

科普之旅

【知识疏理】

1. HTML5 的列表标签

HTML5 的列表标签见表 4-1。

表 4-1　HTML5 的列表标签

标签名称	标签描述	标签名称	标签描述
\<ul>	定义无序列表	\<dd>	定义列表中项目的描述
\<ol>	定义有序列表	\<menu>	定义命令的菜单/列表
\<li>	定义列表的项目	\<menuitem>	定义用户可以从弹出菜单调用的命令/菜单项目
\<dl>	定义列表	\<command>	定义命令按钮
\<dt>	定义列表中的项目		

（1）\<ul>、\<li>和\<ol>标签

\<ul>标签用于定义无序列表，\<ol>标签用于定义有序列表，\<li>标签用于定义列表项目。\<li>标签可用在有序列表（\<ol>）和无序列表（\<ul>）中。ul 是 unordered list（无序列表）的缩写，表示项目列表；ol 是 order list（有序列表）的缩写，表示有顺序的列表；li 是 item in a list（列表项）的缩写，表示列表项。

1）项目列表

项目列表以项目符号开头，在列表项之间没有先后次序时使用，所以又称为无序列表。项目列表的列表项使用圆点、圆圈等符号表示，项目列表用\<ul>标签表示，每个列表项用\<li>标签表示，一般网页中都使用项目列表。项目列表的示例代码如下。

```
<ul>
    <li>九寨沟</li>
    <li>黄龙</li>
    <li>四姑娘山</li>
    <li>花湖</li>
</ul>
```

项目列表 ul 的浏览效果如图 4-1 所示。

- 九寨沟
- 黄龙
- 四姑娘山
- 花湖

图 4-1
项目列表 ul 的浏览效果

2）有序列表

有序列表的列表项使用 1、2、3 或 a、b、c 等表示顺序，有序列表用\<ol>标签表示，每个列表项用\<li>标签表示。有序列表一般用于描述工作进度、作息时间、大纲目录等。有序列表的示例代码如下。

```
<ol>
    <li>九寨沟</li>
    <li>黄龙</li>
    <li>四姑娘山</li>
    <li>花湖</li>
</ol>
```

有序列表 ol 的浏览效果如图 4-2 所示。

（2）<dl>、<dt>和<dd>标签

<dl>标签用于设置定义列表（definition list），<dd>在定义列表中用于定义条目的定义部分，<dt>标签定义了定义列表中的项目（即术语部分）。<dl>标签用于结合<dt>（定义列表中的项目）和<dd>（描述列表中的项目）。dl 是 definition list（定义列表）的缩写，表示自定义列表，dl 最早是为了描述术语解释而定义的标签，术语的名称顶格显示，术语的解释缩进显示，这样当有多个术语列表时，显得井然有序，dl 后来被拓展应用到页面的布局中；dt 是 definition term（定义术语）的缩写，表示定义列表的标题；dd 是 definition in a definition list（定义列表中的定义）的缩写，表示对术语的解释，即定义列表项。

定义列表 dl 是一种区别于项目列表 ul 和有序列表 ol 的列表形式，定义列表的列表项可以带文本、图片和其他多媒体页面元素。定义列表 dl 可以更好地表现术语、索引等内容，并更好地对所表示的内容进行描述。定义列表由 3 个 HTML 标签组织，分别是<dl>、<dt>和<dd>，其中<dt>用于标识组成定义列表的术语名称或标题部分，其后跟随<dd>标签，<dd>用来标识对它的定义、解释或内容索引等。

定义列表 dl 的示例代码如下。

```html
<dl>
    <dt>推荐旅游景点</dt>
    <dd>九寨沟</dd>
    <dd>黄龙</dd>
    <dd>四姑娘山</dd>
    <dd>花湖</dd>
</dl>
```

定义列表 dl 的浏览效果如图 4-3 所示。

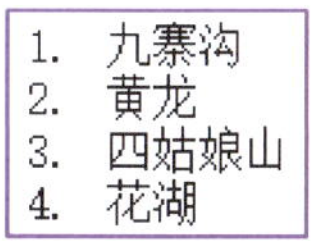

```
1.  九寨沟
2.  黄龙
3.  四姑娘山
4.  花湖
```

```
推荐旅游景点
    九寨沟
    黄龙
    四姑娘山
    花湖
```

图 4-2
有序列表 ol 的浏览效果

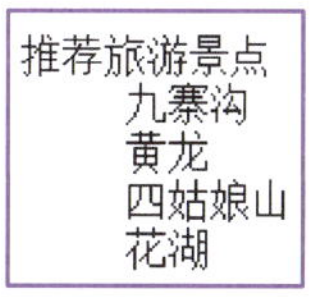

图 4-3
定义列表 dl 的浏览效果

（3）<menu>标签

<menu>标签用于定义菜单列表，当希望列出表单控件时，使用该标签。注意与<nav>的区别，<menu>专门用于表单控件。示例代码如下。

```html
<menu>
    <li><input type="checkbox" >Red</li>
    <li><input type="checkbox" >Blue</li>
</menu>
```

（4）<command>标签

<command>标签用于定义命令按钮，如单选按钮、复选框或按钮。只有当<command>标签位于<menu>标签内时，该元素才是可见的，否则不会显示该元素。示例代码如下。

```html
<menu>
    <command onclick="alert('Hello World')">Click Me!</command>
</menu>
```

2．CSS 列表属性（List）

CSS 列表属性允许放置、改变列表项标志，或者将图像作为列表项标志。CSS 列表属性包括列表类型、列表符号图像和位置。CSS 列表属性的定义示例代码如下。

```
li{
    list-style-type:circle;
    list-style-image:url(images/0201icon04.gif);
    list-style-position:outside;
}
```

（1）list-style-type 属性

list-style-type 属性用于定义列表符号样式，默认为实心圆点 disc。当 list-style-image 属性已定义为有效值时，list-style-type 属性则无效。list-style-type 属性的取值有以下类型：disc（实心圆点）、circle（圆圈）、square（实心方块）、decimal（阿拉伯数字）、lower-roman（小写罗马数字）、upper-roman（大写罗马数字）、lower-alpha（小写字母）、upper-alpha（大写字母）、none（不使用项目符号）。

在一个无序列表中，列表项的标志（marker）是出现在各列表项旁边的圆点。在有序列表中，标志可能是字母、数字或另外某种计数体系中的一个符号。要修改用于列表项的标志类型，可以使用属性list-style-type，示例代码如下。

```
ul {list-style-type : square}
```

上述代码将无序列表中的列表项标志设置为方块。

（2）list-style-image属性

有时可能想对各标志使用一幅图像，可以利用list-style-image属性完成，只需要简单地使用一个 url()值，就可以使用图像作为标志。list-style-image 属性用于定义列表项符号的图像，默认情况下不指定列表项符号的图像。list-style-image 属性的取值有 none（不指定图像）和 url（指定图像地址）。示例代码如下。

```
ul li {list-style-image : url(01.gif)}
```

（3）list-style-position 属性

CSS 可以确定标志出现在列表项内容之外还是内容内部，是通过利用list-style-position 属性完成的。该属性用于定义列表项符号的显示位置，默认为 outside。list-style-position 属性的取值有 outside（列表项符号或图像位于文本以外）和 inside（列表项符号或图像位于文本以内）。

（4）list-style 属性

为简单起见，可以将以上 3 个列表样式属性合并为一个方便的属性：list-style，示例代码如下。

```
li {list-style : url(example.gif) square inside}
```

list-style 的值可以按任何顺序列出，而且这些值都可以忽略。只要提供了一个值，其他的就会输入其默认值。

list-style 属性可以综合设置列表项符号样式、图像和位置，当 list-style-type 属性和 list-style-image 属性同时被设置时，list-style-image 属性设置的列表项优先。

各种浏览器都为列表标签预定义了默认样式，如果要定义个性化的列表样式，则应清除列表样式的默认值。清除列表样式默认值的示例代码如下。

```
ul{
    margin: 0px;
    padding: 0px;
    list-style-type: none;    /*清除列表项的默认列表符号*/
}
ul li {
    margin: 0px;
    padding: 0px;
    list-style-type: none;
}
```

3．表格元素及标签

HTML5 的表格标签见表 4-2。

表 4-2　HTML5 的表格标签

标签名称	标签描述	标签名称	标签描述
<table>	定义表格	<thead>	定义表格中的表头内容
<caption>	定义表格标题	<tbody>	定义表格中的主体内容
<th>	定义表格中的表头单元格	<tfoot>	定义表格中的表注内容（脚注）
<tr>	定义表格中的行	<col>	定义表格中一个或多个列的属性值
<td>	定义表格中的单元	<colgroup>	定义表格中供格式化的列表

<table>、<tr>和<td>标签被用来实现表格化数据显示，它们有着明确的语义，各个标签的语义如下。

（1）<table>标签

<table>标签主要用来定义数据表格的整体样式，数据表中的数据显示通过<td>标签实现。

（2）<tr>标签

tr 是 a row in a table 的缩写，表示表格中的一行，其内部还需要包含单元格<td>。

（3）<td>标签

td 是 a diamonds in a table 的缩写，表示表格中的一个单元格，<td>标签是表格中最小的容器元素。

> **说明：**
>
> 　table、tr 和 td 都是块状元素，table 显示为表格，即 display 属性值为 table；tr 显示为表格行，即 display 属性值为 table-row；td 显示为单元格，即 display 属性值为 table-cell。

（4）<th>标签

<th>标签用于定义表格的标题，具有预定义格式，可以使单元格内的数据居中并加粗显示。

（5）<caption>标签

<caption>标签用于定义表格的标题，对表格进行简单描述，该元素是内联元素，其

他表格元素是块状元素。

4．CSS 表格属性（table）

设置 CSS 表格属性可以改善表格的外观。

（1）表格边框属性（border）

表格及单元格边框的默认宽度为 2 px，使用 border 属性可以灵活设置表格及单元格的边框样式。如果为 <table> 标签设置边框，则只会影响整个表格的四周边框，而不会影响到单元格。如果为单元格 <td> 标签设置边框，则会影响所有单元格的边框。

如果将 border-width 属性设置为 1 px 就可以显示细线框，如果将 border-width 属性值设置较大（如 5 px）就可以显示粗线框，如果将 border-style 属性设置为 dashed 就可以显示虚线框，如果将 border-style 属性设置为 double 就可以显示双线框，如果只设置 border-bottom 属性的值，则会显示单线框。

以下示例代码为 table、th 以及 td 设置了蓝色边框。

```
table, th, td {    border: 1px solid blue;    }
```

（2）表格边框折叠属性（border-collapse）

border-collapse 属性用于定义表格的边框和单元格的边框是重合还是分离，其取值包括 separate（边框分离，即表格具有双线条边框）和 collapse（边框重合，即表格边框折叠为单一边框），默认值为 separate，即表格及单元格的边框默认为分离的。当 border-collapse 属性值为 separate 时，如果 border-spacing 属性值设置较大（如 8 px）就可以显示为宫字形表格，对于不支持 border-spacing 属性的浏览器可以在 <table> 标签内设置 cellspacing 属性值定义边框宽度。

由于 table、th 以及 td 元素都有独立的边框，如果需要把表格显示为单线条边框，则可以使用 border-collapse 属性。示例代码如下。

```
table {    border-collapse:collapse;    }
table,th, td {    border: 1px solid black;    }
```

（3）单元格间距属性（border-spacing）

border-spacing 属性用于指定相邻单元格边框之间的距离，该属性值用于设置相邻单元格之间的距离。如果指定一个值，则表示相邻单元格水平和垂直方向的间距相同；如果指定两个值，第一个值指定水平方向间距，第二个值指定垂直方向间距。border-spacing 的取值不能为负值，也不能为百分比。

（4）单元格边框显示属性（empty-cells）

empty-cells 属性定义当单元格无内容时，是否显示该单元格的边框，其取值包括 show（显示空单元格的边框和背景）和 hide（隐藏空单元格的边框和背景），默认值为 show。

（5）表格内容显示方式属性（table-layout）

table-layout 属性控制表格内容的显示方式，其取值包括 fixed（浏览器以一次一行的方式显示表格内容）和 auto（表格在所有单元格的内容都读取之后才显示），默认值为 auto。

（6）表格颜色属性（background-color）

通过行或列的 background-color 属性设置背景颜色，可以改善数据表格的视觉效果。

以下示例代码设置边框的颜色以及 th 元素的文本和背景颜色。

```
table, td, th {   border:1px solid green;   }
th {
      background-color:green;
      color:white;
   }
```

（7）表格宽度（width）和高度（height）属性

通过 width 和 height 属性可以设置表格的宽度和高度。

以下示例代码将表格宽度设置为 100%，同时将 th 元素的高度设置为 50 px。

```
table {   width:100%;   }
th {   height:50px;   }
```

（8）表格文本对齐属性（text-align 和 vertical-align）

text-align 和 vertical-align 属性用于设置表格中文本的对齐方式。text-align 属性用于设置水平对齐方式，如左对齐、右对齐或者居中对齐，示例代码如下。

```
td { text-align:right;   }
```

vertical-align 属性用于设置垂直对齐方式，如顶部对齐、底部对齐或居中对齐，示例代码如下。

```
td {
      height:50px;
      vertical-align:bottom;
   }
```

（9）表格内边距属性（padding）

如需控制表格中内容与边框的距离，则为 td 和 th 元素设置 padding 属性，示例代码如下。

```
td { padding:15px; }
```

【操作准备】

1. 创建所需的文件夹

在本地硬盘（如 D 盘）中创建一个文件夹"网页设计与制作案例"，在该文件夹中创建子文件夹"单元 4"。

2. 启动 Dreamweaver

通过 Windows 的【开始】菜单或桌面快捷方式启动 Dreamweaver。

3. 创建本地站点

创建一个名为"单元 4"的本地站点，站点文件夹为"单元 4"。

微课 4-1
制作以项目列表形式
表现新闻标题的网页

【引导训练】

 任务描述

【任务 4-1】 制作以项目列表形式表现新闻标题的网页

① 创建样式文件 base.css 和 main.css，在该样式文件中定义标签的属性、类选择符及其属性。

旅游新闻

- 一年春景莫错过，正是花开好时节。
- 绿色爬满山头，花草点缀春阳，赏花正好。
- 阳春三月，来四姑娘山看景，不负好时光！
- 美丽九寨水也能与众不同？意料之外，情理之中！
- 春季来临，达古冰川的这朵"花"竟然开了四季？

图 4-4
网页 0401.html 的浏览效果

② 创建网页文档 0401.html，并链接外部样式文件 base.css 和 main.css。

③ 在网页 0401.html 中添加必要的 HTML 标签并输入文字。

④ 浏览网页 0401.html 的效果，如图 4-4 所示，该网页包含以项目列表形式表现的新闻标题。

 任务实施

1. 创建文件夹与网页

在文件夹"单元 4"中创建子文件夹"任务 4-1"，再在该子文件夹"任务 4-1"中创建 css、images 等子文件夹，且将所需的素材复制到对应的子文件夹中。在文件夹"任务 4-1"中创建网页文档 0401.html。

2. 定义网页主体布局结构和美化列表的 CSS 代码

在文件夹 css 中创建样式文件 base.css，在该样式文件中编写样式代码，见表 4-3。

表 4-3 网页 0401.html 中样式文件 base.css 的 CSS 代码定义

序号	CSS 代码	序号	CSS 代码
01	body, html,ul {	05	body {
02	padding: 0;	06	font-family: '微软雅黑';
03	margin: 0;	07	color: #47a3da;
04	}	08	}

在文件夹 css 中创建样式文件 main.css，在该样式文件中编写样式代码，见表 4-4。

表 4-4 网页 0401.html 中样式文件 main.css 的 CSS 代码定义

序号	CSS 代码	序号	CSS 代码
01	.content {	09	#news_con li {
02	margin: 10px auto;	10	border-bottom: 1px dashed #cccccc;
03	max-width: 1000px;	11	line-height: 30px;
04	}	12	height: 30px;
05	#news_con {	13	list-style-position: inside;
06	width: 50%;	14	}
07	float: left;	15	
08	}	16	

3．在网页文档 0401.html 中链接外部样式表

切换到网页文档 0401.html 的【代码】视图，在标签</head>前输入链接外部样式表的代码如下。

```
<link href="css/base.css" rel="stylesheet" type="text/css">
<link href="css/main.css" rel="stylesheet" type="text/css">
```

4．在网页 0401.html 中插入所需的标签和输入所需的文字内容

打开网页 0401.html 的【代码】视图，将光标置于<body></body>之间，然后选择菜单【插入】→【Div】命令，打开【插入 Div】对话框，在"插入"下拉列表框中选择"在插入点"，在 Class 下拉列表框中选择 content，如图 4-5 所示。

图 4-5
【插入 Div】对话框

单击【确定】按钮，在网页中插入如下所示的 HTML 代码。

```
<div class="content">此处显示  class "content" 的内容</div>
```

删除文本"此处显示 class "content" 的内容"，然后将光标置于<div class="content">与</div>之间，选择菜单【插入】→【标题】→【标题 3】命令，如图 4-6 所示，在网页中插入标签<h3> </h3>。

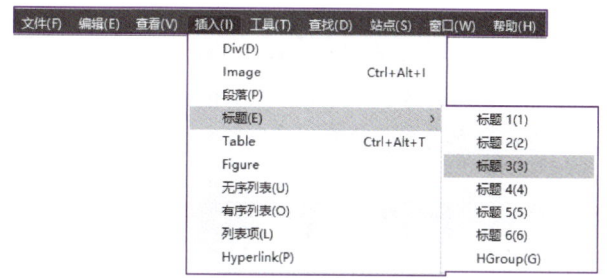

图 4-6
选择【标题 3】命令

接着将光标置于标签<h3> </h3>之后，选择菜单【插入】→【项目列表】命令，在网页中插入标签<ul></ul>，且在标签<ul>内输入"id="news_con""。接着将光标置于<ul>与</ul>之间，选择菜单【插入】→【列表项】命令，在网页中插入标签<li></li>。然后按类似方法插入 5 个<li></li>标签，对应的 HTML 代码如下。

```
<div class="content">
    <h3> </h3>
    <ul id="news_con">
        <li></li>
        <li></li>
        <li></li>
        <li></li>
```

```
        <li></li>
    </ul>
</div>
```

在网页中输入文字，对应的 HTML 代码如下。

```html
<body>
<div class="content">
   <h3>旅游新闻</h3>
   <ul id="news_con">
       <li>一年春景莫错过，正是花开好时节。</li>
       <li>绿色爬满山头，花草点缀春阳，赏花正好。</li>
       <li>阳春三月，来四姑娘山看景，不负好时光！</li>
       <li>美丽九寨水也能与众不同？意料之外，情理之中！</li>
       <li>春季来临，达古冰川的这朵"花"竟然开了四季？</li>
   </ul>
</div>
</body>
```

5.　浏览效果

浏览网页 0401.html 的效果，如图 4-4 所示。

微课 4-2
制作以项目列表形式
表现图文按钮的网页

【任务 4-2】 制作以项目列表形式表现图文按钮的网页

 任务描述

① 创建样式文件 base.css 和 main.css，在该样式文件中定义标签的属性、类选择符及其属性。

② 创建网页文档 0402.html，并链接外部样式文件 base.css 和 main.css。

③ 在网页 0402.html 中添加必要的 HTML 标签并输入文字。

④ 浏览网页 0402.html 的效果，如图 4-7 所示，该网页包含以项目列表形式表现的图文按钮。

图 4-7
网页 0402.html 的浏览效果

 任务实施

1.　创建文件夹与网页

在站点"单元 4"中创建文件夹"任务 4-2"，在该文件夹中创建子文件夹 css、images

等子文件夹，且将所需的素材复制到对应的子文件夹中，在文件夹"任务 4-2"中创建网页文档 0402.html。

2. 定义网页主体布局结构和美化列表的 CSS 代码

在文件夹 css 中创建样式文件 base.css，在该样式文件中编写样式代码，见表 4-5。

表 4-5　网页 0402.html 中样式文件 base.css 的 CSS 代码定义

序号	CSS 代码	序号	CSS 代码
01	body {	11	ul , li {
02	min-width: 1200px;	12	margin: 0;
03	line-height: 2em;	13	padding: 0;
04	margin: auto;	14	border: none;
05	color: #333;	15	list-style-type: none;
06	background-image: url(../images/travel-bg.png);	16	list-style-position: outside;
07	background-position: left top;	17	text-indent: 0;
08	background-repeat: repeat-x;	18	}
09	background-color: #FFF;	19	
10	}	20	

【CSS 设计器】面板中<body>标签的背景属性设置如图 4-8 所示，【CSS 设计器】面板中<ul>与<li>标签的其他属性设置如图 4-9 所示。

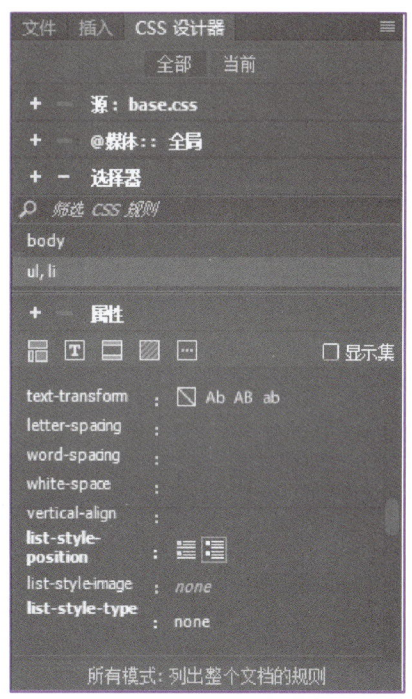

图 4-8
<body>标签的背景
属性设置

图 4-9
<ul>与<li>标签的
其他属性设置

在文件夹 css 中创建样式文件 main.css，在该样式文件中编写样式代码，见表 4-6。

表 4-6　网页 0402.html 中样式文件 main.css 的 CSS 代码定义

序号	CSS 代码	序号	CSS 代码
01	section {	39	.ico-actp-01,.ico-actp-02,
02	width: 1200px;	40	.ico-actp-03,.ico-actp-04,
03	margin: auto;	41	.ico-actp-05,.ico-actp-06,
04	margin-top: 30px;	42	.ico-actp-07,.ico-actp-08 {
05	}	43	width: 40px;
06	.actpList {	44	height: 40px;
07	float: left;	45	}
08	margin-left: -5px;	46	
09	overflow: hidden;	47	.ico-actp-01 {
10	width: 320px;	48	background-position: -500px 0;
11	}	49	}
12	.actpList li {	50	
13	margin-bottom: 5px;	51	.ico-actp-02 {
14	margin-left: 5px;	52	background-position: -550px 0;
15	background-color: rgba(225,232,237,.7);	53	}
16	width: 146px;	54	
17	float: left;	55	.ico-actp-03 {
18	font-family: "Microsoft YaHei";	56	background-position: -600px 0;
19	font-size: 20px;	57	}
20	}	58	
21	.actpList li:hover {	59	.ico-actp-04 {
22	background-color: rgba(250,250,250, .7);	60	background-position: -650px 0;
23	}	61	}
24	.actpList li i {	62	
25	margin: 34px 5px 35px 15px;	63	.ico-actp-05 {
26	}	64	background-position: -500px -50px;
27		65	}
28	.ico-travel {	66	
29	background-image:	67	.ico-actp-06 {
30	url(../images/travel-ico.png);	68	background-position: -550px -50px;
31	background-repeat: no-repeat;	69	}
32	width: 16px;	70	
33	height: 16px;	71	.ico-actp-07 {
34	line-height: 16px;	72	background-position: -600px -50px;
35	overflow: hidden;	73	}
36	display: inline-block;	74	.ico-actp-08 {
37	vertical-align: middle;	75	background-position: -650px -50px;
38	}	76	}

3．在网页文档 0402.html 中链接外部样式表

切换到网页文档 0402.html 的【代码】视图，在标签</head>前输入链接外部样式表的代码如下。

```
<link href="css/base.css" rel="stylesheet" type="text/css">
<link href="css/main.css" rel="stylesheet" type="text/css">
```

4．编写网页主体布局结构的 HTML 代码

打开网页 0402.html 的【代码】视图，将光标置于<body></body>之间，然后选择菜单【插入】→【Section】命令，如图 4-10 所示，打开【插入 Section】对话框，如图 4-11 所示，单击【确定】按钮，即可插入标签<section></section>。

图 4-10
选择【Section】命令

图 4-11
【插入 Section】
对话框

然后将光标置于标签<section>与</section>之间，选择菜单【插入】→【无序列表】命令，插入标签<ul></ul>，并且设置项目列表的 CSS 类为 actpList。网页 0402.html 主体布局结构的 HTML 代码见表 4-7。

表 4-7 网页 0402.html 主体布局结构的 HTML 代码

序号	HTML 代码
01	<section>
02	<ul class="actpList">
03	<!--列表式导航按钮-->
04	</ul>
05	</section>

5. 在网页中添加必要的 HTML 标签并输入文本内容

在网页文档 0402.html 中添加必要的 HTML 标签并输入文本内容，对应的 HTML 代码见表 4-8。

表 4-8 网页 0402.html 的 HTML 代码

序号	HTML 代码
01	<section>
02	<ul class="actpList">
03	<li><i class="ico-travel ico-actp-01"> </i>概况</li>
04	<li><i class="ico-travel ico-actp-02"> </i>景区</li>
05	<li><i class="ico-travel ico-actp-03"> </i>交通</li>
06	<li><i class="ico-travel ico-actp-04"> </i>住宿</li>
07	<li><i class="ico-travel ico-actp-05"> </i>特产</li>
08	<li><i class="ico-travel ico-actp-06"> </i>租车</li>
09	<li><i class="ico-travel ico-actp-07"> </i>地图</li>
10	<li><i class="ico-travel ico-actp-08"> </i>行程</li>
11	</ul>
12	</section>

6.保存与浏览网页

保存网页文档 0402.html，在浏览器中的浏览效果如图 4-7 所示。

【任务 4-3】 制作应用表格存放数据的网页

微课 4-3
制作应用表格存放数据的网页

 任务描述

① 创建样式文件 main.css，在该样式文件中定义标签的属性、类选择符及其属性。

② 创建网页文档 0403.html，并链接外部样式文件和 main.css。

③ 在网页 0403.html 中添加必要的 HTML 标签、插入表格和输入文字。

④ 网页 0403.html 的浏览效果如图 4-12 所示，该网页包含一个 4 行 3 列的表格。

票名	票面价	票数
全价套票	¥160.00	1
单门票	¥80.00	2
观光车票	¥60.00	3

图 4-12
网页 0403.html 的浏览效果

任务实施

1.创建文件夹与网页

在站点"单元 4"中创建文件夹"任务 4-3"，在该文件夹中创建子文件夹 css、images 等子文件夹，且将所需的素材复制到对应的子文件夹中。在文件夹"任务 4-3"中创建网页文档 0403.html。

2.编写网页主体布局结构的 HTML 代码

打开网页 0403.html 的【代码】视图，将光标置于<body></body>之间，然后选择菜单【插入】→【Section】命令，打开【插入 Section】对话框，单击【确定】按钮即可插入标签<section></section>，然后设置标签<section>的 id 值为 content，代码如下。

```
<section id="content"></section >
```

3.通过【Table】对话框插入一个 4 行 3 列的表格

将光标置于<section id="content">与</section >之间，在 Dreamweaver 主界面中选择菜单【插入】→【Table】命令，弹出【Table】对话框，设置如下。

① 在"行数"文本框中输入"4"，在"列"文本框中输入"3"。

② 在"表格宽度"文本框中输入"40"，设置宽度单位为"百分比"。

📝 提示：

在创建表格时，宽度单位既可以是像素，也可以是百分比。如果宽度单位是像素，那么所定义的表格宽度是固定的，即绝对数值，不会受浏览器大小变化的影响。如果宽度单位是百分比，那么所定义的表格宽度是一个相对数值，按浏览器宽度的百分比来指定表格的宽度，它会随着浏览器的大小变化而进行相应地改变。

③ 在"边框粗细"文本框中输入"1"，即指定表格边框的宽度为 1 px。

④ 在"单元格边距"文本框中输入"1"，即指定单元格边距大小为 1 px。

⑤ 在"单元格间距"文本框中输入"0"，即指定单元格间距大小为 0。

⑥ 在"标题"选项区域选择"顶部"形式的标题。

⑦【Table】对话框设置完成后如图 4-13 所示，单击【确定】按钮，一个 4 行 3 列的表格便插入到网页中。网页 0403.html 中所插入表格的初始 HTML 代码见表 4-9。

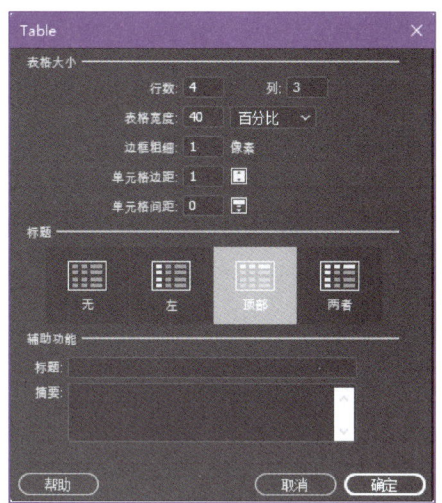

图 4-13

【Table】对话框

表 4-9　网页 0403.html 中所插入表格的初始 HTML 代码

序号	HTML 代码
01	<table width="40%" border="1" cellspacing="0" cellpadding="1">
02	<tbody>
03	<tr>
04	<th scope="col"> </th>
05	<th scope="col"> </th>
06	<th scope="col"> </th>
07	</tr>
08	<tr>
09	<td> </td>
10	<td> </td>
11	<td> </td>
12	</tr>
13	<tr>
14	<td> </td>
15	<td> </td>
16	<td> </td>
17	</tr>
18	<tr>
19	<td> </td>
20	<td> </td>
21	<td> </td>
22	</tr>
23	</tbody>
24	</table>

⑧ 保存网页 0403.html 中所插入的表格，浏览效果如图 4-14 所示。

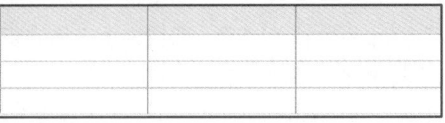

图 4-14
网页 0403.html 中所插入
表格的浏览效果

4．设置网页 0403.html 中表格的属性

（1）选择网页 0403.html 中所插入的表格

将鼠标指针指向表格边框线，当指针变为 ↨ 形状时单击选中整个表格，此时表格的【属性】面板如图 4-15 所示。

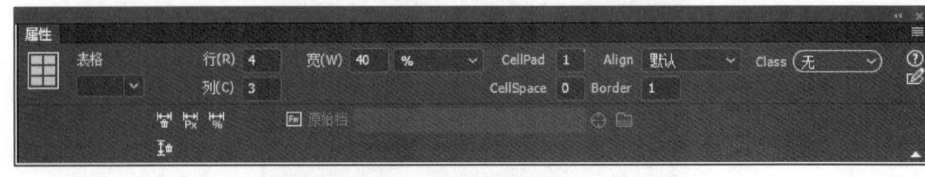

图 4-15
表格的属性设置

（2）通过表格的【属性】面板设置其属性

在"Border"文本框中输入"0"，对齐方式设置为"居中对齐"。表格属性更改后，其【属性】面板如图 4-16 所示。

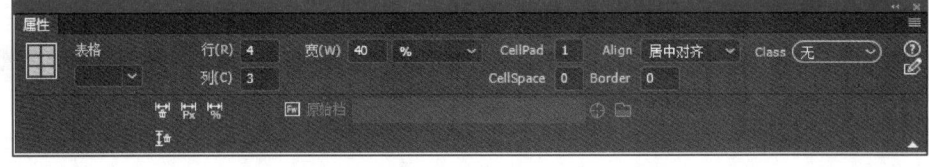

图 4-16
设置表格属性

（3）保存网页中表格的属性设置

5．在网页 0403.html 的表格中输入所需的文字内容

在网页 0403.html 表格的单元格中输入所需的文字内容,网页 0403.html 完整的 HTML 代码见表 4-10。

表 4-10　网页 0403.html 完整的 HTML 代码

序号	HTML 代码
01	<body>
02	<section id="content">
03	<table width="40%" border="0" align="center" cellpadding="1" cellspacing="0">
04	<tbody>
05	<tr>
06	<th scope="col">票名</th>
07	<th scope="col">票面价</th>
08	<th scope="col">票数</th>
09	</tr>
10	<tr>
11	<td>全价套票</td>

序号	HTML 代码
12	<td>¥160.00</td>
13	<td class="last">1</td>
14	</tr>
15	<tr>
16	<td>单门票</td>
17	<td>¥80.00</td>
18	<td class="last">2</td>
19	</tr>
20	<tr>
21	<td>观光车票</td>
22	<td>¥60.00</td>
23	<td class="last">3</td>
24	</tr>
25	</tbody>
26	</table>
27	</section>
28	</body>

6. 定义网页主体布局结构和美化列表的 CSS 代码

在文件夹 css 中创建样式文件 main.css，在该样式文件中编写样式代码，见表 4-11。

表 4-11　网页 0403.html 中样式文件 main.css 的 CSS 代码定义

序号	CSS 代码	序号	CSS 代码
01	#content {	13	td {
02	margin: 15px auto ;	14	padding: 8px 10px 8px;
03	}	15	text-align:center;
04		16	border-top: 1px solid #ccc;
05	table {	17	border-right: 1px solid #ccc;
06	overflow: hidden;	18	}
07	border: 1px solid #d3d3d3;	19	th {
08	background: #fefefe;	20	text-align: center;
09	width: 40%;	21	padding: 10px 15px;
10	border-radius: 5px;	22	background: #e8eaeb;
11	margin: 0 auto;	23	border-right: 1px solid #ccc;
12	}	24	}

由于网页 0403.html 中的表格及单元格都采用 CSS 样式进行美化与控制，所以将网页 0403.html 中设置表格属性的部分代码 "width="40%" border="0" align="center" cellpadding="1"" 删除，表格对应的 HTML 代码如下。

```
<table cellspacing="0">……</table>
```

【CSS 设计器】面板中 <table> 标签的 border 属性设置如图 4-17 所示，<td> 标签的 padding 属性设置如图 4-18 所示。

图 4-17
<table> 标签的 border
属性设置

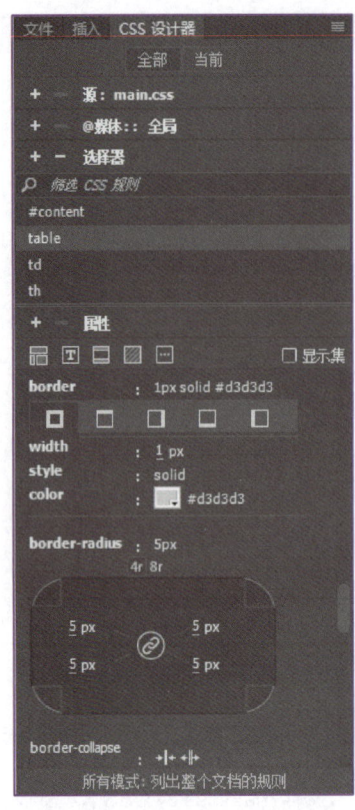

图 4-18
<td> 标签的 padding 属
性设置

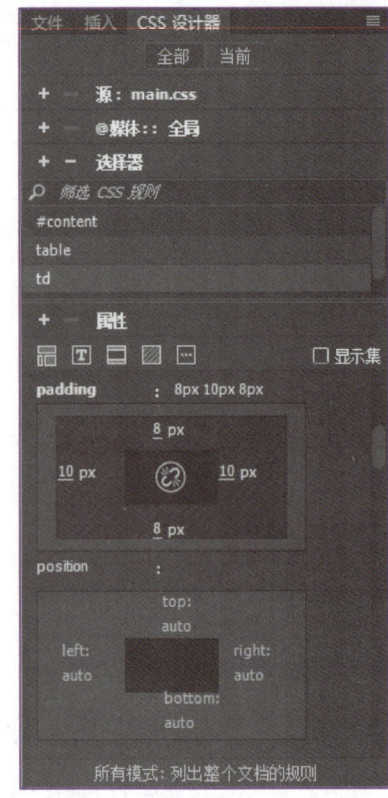

说明：

由于 CSS 样式代码中将表格的边框线设置为 1 px solid #d3d3d3，所以表格的单元格只需设置"上"和"右"边框线，标题行单元格则只需设置"右"边框线。另外表格的边框线设置为圆弧半径为 5 px，标题行单元格的背景颜色设置为 #e8eaeb。

7．在网页文档 0403.html 中链接外部样式表

切换到网页文档 0403.html 的【代码】视图，在标签 </head> 前输入链接外部样式表的代码如下。

```
<link href="css/main.css" rel="stylesheet" type="text/css">
```

8．保存与浏览网页 0403.html

保存网页文档 0403.html，浏览效果如图 4-12 所示。

微课 4-4
制作包含个性化表格的
网页

【任务 4-4】　制作包含个性化表格的网页

任务描述

① 创建样式文件 base.css 和 main.css，在该样式文件中定义标签的属性、类选择符及其属性。

② 创建网页文档 0404.html，并链接外部样式文件 base.css 和 main.css。

③ 在网页 0404.html 中添加必要的 HTML 标签、插入表格和输入文字。

④ 浏览网页 0404.html 的效果，如图 4-19 所示，该网页包含个性化的表格。

票类	票名	票种	票面价	网上价	票数
套票	全价套票	成人票	￥160.00	￥160.00	1
套票	优惠套票	优惠票	￥120.00	￥120.00	2
门票	单门票	成人票	￥80.00	￥80.00	3
门票	单优惠门票	优惠票	￥40.00	￥40.00	4
门票	儿童免票	优惠票	￥0.00	￥0.00	5

图 4-19
网页 0404.html 的浏览
效果

 任务实施

1. 创建站点与文件夹

在站点"单元 4"中创建文件夹"任务 4-4"，在该文件夹中创建子文件夹 css。

2. 定义网页主体布局结构和美化表格的 CSS 代码

在文件夹 css 中创建样式文件 main.css，在该样式文件中编写样式代码，网页主体布局结构和美化表格的 CSS 代码见表 4-12。

表 4-12　样式文件 main.css 中网页主体布局结构和美化表格的 CSS 代码定义

序号	CSS 代码	序号	CSS 代码
01	section {	24	.box-table th.c,
02	margin-top: 10px;	25	.box-table td.c {
03	}	26	text-align: center;
04	.box-table {	27	}
05	margin: auto;	28	
06	padding: 0;	29	.box-table th.r,
07	font-size: 12px;	30	.box-table td.r {
08	font-weight: bold;	31	text-align: right;
09	color: #333;	32	}
10	line-height: 22px;	33	
11	min-width: 600px;	34	.box-table tr.nocaption th,
12	}	35	.box-table tr.caption th {
13		36	border-top: 1px solid #d7d7d7;
14	.box-table th {	37	}
15	background-color: #f0fbeb;	38	
16	}	39	.box-table th.first,
17	.box-table th ,.box-table td {	40	.box-table td.first {
18	line-height: 31px;	41	border-left: 1px solid #d7d7d7;
19	border: 1px solid #d7d7d7;	42	}
20	padding: 0 5px;	43	
21	border-top: 0;	44	.yellow {
22	border-left: 0;	45	color: #f60;
23	}	46	}

3. 创建网页文档 0404.html 与链接外部样式表

在文件夹"任务 4-4"中创建网页文档 0404.html，切换到网页文档 0404.html 的【代码】视图，在标签</head>前输入链接外部样式表的代码如下。

<link href="css/main.css" rel="stylesheet" type="text/css">

4．在网页中插入表格与输入文本内容

在网页文档 0404.html 中插入表格、添加必要的 HTML 标签、插入表格与输入文本内容，网页对应的 HTML 代码详见电子活页 4-1。

网页文档 0404.html 对应的 HTML 代码

5．保存与浏览网页

保存网页文档 0404.html，浏览效果如图 4-19 所示。

【引导训练考核评价】

本单元"引导训练"的考核评价内容见表 4-13。

表 4-13　单元 4 "引导训练" 考核评价表

	考核内容	标准分	计分
考核要点	（1）能熟练插入项目列表和列表项	2	
	（2）会对项目列表和列表项设置 CSS 样式	2	
	（3）能熟练插入表格	1	
	（4）会选择整个表格、行、列和单元格，并对表格、行、列、单元格进行属性设置	2	
	（5）会对 table、th、tr、td 等对象设置 CSS 样式	2	
	（6）认真完成本单元的任务，态度端正、操作规范、时间观念强、有协作精神、学习效果较好	1	
	小计	10	
评价方式	自我评价	小组评价	教师评价
考核得分			
存在的主要问题			

【同步训练】

【任务 4-5】　制作项目列表为主的旅游攻略标题网页

 任务描述

① 创建样式文件 main.css，并该样式文件中定义标签的属性、类选择符及其属性。

② 创建网页文档 0405.html，并链接外部样式文件 main.css。

③ 在网页 0405.html 中添加必要的 HTML 标签并输入所需的文字。

④ 浏览网页 0405.html 的效果，如图 4-20 所示，该网页包含项目列表形式表现的旅游攻略标题。

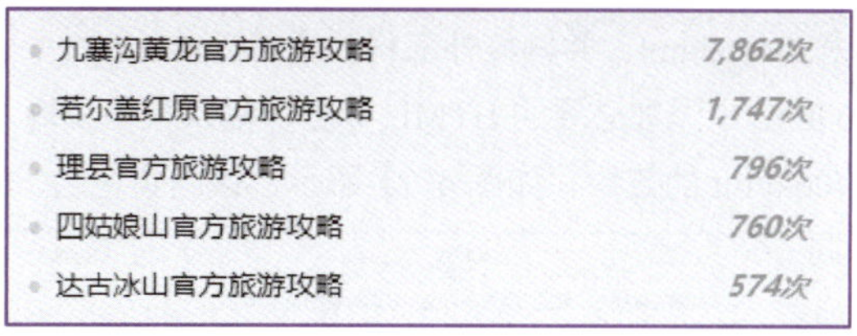

九寨沟黄龙官方旅游攻略	7,862次
若尔盖红原官方旅游攻略	1,747次
理县官方旅游攻略	796次
四姑娘山官方旅游攻略	760次
达古冰山官方旅游攻略	574次

图 4-20
网页 0405.html 的浏览
效果

 【操作提示】

1. 网页的 HTML 代码编写提示

网页 0405.html 主体结构的 HTML 代码见表 4-14。

表 4-14　网页 0405.html 主体结构的 HTML 代码

序号	HTML 代码
01	\<ul class="w-m list">
02	\<li class="first">九寨沟黄龙官方旅游攻略\<i class="clicknum">7,862 次\</i>\</li>
03	\<li>若尔盖红原官方旅游攻略\<i class="clicknum">1,747 次\</i>\</li>
04	\<li>理县官方旅游攻略\<i class="clicknum">796 次\</i>\</li>
05	\<li>四姑娘山官方旅游攻略\<i class="clicknum">760 次\</i>\</li>
06	\<li>达古冰山官方旅游攻略\<i class="clicknum">574 次\</i>\</li>
07	\</ul>

2. 网页的 CSS 代码定义提示

样式文件 main.css 的 CSS 代码定义见表 4-15。

表 4-15　样式文件 main.css 的 CSS 代码定义

序号	CSS 代码	序号	CSS 代码
01	.w-m {	17	.list li {
02	width: 400px;	18	font-size: 14px;
03	padding: 5px;	19	line-height: 200%;
04	margin:10px;	20	padding-left: 1em;
05	-webkit-border-radius: 5px;	21	position: relative;
06	border-radius: 5px;	22	vertical-align: bottom;
07	background-color: #e8eaeb;	23	overflow: hidden;
08	}	24	}
09		25	.list .clicknum {
10	.list li:before {	26	display: block;
11	content: "●";	27	position: absolute;
12	font-size: 12px;	28	right:15px;
13	color: #CCC;	29	color: #F60;
14	margin-left: -0.7em;	30	top: 0;
15	margin-right: 0.5em;	31	font-weight: bold;
16	}	32	}

【任务 4-6】 制作包含一个 5 行 3 列表格的网页

 任务描述

① 创建样式文件 main.css，在该样式文件中定义标签的属性、类选择符及其属性。

② 创建网页文档 0406.html，并链接外部样式文件 main.css。

③ 在网页 0406.html 中添加必要的 HTML 标签、插入表格和输入文字。

④ 浏览网页 0406.html 的效果，如图 4-21 所示，该网页包含一个 5 行 3 列的表格。

部门	业务范围	电话
客户服务部	电脑故障外勤服务、景区门票包车咨询、订票故障处理、办理奖励票	400-088-××××转1
网站运营部	网站运营、新闻发布、技术支援、活动策划	028-8703××××
个性化旅游部	提供自助行旅游产品预订和酒店预订服务	400-088-××××
团队部	承接旅行社团队地接业务、商务、会奖	028-6167××××

图 4-21
网页 0406.html 的浏览效果

【操作提示】

网页文档 0406.html 对应的 HTML 代码

1. 网页的 HTML 代码编写提示

网页文档 0406.html 对应的 HTML 代码详见电子活页 4-2。

2. 网页的 CSS 代码定义提示

样式文件 main.css 的 CSS 代码定义见表 4-16。

表 4-16　样式文件 main.css 的 CSS 代码定义

序号	CSS 代码	序号	CSS 代码
01	.tableList {	07	.tableList td {
02	background-color: #a7c4fe;	08	background-color: #FFF;
03	margin: 5px auto 5px;	09	}
04	width: 600px;	10	.tableList th {
05	font-size: 12px;	11	background-color: #eff6fe;
06	}	12	}

【同步训练考核评价】

本单元"同步训练"评价内容见表 4-17。

表 4-17　单元 4 "同步训练"评价表

任务名称	【任务 4-5】制作项目列表为主的旅游攻略标题网页 【任务 4-6】制作包含一个 5 行 3 列表格的网页		
完成方式	【　】小组协作完成　　　【　】个人独立完成		
同步训练任务完成情况评价			
自我评价		小组评价	教师评价
存在的主要问题			

【问题探究】

【探究 1】 表格的组成元素有哪些？

表格的组成元素主要包括行、列、单元格，如图 4-22 所示。

① 单元格：表格中的每一个小格称为一个单元格。

② 行：水平方向的一排单元格称为一行。

③ 列：垂直方向的一排单元格称为一列。

④ 边框：整张表格的外边缘称为边框。

⑤ 间距：指单元格与单元格之间的距离。

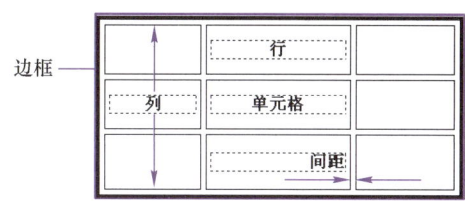

图 4-22
表格的组成元素

【探究 2】 在制作网页时，表格的主要用途有哪些？

（1）应用表格存储文本或数据，便于对数据进行排序

应用表格存储文本或数据时，表格与页面中的文本、图像等其他元素功能相似，只是页面的一个组成元素。

（2）利用表格合成尺寸较大的图像

制作网页时经常要用到图像，但是如果图像太大，则会影响用户的浏览速度，一般来说，网页中单幅图像应该控制在 15 KB 内，最大不超过 20 KB，可以借助表格将插入的小尺寸图像合成大尺寸的图像。

（3）利用表格布局网页中的文字、图像等页面元素

要实现网页的排版布局，可以先向网页中插入一个或几个大表格，预先设计好行列的分布，然后将图像、文本、多媒体对象等页面元素分别插入到表格内合适的单元格中。用来进行网页排版的表格，其边框一般设置为 0，这样用浏览器浏览时就不会看到该表格，不会影响网页的美观。但这种网页布局方法并不常用。

【探究 3】 网页中选择表格和表格元素有哪些方法？

在进行表格操作之前，必须先选定被操作的对象，对表格而言，可以选定整个表格、单行、单列、多行、多列、连续或不连续的单元格。

网页中选择表格和表格元素的方法详见电子活页 4-3。

网页中选择表格和
表格元素的方法

【探究 4】 通过表格的【属性】面板可以设置表格的属性，解释表格【属性】面板中各项属性的含义。

表格【属性】面板如图 4-23 所示，其中各项属性含义如下。

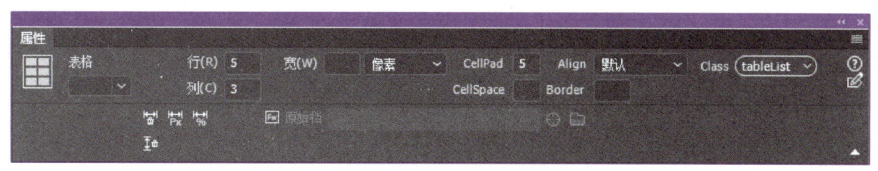

图 4-23
表格【属性】面板

① 表格标识：用来设置表格的标识名称，便于以表格为对象进行编程。

② 行、列：用来设置表格的行数或列数。

③ 宽：用来设置表格的宽度，其右侧的下拉列表框用来设置宽度单位（有"%"和"像素"两个选项）。

④ CellPad（单元格边距）：用来设置单元格边框与其内容之间的距离，单位是像素。

⑤ CellSpace（单元格间距）：用来设置表格单元格与单元格之间的距离，单位是像素。输入的数值越大，单元格之间的边框线就越粗，单元格与单元格之间的距离就越大。

⑥ Border（边框）：用来设置表格边框的宽度，单位是像素。

⑦ Align（对齐）：用来设置表格相对于同一段落中其他页面元素（如文本或图像）的对齐方式。"对齐"下拉列表框中有 4 个选项："默认""左对齐""居中对齐""右对齐"。其中"默认"对齐方式是以浏览器默认的对齐方式来对齐，一般为"左对齐"。

⑧ 和 按钮：用来清除表格中所有明确指定的列宽或者行高，表格中的单元格可以根据内容自动调整为最合适的宽度或者高度。

⑨ 按钮：用来将表格的宽度由"百分比"转换成"像素"。

⑩ 按钮：用来将表格的宽度由"像素"转换成"百分比"。

【探究 5】 通过表格单元格的【属性】面板可以设置单元格的属性，解释单元格【属性】面板中各项属性的含义。

表格单元格的【属性】面板如图 4-24 所示，其中各项属性含义如下。

图 4-24
表格单元格的【属性】
面板

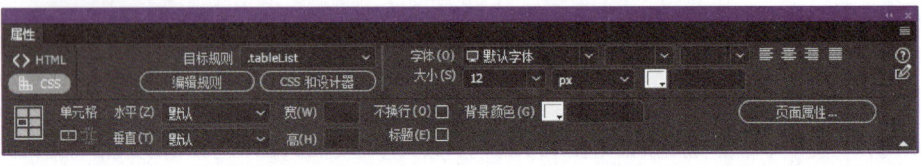

① 水平：设置单元格内容的水平对齐方式，有默认、左对齐、居中对齐、右对齐 4 种对齐方式。

② 垂直：设置单元格内容的垂直对齐方式，有默认、顶端、居中、底部、基线 5 种对齐方式。

③ 宽、高：分别设置单元格的宽度和高度。如果要指定百分比，需要在输入的数值后面加%符号；如果要让浏览器根据单元格内容以及其他列和行的宽度和高度确定适当的宽度或高度，则将"宽"和"高"文本框保留为空，不输入指定数值。

④ 背景颜色：设置单元格的背景颜色。

⑤ "不换行"复选框：选中该复选框，禁止单元格中文字自动换行。

⑥ "标题"复选框：选中该复选框，将所在单元格设置为标题单元格，默认情况下，标题单元格中的内容被设置为粗体并居中显示。

⑦ 按钮：将所选的单元格合并为一个单元格。

⑧ 按钮：将所选中的一个单元格拆分为多个单元格，一次只能拆分一个单元格。

【探究 6】 在网页中调整表格大小的方法有哪些？

（1）拖动控制柄改变表格大小

先选中表格，选中的表格带有粗黑外边框，并在下边中点、右边中点、右下角分别显示小正方形的控制柄，如图 4-25 所示。然后使用鼠标拖到控制柄以调整表格大小，拖动右边中点调整表格宽度，拖动下边中点调整表格高度，拖动表格右下角的控制柄，可以同时调整表格的宽度和高度。

（2）通过表格【属性】面板调整表格大小

先选中表格，然后在表格【属性】面板中的"宽"和"高"文本框中直接输入新的数值，可以精确调整表格的大小。

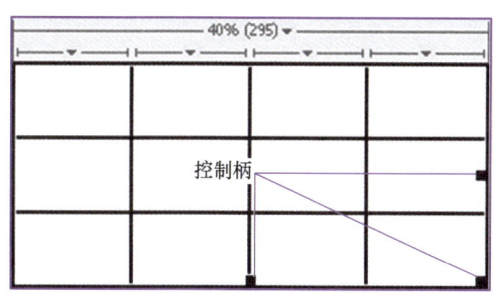

图 4-25
通过拖动控制柄调整表
格大小

（3）改变行高或列宽

用鼠标拖动某行的下边线可以改变其行高，用鼠标拖动某列的右边线可以改变其列宽。使用这种方法调整行高或列宽，会影响到相邻行或列的高度或宽度，如果要保持其他行或列不受影响，可以按住【Shift】键后再进行拖动，还可以使用【属性】面板指定选定行或列的高度或宽度。

（4）改变单元格大小

先选中单元格，然后直接在【属性】面板中的"宽"或"高"文本框中输入新的数值，即可改变单元格的大小。但同一行或同一列的其他单元格也会受影响。

➲ 【单元习题】

详见电子活页 4-4。

单元 4 习题

单元5 制作包含超链接和导航栏的网页

　　一个网站由多个网页组成，各个网页之间可以通过超链接相互联系，使网站中多个页面构成一个有机整体，使访问者能够在各个页面之间跳转。超链接是网页中基本元素之一，利用它不仅可以进行网页间的相互跳转，还可以使网页链接到相关的图像文件、多媒体文件以及下载程序等。

　　网页中的导航栏是超链接的综合应用，为了方便访问者浏览网站中的相关信息，通常将许多超链接有规律地排列在网页的上部或者左侧，这些超链接就是浏览者访问网站的向导，即"导航栏"，首页一般都含有导航栏。导航栏是浏览网站时的"路标"，它是一组超链接，链接的对象是站点的主页及其他重要网页，作用是引导访问者浏览网页。访问者可以通过导航栏对网页结构有一个大体了解，通过单击导航栏中相关链接，即可快速进入某个网页。

单元 5 素质目标

拓展阅读 5
雪山草地红色阿坝是长
征精神代代相传之地

案例 5　大美中国-九寨
　　　　沟景区
　　　摄影之旅

【知识疏理】

1. HTML5 的超链接与导航标签

（1）<a>标签

<a>标签用于定义超链接，用于从一张页面链接到另一张页面。<a>元素最重要的属性是 href 属性，它指示链接的目标。示例代码如下。

```
<a href="http://m.hao123.com/"> hao123.</a>
```

在所有浏览器中，链接的默认外观是：未被访问的链接带有下画线、呈蓝色，已被访问的链接带有下画线、呈紫色，活动链接带有下画线、呈红色。

如果不使用 href 属性，则不可以使用如下属性：download、hreflang、media、rel、target 以及 type 属性，这些属性含义见表 5-1。

表 5-1　HTML5 中<a>标签的属性

属性名称	取值	属性描述
download	filename	规定被下载的超链接目标
href	URL	规定链接指向页面的 URL
hreflang	language_code	规定被链接文档的语言
media	media_query	规定被链接文档是为何种媒介/设备优化的
rel	text	规定当前文档与被链接文档之间的关系
target	_blank、_parent、_self、_top、framename	规定在何处打开链接文档
type	MIME type	规定被链接文档的 MIME 类型

target 属性有多个选项可供选择，各个列表项的含义见表 5-2。被链接页面通常显示在当前浏览器窗口中，除非使用 target 属性指定了另一个目标。

表 5-2　超链接的打开方式

超链接的打开方式	链接网页的打开窗口或位置
_blank	在一个新的、未命名的浏览器窗口中打开链接的网页
new	在一个新的浏览器窗口中打开链接的网页
_parent	如果是嵌套的框架，在父框架或窗口中打开链接的网页；如果不是嵌套的框架，则等同于_top，在浏览器窗口中打开链接的网页
_self	在当前网页所在的窗口或框架中打开链接的网页
_top	在整个浏览器窗口打开链接的网页，并取消所有的框架

（2）<nav>标签

<nav>标签用于定义页面导航，表示页面中导航链接的部分。示例代码如下。

```
<nav>
    <a href="index.html">Home</a>
    <a href="pre.html">Previous</a>
    <a href="next.html">Next</a>
</nav>
```

2. 超链接的类型

（1）外部链接

外部链接的 HTML 代码如下。

```
<a href="http://www.abatour.com/" target="_blank">阿坝旅游网</a>
```

（2）内部链接

文字型内部链接的 HTML 代码如下。

```
<a href="1102/1102.html" title="大美阿坝" target="_blank">大美阿坝</a>
```

图片型内部链接的 HTML 代码如下。

```
<a href="webpage/bfh.html" target="_blank"><img src="images/bfh.jpg" width="170" height="122" alt="云梯百丈上天台，高峡平湖一鉴开" border="0" align="right" ></a>
```

（3）命名锚记的超链接

锚点链接是指向当前文档或不同文档中的指定位置的链接。

命名锚记的 HTML 代码如下。

```
<a name="top" id="top"></a>
```

命名锚记的超链接的 HTML 代码如下。

```
<a href="#top"><img src="images/06.gif" width="40" height="20" alt="img07" ></a>
```

（4）E-mail 链接

E-mail 链接的 HTML 代码如下。

```
<a href="mailto:abc@163.com?subject=对网站的意见与建议">您的建议</a>
```

（5）下载链接

下载链接的 HTML 代码如下。

```
<a href="images/img.rar">【下载更多的图片】</a>
```

（6）图像热点链接

图像热点链接的示例代码见表 5-3。

表 5-3　图像热点链接的示例代码

序号	HTML 代码
01	`<img src="planets.jpg" border="0" usemap="#planetmap" alt="Planets" >`
02	`<map name="planetmap" id="planetmap">`
03	`    <area shape="circle" coords="180,139,14" href ="one.html" alt="one" >`
04	`    <area shape="circle" coords="129,161,10" href ="two.html" alt="two" >`
05	`    <area shape="rect" coords="0,0,110,260" href ="three.html" alt="three" >`
06	`</map>`

<area>标签用于定义图像映射中的热点区域（图像映射是指带有可单击区域的图像）。定义图像映射区域的形状使用<shape>标签，其中 circle 为椭圆形区域，rect 为矩形区域，poly 为多边形区域。

设置不同区域的链接地址使用<href>标签，设置区域坐标使用<coords>标签，设置替换文本使用<alt>标签，设置打开的目标窗口使用<target>标签。

<area>标签总是嵌套在<map>标签中，<img>标签中的 usemap 属性与<map>中的 name 属性相关联，创建图像与映射之间的联系。<img>中的 usemap 属性可引用<map>中的 id 或 name 属性（由浏览器决定），所以需要同时向<map>添加 id 和 name 这两个属性。在对应的图像标签中添加代码 usemap="#planetmap"，其中 planetmap 为图像映射标签的 name 属性值。

HTML5<area>标签的属性见表 5-4。

表 5-4　HTML5<area>标签的属性

属性	值	描述
alt	text	定义此区域的替换文本
coords	坐标值	定义可单击区域（对鼠标敏感的区域）的坐标
href	URL	定义此区域的目标 URL
nohref	nohref	从图像映射排除某个区域
shape	default、rect、circ、poly	定义区域的形状
target	_blank、_parent、_self、_top	规定在何处打开 href 属性指定的目标 URL

【操作准备】

1．创建所需的文件夹

在本地硬盘（如 D 盘）中创建一个文件夹"网页设计与制作案例"，在该文件夹中创建子文件夹"单元 5"。

2．启动 Dreamweaver

使用 Windows 的【开始】菜单或桌面快捷方式启动 Dreamweaver。

3．创建本地站点

创建一个名称为"单元 5"的本地站点，站点文件夹为"单元 5"。

【引导训练】

微课 5-1
制作包含顶部导航栏的
网页

 【任务 5-1】　制作包含顶部导航栏的网页

任务描述

创建网页文档 0501.html，并在网页中输入以下 HTML 标签及文字。

```
<body>
<header>
  <section>
    <h1 class="logo"><a href="#" target="_blank" title="阿坝旅游">阿坝旅游
             </a></h1>
  </section>
</header>
```

```
<section>
  <div class="w-url"><a href="#" target="_self">阿坝旅游</a>
      &gt;&gt;  <a href="#" target="_self">大美阿坝</a>
      &gt;&gt;  <a href="#" target="_self">九寨沟景区亮点</a>
  </div>
</section>
</body>
```

网页 0501.html 的浏览效果，如图 5-1 所示。

图 5-1
网页 0501.html 的浏览
效果

针对网页 0501.html 中的超链接，为标签 a:link、a:visited、a:hover、a:active 的 color、text-decoration、font-family、font-size、font-weight、background 等属性设置不同的属性值。

 任务实施

1. 创建文件夹和网页 0501.html

在文件夹"单元 5"中创建子文件夹"任务 5-1"，再在文件夹"任务 5-1"中创建 css、images、text 等子文件夹，并将所需的素材复制到对应的子文件夹中。在文件夹"任务 5-1"中创建网页 0501.html。

2. 定义网页主体布局结构的 CSS 代码

在文件夹 css 中创建样式文件 base.css，在该样式文件中编写样式代码，代码见表 5-5。

表 5-5 网页 0501.html 中样式文件 base.css 的 CSS 代码定义

序号	CSS 代码	序号	CSS 代码
01	body {	18	html,body,div,h1,p,a {
02	min-width: 1202px;	19	margin: 0;
03	line-height: 2em;	20	padding: 0;
04	margin: auto;	21	border: none;
05	background-image: url(../images/travel-bg.png);	22	}
06	background-position: left top;	23	
07	background-repeat: repeat-x;	24	header,section {
08	background-color: #FFF;	25	display: block;
09	color: #666;	26	position: relative;
10	font-size: 12px;	27	margin: auto;
11	letter-spacing: 0px;	28	}
12	white-space: normal;	29	
13	font-family: Tahoma, Geneva, sans-serif, "宋体";	30	a:link,
14	}	31	a:visited {
15	a:hover {	32	text-decoration: none;
16	color: #2b98db;	33	color: #666;
17	}	34	}

在文件夹 css 中创建样式文件 main.css，在该样式文件中编写样式代码，代码见表 5-6。

表 5-6　网页 0501.html 中样式文件 main.css 的 CSS 代码定义

序号	CSS 代码	序号	CSS 代码
01	section {	19	header .logo a {
02	width: 1202px;	20	width: 322px;
03	position: relative;	21	height: 48px;
04	margin-top: 10px;	22	display: block;
05	}	23	overflow: hidden;
06		24	line-height: 99em;
07	header .logo {	25	}
08	width: 185px;	26	.w-url {
09	height: 58px;	27	margin-bottom: 10px;
10	padding: 20px 0 20px;	28	padding: 5px 10px;
11	overflow: hidden;	29	background-image: linear-gradient(top,
12	line-height: 99em;	30	#FFF, #EEE);
13	background-image:	31	border-radius: 3px;
14	url(../images/travel-logo.png);	32	}
15	background-position: left 25px;	33	.w-url a:last-child:link,
16	background-repeat: no-repeat;	34	.w-url a:last-child:visited {
17	position: relative;	35	color: #2b98db;
18	}	36	}

3. 在网页文档 0501.html 中链接外部样式表

切换到网页文档 0501.html 的【代码】视图，在标签</head>前输入链接外部样式表的代码如下。

```
<link href="css/base.css" rel="stylesheet" type="text/css">
<link href="css/main.css" rel="stylesheet" type="text/css">
```

4. 在网页中添加必要的 HTML 标签并输入文本内容

在网页文档 0501.html 中添加必要的 HTML 标签并输入文本内容，对应的 HTML 代码见【任务描述】。

5. 保存与浏览网页

保存网页文档 0501.html，浏览效果如图 5-1 所示。

6. 调整超链接的属性设置

按照任务描述的要求不断调整超链接的各个属性设置，重新浏览其效果。

微课 5-2
制作包含横向主导航栏
的网页

【任务 5-2】　制作包含横向主导航栏的网页

 任务描述

① 创建样式文件 base.css 和 main.css，在该样式文件中定义标签的属性、类选择符及其属性。

② 创建网页文档 0502.html，并链接外部样式文件 base.css 和 main.css。

③ 在网页 0502.html 中添加必要的 HTML 标签并输入导航文字。

④ 网页 0502.html 的浏览效果如图 5-2 所示，该网页包含两种形式的横向排列导航栏。

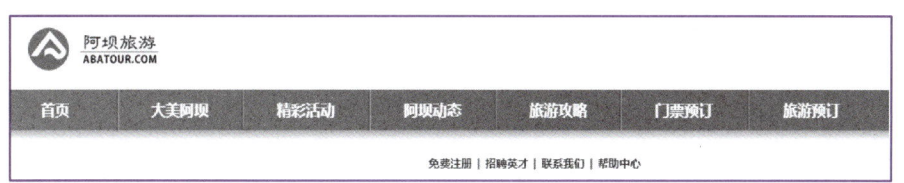

图 5-2
网页 0502.html 的浏览
效果

⑤ 重新编写主导航的 HTML 代码与样式代码，使其浏览效果如图 5-3 所示。

图 5-3
网页 0502.html 中主导航栏
重新编写 HTML 代码与样式
代码后的浏览效果

 任务实施

1. 创建文件夹与网页

在站点"单元 5"中创建文件夹"任务 5-2"，在该文件夹中创建 css、images 等子文件夹，并将所需的素材复制到对应的子文件夹中。在文件夹"任务 5-2"中创建网页文档 0502.html。

2. 定义网页的 CSS 代码

在文件夹 css 中创建样式文件 base.css，在该样式文件中编写样式代码，代码见表 5-7。

表 5-7　网页 0502.html 中样式文件 base.css 的 CSS 代码定义

序号	CSS 代码	序号	CSS 代码
01	body {	19	header,
02	min-width: 1202px;	20	nav,
03	line-height: 2em;	21	section,
04	margin: auto;	22	footer {
05	background-color: #FFF;	23	display: block;
06	color: #666;	24	position: relative;
07	font-size: 12px;	25	margin: auto;
08	letter-spacing: 0px;	26	}
09	white-space: normal;	27	
10	font-family: Tahoma, Geneva, sans-serif, "宋体";	28	a:link,
11	}	29	a:visited {
12		30	text-decoration: none;
13	html,body,div,h1,p,	31	color: #666;
14	a {	32	}
15	margin: 0;	33	
16	padding: 0;	34	a:hover {
17	border: none;	35	color: #2b98db;
18	}	36	}

在文件夹 css 中创建样式文件 main.css，在该样式文件中编写样式代码，网页 0502.html 中样式文件 main.css 的 CSS 代码详见电子活页 5-1。

网页 0502.html 中样式
文件 main.css 的 CSS
代码

3. 在网页文档 0502.html 中链接外部样式表

切换到网页文档 0502.html 的【代码】视图，在标签 </head> 前输入链接外部样式表的

代码如下。

```
<link href="css/base.css" rel="stylesheet" type="text/css">
<link href="css/main.css" rel="stylesheet" type="text/css">
```

4．在网页中添加必要的 HTML 标签并输入文本内容

在网页文档 0502.html 中添加必要的 HTML 标签并输入文本内容，对应的 HTML 代码见表 5-8。

表 5-8　网页 0502.html 的 HTML 代码

序号	HTML 代码
01	\<body\>
02	\<header\>
03	\<div class="w-m"\>
04	\<section\>
05	\<h1 class="logo"\>\<a href="" target="_self" title="九网旅游"\>九网旅游\</a\>\</h1\>
06	\</section\>
07	\<div class="nav-main"\>
08	\<nav id="mainNav"\>
09	\<a href="" class="first"\>首页\</a\>
10	\<a href=""\>大美阿坝\</a\>
11	\<a href=""\>精彩活动\</a\>
12	\<a href=""\>阿坝动态\</a\>
13	\<a href=""\>旅游攻略\</a\>
14	\<a href=""\>门票预订\</a\>
15	\<a href="#"\>旅游预订\</a\>
16	\</nav\>
17	\</div\>
18	\</div\>
19	\</header\>
20	\<div style="height:20px;"\>\</div\>
21	\<footer\>
22	\<section class="w-m"\>
23	\<div class="nav-footer"\>\<a href=""\>免费注册\</a\> | \<a href=""\>招聘英才\</a\> |
24	\<a href=""\>联系我们\</a\> | \<a href=""\>帮助中心\</a\>\</div\>
25	\</section\>
26	\</footer\>
27	\</body\>

5．保存与浏览网页

保存网页文档 0502.html，浏览效果如图 5-2 所示。

6．重新编写主导航的 HTML 代码与样式代码

将表 5-8 中 HTML 代码"\<a href="" class="first"\>首页\</a\>"修改为"\<a href="" class="on"\>首页\</a\>"。

在样式文件 main.css 中对主导航栏的 CSS 代码重新进行定义，见表 5-9。

表 5-9 样式文件 main.css 中重新定义主导航栏的 CSS 代码

序号	CSS 代码	序号	CSS 代码
01	header {	29	.nav-main nav {
02	width: 100%;	30	text-align: center;
03	}	31	margin-top: 10px;
04	.nav-main {	32	}
05	background-color: #19a1db;	33	
06	border-bottom: #e1e1e2 1px solid;	34	.nav-main nav a:hover {
07	height: 43px;	35	background-color: #4cbbeb;
08	line-height: 43px;	36	background-image: none;
09	box-shadow: 0 1px 1px #e1e1e2;	37	color: #FF6
10	}	38	}
11		39	
12	.nav-main nav a:link,	40	.nav-main nav .on:link,
13	.nav-main nav a:visited {	41	.nav-main nav .on:visited,
14	padding: 0 25px 0 28px;	42	.nav-main nav .on:hover {
15	display: inline-block;	43	background-color: #FFF;
16	margin: 5px 0 0 -3px;	44	color: #333;
17	height: 38px;	45	background-image: none;
18	line-height: 36px;	46	margin: 5px 9px 0 6px;
19	border-radius: 6px 6px 0 0;	47	}
20	font-size: 16px;	48	
21	font-family: "Microsoft YaHei";	49	.nav-main nav .on:hover {
22	font-weight: bold;	50	color: #F60
23	color: #FFF;	51	}
24	background-image:	52	
25	url(../images/nav-main-line.png);	53	.nav-main nav a:last-child:link,
26	background-position: right center;	54	.nav-main nav a:last-child:visited {
27	background-repeat: no-repeat;	55	background-image: none;
28	}	56	}

网页 0502.html 中主导航栏的 HTML 代码与 CSS 代码重新定义后,浏览效果如图 5-3 所示。

【任务 5-3】 制作包含纵向主导航栏的网页

微课 5-3
制作包含纵向主导航栏
的网页

任务描述

① 创建样式文件 main.css,在该样式文件中定义标签的属性、类选择符及其属性。

② 创建网页文档 0503.html,并链接外部样式文件 main.css。

③ 在网页 0503.html 中添加必要的 HTML 标签并输入文字。

④ 网页 0503.html 的浏览效果如图 5-4 所示,该网页包含纵向排列的栏目导航栏。

任务实施

1. 创建文件夹与网页

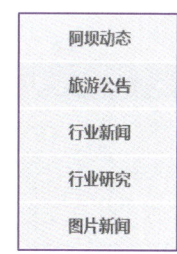

图 5-4
网页 0503.html 的
浏览效果

在站点"单元 5"中创建文件夹"任务 5-3",在该文件夹中创建 css、images 等子文件夹,并将所需的素材复制到对应的子文件夹中。在文件夹"任务 5-3"中创建网页文档 0503.html。

2．定义美化超链接和导航栏的 CSS 代码

在文件夹 css 中创建样式文件 main.css，在该样式文件中编写样式代码，代码见表 5-10。

表 5-10　网页 0503.html 中样式文件 main.css 的 CSS 代码定义

序号	CSS 代码	序号	CSS 代码
01	a:link,a:visited {	23	.box-sort li a {
02	text-decoration: none;	24	line-height: 40px;
03	color: #666;	25	height: 40px;
04	}	26	display: block;
05		27	margin: 2px 5px;
06	.box-sort {	28	text-align: center;
07	width: 160px;	29	text-indent: 5px;
08	padding: 10px 0;	30	padding: 0 10px;
09	margin-bottom: 10px;	31	font-weight: bold;
10	margin-top: 10px;	32	font-size: 16px;
11	}	33	font-family: 微软雅黑;
12	.box-sort ul {	34	}
13	background-color: #E0ECFC;	35	
14	padding: 0;	36	.box-sort li a:hover {
15	overflow: hidden;	37	color: #0375e8;
16	}	38	}
17	.box-sort li {	39	
18	border-top: 2px solid #FFF;	40	.box-sort li.on a:link,
19	}	41	.box-sort li.on a:visited,
20	.box-sort li.first {	42	.box-sort li.on a:hover {
21	border-top: 0;	43	color: #0066cc;
22	}	44	}

3．在网页文档 0503.html 中链接外部样式表

切换到网页文档 0503.html 的【代码】视图，在标签</head>前输入链接外部样式表的代码如下。

```
<link href="css/main.css" rel="stylesheet" type="text/css">
```

4．在网页中添加必要的 HTML 标签与输入文本内容

在网页文档 0503.html 中添加必要的 HTML 标签与输入文本内容，对应的 HTML 代码见表 5-11。

表 5-11　网页 0503.html 的 HTML 代码

序号	HTML 代码
01	<div class="box-sort">
02	<ul>
03	<li class="first on"><a href="">阿坝动态</a></li>
04	<li class=" "><a href="">旅游公告</a></li>
05	<li class=" "><a href="">行业新闻</a></li>
06	<li class=" "><a href="">行业研究</a></li>
07	<li class=" "><a href="">图片新闻</a></li>
08	</ul>
09	</div>

5. 保存与浏览网页

保存网页文档 0503.html，浏览效果如图 5-4 所示。

【任务 5-4】 制作包含图像热点链接的网页

 任务描述

① 创建样式文件 main.css，在该样式文件中定义标签的属性、类选择符及其属性。

② 创建网页文档 0504.html，并链接外部样式文件 main.css。

③ 在网页 0504.html 中添加必要的 HTML 标签并输入当前位置的导航文字。

④ 插入旅游地图，并在旅游地图绘制多种形状的热点区域。

⑤ 输入各个热点区域的景点导航链接文字，并设置超链接。

⑥ 网页 0504.html 的浏览效果如图 5-5 所示，该网页包含当前位置的导航文字和景点导航地图。

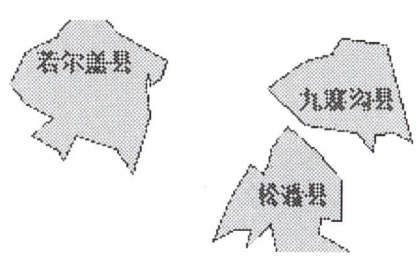

图 5-5
网页 0504.html 的浏览
效果

 任务实施

1. 创建文件夹

在站点"单元 5"中创建文件夹"任务 5-4"，在该文件夹中创建 css、images 等子文件夹，并将所需的素材复制到对应的子文件夹中。

2. 定义图像热点链接的 CSS 代码

在文件夹 css 中创建样式文件 main.css，在样式文件 main.css 中添加样式代码以美化图像热点链接，CSS 代码见表 5-12。

表 5-12 样式文件 main.css 中的 CSS 代码定义

序号	CSS 代码	序号	CSS 代码
01	a:link,a:visited {	10	.mapMain .w-m {
02	text-decoration: none;	11	width: 100%;
03	color: #666;	12	margin: 0 auto;
04	}	13	padding-top: 8px;
05	.mapMain {	14	text-align: center;
06	background-image: url(../images/travel-bg-map.png);	15	}
07	width: 100%;	16	
08	margin-top: 5px;	17	
09	}	18	

119

3. 创建网页文档 0504.html 并链接外部样式表

在文件夹"任务 5-4"中创建网页文档 0504.html，切换到网页文档 0504.html 的【代码】视图，在标签</head>前输入链接外部样式表的代码如下。

```
<link href="css/main.css" rel="stylesheet" type="text/css">
```

4. 编写网页主体布局结构的 HTML 代码

网页 0504.html 主体布局结构的 HTML 代码如下。

```
<div class="mapMain" id="mapMain">
  <div class="w-m">
  </div>
</div>
```

5. 插入图片

在网页 0504.html 中 HTML 标签<div class="w-m">与</div>之间插入旅游地图，并设置该图片的 id、usemap 等属性。

6. 绘制热点区域与创建图像热点链接

将同一个图像的不同部分链接到不同的网页文档，这就需要用到热点链接。要使图像的特定部分成为超链接，就需要在图像中设置"热点区域"，然后再创建链接，这样当鼠标指针移动到图像热点区域时会变成手的形状，单击便会跳转到特定位置或者打开链接的网页。

在一幅尺寸较大的图像中，可以同时创建多个热点，热点的形状可以是矩形、圆形或多边形。

（1）选中绘制热点区域的图像

选中网页 0504.html 中的图像 travel-map.png。

（2）在旅游地图绘制多个多边形形状的热点区域

在图像的【属性】面板中单击【多边形热点工具】按钮，此时鼠标指针变成 + 形状，然后将指针移动到图像 travel-map.png 右上角"九寨沟县"的合适位置单击，然后依次在多个不同的点单击，便会形成一个任意多边形区域。

图像 travel-map.png 中绘制的 3 个热点区域如图 5-6 所示。

若尔盖县

九寨沟县

松潘县

图 5-6
图像 travel-map.
png 中绘制的 3 个
热点区域

在多边形热点的【属性】面板中设置热点的链接属性，如图 5-7 所示。

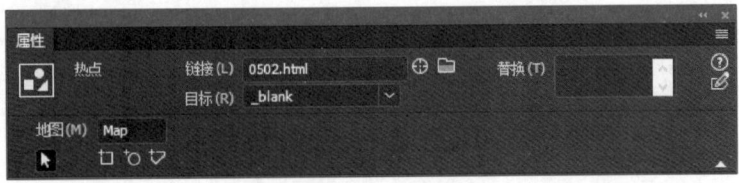

图 5-7
在多边形热点的【属性】面板中设置热点的链接属性

最后单击热点【属性】面板左下角的【指针热点工具】按钮，结束热点区域的绘制。可以选中热点区域，对其大小和位置进行适当调整。

📝 提示：

① 绘制矩形热点区域的方法：在图像的【属性】面板中单击【矩形热点工具】按钮，此时鼠标指针变成＋形状，然后将指针移动到图片上的合适位置，按住鼠标左键拖动绘制一个矩形，当矩形大小合适时释放鼠标左键，于是一个矩形的热点区域便绘制完成，并用透明的蓝色矩形显示指定图像的热点区域。

② 绘制圆形热点区域的方法：在图像的【属性】面板中单击【圆形热点工具】按钮，此时鼠标指针变成＋形状，然后将指针移动到图片上的合适位置，按住鼠标左键拖动绘制一个圆形，当圆形大小合适时释放鼠标左键，于是一个圆形的热点区域便绘制完成。

（3）设置标签<map>的属性和超链接

设置标签<map>的 name、id 等属性，设置各个热点区域的景点导航链接，对应的部分 HTML 代码见表 5-13。

表 5-13　网页 0504.html 中多边形形状的热点区域的部分 HTML 代码

序号	HTML 代码
01	<div class="mapMain" id="mapMain">
02	<div class="w-m">
03	<img height="545" src="images/travel-map.png"　id="travelMap" alt="" usemap="#Map" >
04	<map name="Map" id="travelMapData">
05	<area shape="poly" coords="393,87,383,96,379,104,395,120,381,142,378,168,416,186,
06	438,206,441,189,480,207,495,196,459,95" href="0502.html" target="_blank">
07	<area shape="poly" coords="306,-1,278,17,261,28,253,39,209,51,224,74,231,97,249,123,
08	220,141,255,157,266,167,285,140, 340,154,366,180,390,121,385,87,388,75,
09	359,86,340,73,337,58,340,33,323,14" href="0502.html" target="_blank">
10	<area shape="poly" coords="383,173,426,198,462,230,464,271,433,269,431,285,476,
11	303,459,322,421,325,392,305,370,313,360, 275,348,255,332,280, 306,281,274,
12	293,300,248,331,212,351,224,356,209,363,192" href="0502.html" target="_blank">
13	</map>
14	</div>
15	</div>

7. 保存与浏览网页

保存网页文档 0504.html，浏览效果如图 5-5 所示。单击各个热点链接，观察其效果。

【引导训练考核评价】

本单元的"引导训练"考核评价内容见表 5-14。

121

表 5-14 单元 5 "引导训练" 考核评价表

	考核内容	标准分	计分
考核要点	（1）会使用【页面属性】对话框设置链接的属性	1	
	（2）会创建多种形式的外部链接和内部链接	1	
	（3）会检查网页中的链接	1	
	（4）会创建横向主导航栏	2	
	（5）会创建纵向主导航栏	2	
	（6）会创建包含图像热点链接的网页	2	
	（7）认真完成本单元的任务，态度端正、操作规范、时间观念强、有协作精神、学习效果较好	1	
	小计	10	
评价方式	自我评价	小组评价	教师评价
考核得分			
存在的主要问题			

【同步训练】

【任务 5-5】 制作包含顶部横向导航栏的网页

 任务描述

① 创建样式文件 main.css，在该样式文件中定义标签的属性、类选择符及其属性。

② 创建网页文档 0505.html，并链接外部样式文件 main.css。

③ 在网页 0505.html 中添加必要的 HTML 标签并输入导航文字。

④ 网页 0505.html 的浏览效果如图 5-8 所示，该网页主要为横向排列的文本超链接。

图 5-8
网页 0505.html 的浏览效果

【操作提示】

1. 网页的 HTML 代码编写提示

网页 0505.html 的 HTML 代码见表 5-15。

表 5-15　网页 0505.html 的 HTML 代码

序号	HTML 代码
01	\<header\>
02	\<section\>
03	\<h1 class="logo"\>\<a href="" target="_self" title="阿坝旅游"\>阿坝旅游\</a\>\</h1\>
04	\</section\>
05	\<div class="nav-main"\>
06	\<section\>
07	\<nav\>\<a target="_self" href="" class="first"\>首页\</a\>
08	\<a href="" class="on"\>大美阿坝\</a\>\<a href="" target="_blank"\>精彩活动\</a\>
09	\<a href=""\>阿坝动态\</a\>\<a href=""\>旅游攻略\</a\>\<a href=""\>门票预订\</a\>
10	\<a href=""\>酒店预订\</a\>\<a href=""\>自助游\</a\>
11	\<a href=""\>国内游\</a\>\<a href=""\>出境游\</a\>\<a href=""\>租车\</a\>
12	\</nav\>
13	\</section\>
14	\</div\>
15	\</header\>

2. 网页的 CSS 代码定义提示

网页 0505.html 中样式文件 main.css 的 CSS 代码定义详见电子活页 5-2。

网页 0505.html 中样式
文件 main.css 的 CSS
代码

【任务 5-6】　制作包含多种不同形状图像链接的网页

任务描述

① 创建网页文档 0506.html，在该网页中添加必要的 HTML 标签并插入一幅阿坝旅游景区图片。

② 在图片中若尔盖县、九寨沟县、小金县 3 个位置分别绘制矩形、圆形、多边形热点区域，并设置热点链接。

【操作提示】

网页 0506.html 的参考 HTML 代码见表 5-16。

表 5-16　网页 0506.html 的参考 HTML 代码

序号	HTML 代码
01	\<div\>
02	\<img src="images/travel-map3.png" alt="阿坝旅游景区图" height="817.5"
03	usemap="#Map" border="0"\>
04	\<map name="Map"\>
05	\<area shape="rect" coords="444,88,584,178" target="_blank" alt="若尔盖县"
06	href="http://www.abatour.com/travel/ruoergai" \>
07	\<area shape="circle" coords="806,260,54" target="_blank" alt="九寨沟县"
08	href="http://www.abatour.com/travel/xianjzg" \>
09	\<area shape="poly" coords="414,630,486,618,550,670,475,701,400,693" target="_blank"
10	alt="小金县"　href="http://www.abatour.com/travel/xiaojinxian"\>
11	\</map\>
12	\</div\>

由于绘制热点区域时在起点位置、区域大小等方面有差异，所以实际操作生成的

网页 0506.html 的
浏览效果

HTML 代码不一定与表 5-16 完全一致。

网页 0506.html 的浏览效果见电子活页 5-3。

【同步训练考核评价】

本单元"同步训练"考核评价内容见表 5-17。

表 5-17　单元 5"同步训练"评价表

任务名称	【任务 5-5】制作包含顶部横向导航栏的网页 【任务 5-6】制作包含多种不同形状图像链接的网页		
完成方式	【　】小组协作完成　　　【　】个人独立完成		
同步训练任务完成情况评价			
自我评价	小组评价		教师评价
存在的主要问题			

【问题探究】

笔 记

【探究1】 网页中链接路径有哪几种表示方法？如何正确书写链接路径？

要保证能够顺利访问所链接的网页，链接路径必须书写正确。在一个网页中，链接路径通常有 3 种表示方法：绝对路径、文档目录相对路径、站点根目录相对路径。

（1）绝对路径

绝对路径是被链接文档的完整路径，包括使用的传输协议（对于浏览网页而言通常是 http:// ），如 http://www.abatour.com/就是一个绝对路径。绝对路径包含的是具体地址，如果目标文件被移动，则链接无效。

从当前浏览的网页链接到其他网站的网页时，必须使用绝对路径。

（2）文档目录相对路径

文档目录相对路径是指以当前文档所在位置为起点到被链接文档经过的路径，使用文档相对路径可省去当前文档和被链接文档绝对路径中相同的部分，保留不同部分。

文档目录相对路径适合于网站的内部链接。只要是属于同一网站，即使不在同一文件夹中，文档目录相对路径也是适合的。

如果要链接到同一文件夹中的网页文档，则只需输入要链接的文档名称；如果要链接到下一级文件夹中的网页文档，则先输入文件夹名称，然后加"/"，再输入网页名称；如果要链接到上一级文件夹中的网页文档，则先输入"../"，再输入文件夹名称和网页名称。

当使用文档目录相对路径时，如果在 Dreamweaver 中改变了某个网页文档的存放位置，不需要手工修改链接路径，Dreamweaver 会自动更改链接。

（3）站点根目录相对路径

站点根目录相对路径是指从站点根文件夹到被链接文档经过的路径。根目录相对路径也适用于创建内部链接，但在大多数情况下，一般不使用该路径形式。

【探究2】 如何设置 CSS 链接属性？

① 设置链接的样式。

② 常见的链接样式。

设置 CSS 链接属性的方法详见电子活页 5-4。

设置 CSS 链接属性

【探究3】 网页导航栏有何作用？列举几种常见的导航栏。

导航栏是网站中不可缺少的元素之一，它不仅是信息内容的基本分类，也是浏览者浏览网站的"路标"。导航栏是引人注目的，浏览者进入网站，首先会寻找导航栏。根据导航菜单，直观地了解网站中包含了哪些分类信息以及分类方式，以便判断是否需要进入网站内部查找所需的资料。

导航栏是超链接的有序排列，其布局方式通常分为横向排列、纵向排列、弧形排列、浮动导航栏等多种形式。导航栏中超链接的载体可以为文字、图片、动画、按钮等，导航栏也可做成弹出式菜单形式。导航栏可以排列在页面的上方、左侧、右侧、底部，有的网站将导航栏置于页面的中部位置。

（1）横向导航栏

横向导航栏是指导航条目横向排列于网页顶端或接近顶端位置的导航栏，有的横向导航条也位于网页的底部。对于信息结构复杂、导航菜单较多的网站，可以选择横向多排的导航栏，横排导航栏占用很少的页面空间，可为页面节省出更多空间来放置信息内容。

（2）纵向导航栏

纵向导航栏是指导航条目纵向排列，且位于网页左侧或右侧的导航栏。纵向导航栏通常会占用网页的一列空间，页面下半部分的信息空间减少，无法在首页放下更多的内容。

（3）浮动导航栏

浮动导航栏是指没有固定位置，浮动于网页内容之上的导航栏，其位置可以随意移动，给用户带来极大的方便。

（4）下拉菜单式导航栏

下拉菜单式导航栏，与 Dreamweaver 主界面中的下拉菜单相似，由若干个显示在窗口顶部的主菜单和各个菜单项下面的子菜单组成，每个子菜单还包括几个子菜单项。当鼠标指针指向或单击主菜单项时就会自动弹出一个下拉菜单，当指针离开主菜单项时，下拉菜单则隐藏起来，回到只显示主菜单栏的状态。这种形式的导航栏分类具体、使用方便、占用屏幕空间少，很多网页都使用这种形式的导航栏。

【探究4】 如何设计 CSS 导航栏？

拥有易用的导航栏对于任何网站都很重要，通过 CSS 设置，能够将乏味的 HTML 菜单转换成漂亮的导航栏。导航栏可以使用链接列表实现，使用<ul>和<li> 是非常合适的。

设计 CSS 导航栏详见电子活页 5-5。

设计 CSS 导航栏

⊃【单元习题】

详见电子活页 5-6。

单元 5 习题

单元6 制作包含表单的网页

　　表单是网页与浏览者交互的一种界面，在网页中有着广泛的应用，如在线注册、在线购物、在线调查问卷等，这些过程都需要填写一系列表单，然后将其发送到网站的服务器，并由服务器端的应用程序来处理，从而实现与浏览者的交互。

　　表单实现了浏览器和服务器之间的信息传递，它使网页由单向浏览变成了双向交互。这里以申请邮箱为例，简要说明其交互原理，用户在申请邮箱时，首先在表单中填写个人信息，填写完成后，单击【提交】按钮，这些信息将被发送到服务器，服务器端脚本或应用程序对接收的表单信息进行处理，然后将反馈信息发送回用户，如"邮箱申请成功"的信息，这样就实现了信息交互。

单元 6 素质目标

【知识疏理】

1. HTML5 的表单及控件标签

HTML5 的表单标签见表 6-1。

表 6-1　HTML5 的表单标签

标签名称	标签描述	标签名称	标签描述
\<form>	定义供用户输入的 HTML 表单	\<option>	定义选择列表中的选项
\<input>	定义输入控件	\<label>	定义 input 元素的标注
\<textarea>	定义多行的文本输入控件	\<fieldset>	定义围绕表单中元素的边框
\<button>	定义按钮	\<legend>	定义 fieldset 元素的标题
\<select>	定义选择列表（下拉列表）	\<datalist>	定义下拉列表
\<optgroup>	定义选择列表中相关选项的组合	\<keygen>	定义生成密钥

HTML5 的表单元素事件（FormElementEvents）见表 6-2，这些事件仅在表单元素中有效。

表 6-2　HTML5 的表单元素事件

属性名称	取值	属性描述	属性名称	取值	属性描述
onchange	脚本	当元素改变时执行脚本	onselect	脚本	当元素被选取时执行脚本
onsubmit	脚本	当表单被提交时执行脚本	onblur	脚本	当元素失去焦点时执行脚本
onreset	脚本	当表单被重置时执行脚本	onfocus	脚本	当元素获得焦点时执行脚本

（1）\<form> 标签

\<form>标签用于为用户输入创建 HTML 表单，表单用于向服务器传输数据。表单能够包含input 元素，如文本字段、复选框、单选框、提交按钮等。表单还可以包含menu、textarea、fieldset、legend和label 元素。

表单是网页上的一个特定区域，该区域是由一对\<form>标签定义，它有两个方面的作用：一是限定表单范围，其他表单对象都可以插入到表单中，单击【提交】按钮时，提交的也是表单范围内的内容；二是携带表单的相关信息。

HTML 表单的基本语法格式如下。

```
<form action="search.jsp" method="post" name="search" id="search" target="_blank">
</form>
```

① action 属性用于设置处理表单数据的应用程序文件的地址及程序名称，也可以是一个电子邮件地址，采用电子邮件方式时，其形式为 action="mailto:E-mail 地址"，如 mailto:abc@163.com。

② method 属性用于指定表单数据发送到服务器的方式，主要采用两种方式：get 和 post。其中 post 方式将数据按照 HTTP 传输协议中的 post 传输方式传送到服务器，即把表单数据嵌入到 HTTP 请求中传送到服务器。get 方式将数据加在 action 指定的地址后面传送到服务器，即把表单数据附加到 URL 中传送。

③ name 属性用于设置表单的名称，方便对表单元素值的引用。

④ id 属性用于设置表单的 id 标识，方便对表单样式的设置和表单内数据值的引用。

⑤ target 属性用来设置表单被处理后，反馈网页打开的方式。它包含 4 个选项，分别为：_blank 表示在一个新浏览窗口中打开；_parent 表示在父窗口中打开，如果不存在父窗口，等价于_self；_self，表示在当前浏览窗口中打开；_top 表示在顶层浏览器窗口中打开，如果不存在顶层浏览器窗口，则在当前浏览器窗口中打开，等价于_self。默认的打开方式是在当前浏览器窗口中打开。

（2）<input>标签

<input>标签用于搜集用户信息，是表单中最常用的标签之一，表单中使用<input>标签插入输入控件，常用的文本框、按钮等都使用该标签，通过 type 属性识别域的类型，text 表示文本框，radio 表示单选按钮，checkbox 表示复选框，submit 表示【提交】按钮，reset 表示【重置】按钮，image 表示图像域。

单行文本框的示例代码如下。

```
<input type="text" name="username" id="username" value="请输入用户名" size="20" maxlength="30" align="left" >
```

密码输入框的示例代码如下。

```
<input type="password" name="keyword" id="keyword" value="请输入密码" size="10" maxlength="15" align="left" >
```

单选按钮的示例代码如下。

```
<input type="radio" name="sex" id="sex" value="men" checked="checked" >男
```

复选框的示例代码如下。

```
<input type="checkbox" name="interest" id="interest" value="tour" checked="checked" >旅游
```

【提交】按钮的示例代码如下。

```
<input type="submit" name="submit_btn" id="submit_btn" value="提交" >
```

【重置】按钮的示例代码如下。

```
<input type="reset" name="reset_btn" id="reset_btn" value="重置" >
```

图像域的示例代码如下。

```
<input type="image" src="images/search_btn.jpg" name="search_btn" id="search_btn" align="right">
```

以上各主要输入控件的示例代码列举了表单输入控件常用属性的使用方法，各个主要属性的说明如下。

① type 属性用于定义输入控件的类型。type="text"表示单行文本框，type="password"表示密码输入框，type="radio"表示单选按钮，type="checkbox"表示复选框，type="submit"表示【提交】按钮，type="reset"表示【重置】按钮，type="image"表示图像域，type="file"表示文件域，type="hidden"表示隐藏域，type="button"表示普通按钮。

② name 属性用于定义控件名称，id 属性用于定义控件的 id 标识。

③ value 属性用于定义控件的默认值或初始值，当没有输入值或选择值时，使用该

默认值。

④ align 属性用于设置控件的对齐方式，其取值包括 left、right、top、bottom 和 middle。

⑤ checked 属性用于设置控件默认被选中的项。

⑥ size 属性用于定义单行文本框允许输入字符的个数，与设置其 width 属性的功能相似。maxlength 属性用于单行文本框最多可以输入的字符个数。

⑦ src 属性用于设置图像文件地址。

⑧ disabled 属性用于设置控件禁用，readonly 属性用于设置文本框为只读。

⑨ alt 属性用于设置控件的描述信息。

⑩ tabindex 属性用于设置不同控件之间获得焦点的先后顺序，取值为正整数。

另外，accept 属性用于允许上传的文件类型，onclick 属性用于定义单击时将触发的事件，onselect 属性用于定义当前控件被选中时将触发的事件，onfocus 属性用于定义当控件获得焦点时所触发的事件，onblur 属性用于定义当控件失去焦点时所触发的事件，onchang 属性用于定义当控件内容改变时所触发的事件。

（3）<label>标签

<label>标签为 input 元素定义标注（标记），label 元素不会向用户呈现任何特殊效果。不过，它为鼠标用户改进了可用性，为页面上其他元素指定提示信息。当用户选择<label>标签时，浏览器就会自动将焦点转到和标签相关的表单控件上。

要将 label 元素绑定到其他表单控件上，可以将 label 元素的 for 属性设置为该控件的 id 属性值相同，但将 label 元素的 for 属性设置为该控件的 name 属性值则无效。

（4）<select>标签

表单中使用<select>标签插入一个选择，<select>标签要与<option>标签联合使用，每个选项都要使用<option>标签来定义。

选择的示例代码如下。

```
<select name="month1" size="3" multiple id="month1">
    <option value="1" selected>1 月</option>
    <option value="2">2 月</option>
    <option value="3">3 月</option>
</select>
```

选择控件的部分属性与输入控件的属性类似，其常用属性主要如下。

① name 属性用于定义选择的名称。

② id 属性用于定义选择的 id 标识。

③ selected 属性用于定义当前项为默认选中项。

④ size 属性用于定义列表框的高度，即显示几个列表项，默认值为 1。

⑤ multiple 属性用于定义列表框是否可以多选。

（5）<button>标签

<button>标签定义一个按钮，在 button 元素内部，可以放置文本或图像等内容，这是该元素与使用 input 元素创建的按钮之间的不同之处。

<button>控件与<input type="button">相比，提供了更强大的功能和更丰富的内容。<button>与</button>标签之间的所有内容都是按钮的内容，其中包括任何可接受的文本或图像等多种形式的正文内容。例如，可以在 button 元素中包括一个图像和相关的文本，使

用这些元素在按钮中创建一个吸引人的标记图像。在 button 元素中唯一禁止使用的元素是图像映射，因为它对鼠标和键盘敏感的动作会干扰表单按钮的行为。

所有主流浏览器都支持<button>标签，使用 button 按钮时应为其规定 type 属性，IE 浏览器的默认类型是 button，而其他浏览器（包括 W3C 规范）的默认值是 submit。HTML5 中 button 元素的新属性见表 6-3。

表 6-3　HTML5 中 button 元素的新属性

属性	取值的可选项	属性描述
autofocus	autofocus	规定当页面加载时按钮应当自动获得焦点
disabled	disabled	规定应该禁用该按钮
form	form_name	规定按钮属于一个或多个表单
formaction	url	覆盖 form 元素的 action 属性，该属性与 type="submit"配合使用
formmethod	get、post	覆盖 form 元素的 method 属性，该属性与 type="submit"配合使用
formnovalidate	formnovalidate	覆盖 form 元素的 novalidate 属性，该属性与 type="submit"配合使用
formtarget	_blank、_self _parent、_top framename	覆盖 form 元素的 target 属性，该属性与 type="submit"配合使用
name	button_name	规定按钮的名称
type	button、reset submit	规定按钮的类型
value	text	规定按钮的初始值，可由脚本代码进行修改

如果在 HTML 表单中使用 button 元素，不同浏览器会提交不同的值。IE 浏览器将提交<button>与</button>之间的文本，而其他浏览器将提交 value 属性的内容。

（6）<menu>标签

<menu>标签定义命令列表或菜单，用于上下文菜单、工具栏以及列出表单控件和命令。

（7）<textarea>标签

<textarea>标签定义多行的文本输入控件，表单中使用<textarea></textarea>标签插入文本区域，这是一个建立多行文本输入框的专用标签。文本区域中可容纳无限数量的文本，其中文本的默认字体是等宽字体（通常是 Courier）。可以通过 cols 和 rows 属性来规定 textarea 的尺寸，不过更好的办法是使用 CSS 的 height 和 width 属性进行设置。

文本区域的示例代码如下。

```
<textarea name="suggest" id="suggest" cols="30" rows="5">请提建议</textarea>
```

文本区域控件的一些属性与输入控件的属性类似，其常用属性主要如下。

① name 属性用于定义文本区域控件的名称。

② id 属性用于定义文本区域控件的 id 标识。

③ cols 属性用于定义文本区域控件的宽度，以字符为单位。

④ rows 属性用于定义文本区域的高度，即行数。

（8）<fieldset>标签和<legend>标签

<fieldset>标签将表单内的相关元素进行分组，当一组表单元素放到<fieldset>标签内时，浏览器会以特殊方式显示它们，它们可能有特殊的边界、3D 效果，或者可创建一个子表单来处理这些元素。<fieldset></fieldset>标签可以嵌套使用。

<legend> </legend>标签作为<fieldset></fieldset>标签内的第一个元素，用于在 fieldset 元素内设置一个分组标题。

<fieldset></fieldset> 标签与<legend></legend> 标签都是块状元素。使用<fieldset></fieldset>标签对表单控件进行分组，并使用<legend> </legend>标签为分组添加合适的标题，这样做有利于提高视觉效果，加快用户的操作速度，达到事半功倍的效果。

2．HTML5 新的 form 属性

（1）autocomplete 属性

autocomplete 属性规定 form 或 input 域应该拥有自动完成功能。autocomplete 适用于<form>标签以及以下类型的<input>标签：text、search、url、telephone、email、password、date pickers、range 以及 color。当用户在自动完成域中开始输入时，浏览器应该在该域中显示输入的选项。示例代码如下。

```
<form action="demo_form.aspx" method="get" autocomplete="on">
    First name: <input type="text" name="fname" ><br >
    Last name: <input type="text" name="lname" ><br >
    E-mail: <input type="email" name="email" autocomplete="off" ><br >
    <input type="submit" >
</form>
```

（2）novalidate 属性

novalidate 属性规定在提交表单时不应该验证 form 或 input 域。novalidate 属性适用于<form>以及以下类型的<input>标签：text、search、url、telephone、email、password、date pickers、range 以及 color。示例代码如下。

```
<form action="demo_form.aspx" method="get" novalidate="true">
    E-mail: <input type="email" name="user_email" >
    <input type="submit" >
</form>
```

3．表单的 id 和 name 属性的说明

表单中 id 与 name 都是为了标记对象名称。id 是后来引入的，在这之前 Netscape 使用 name 属性来标记对象。目前很多网站后台程序都是通过 name 属性来获取表单元素的值，所以有必要同时包括 id 和 name 标记，这样不仅可以考虑到页面表现的 CSS 样式定义，还可以兼顾到表单接收页面能正确地获取表单元素的值。

【操作准备】

1．创建所需的文件夹

在本地硬盘（如 D 盘）中创建一个文件夹"网页设计与制作案例"，在该文件夹中创建子文件夹"单元 6"。

2．启动 Dreamweaver

使用 Windows 的【开始】菜单或桌面快捷方式启动 Dreamweaver。

3. 创建本地站点

创建一个名称为"单元6"的本地站点，站点文件夹为"单元6"。

【引导训练】

【任务6-1】 制作网上旅游调查的表单网页

微课6-1
制作网上旅游调查的
表单网页

在文件夹"单元6"中创建子文件夹"任务6-1"，再在文件夹"任务6-1"中创建 css、images、text 等子文件夹，将网页文档 0601.html 以及所需的素材复制到对应的子文件夹中。

打开网页文档 0601.html，该网页【设计】视图的外观效果如图6-1所示，其中添加了多处标识插入的表格及嵌套表格的名称。

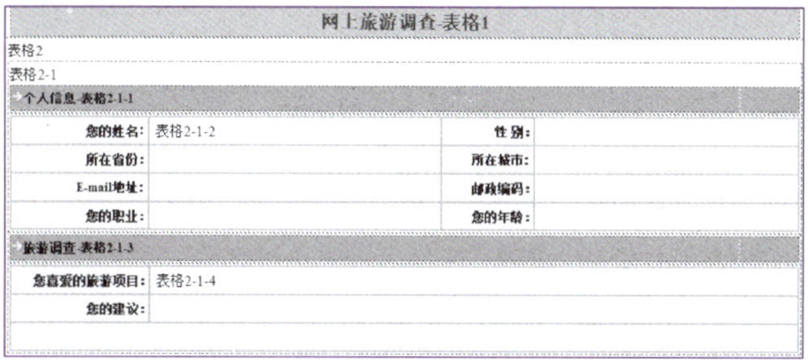

网上旅游调查-表格1		
表格2		
表格2-1		
个人信息 表格2-1-1		
您的姓名：表格2-1-2	性 别：	
所在省份：	所在城市：	
E-mail地址：	邮政编码：	
您的职业：	您的年龄：	
旅游调查 表格2-1-3		
您喜爱的旅游项目：表格2-1-4		
您的建议：		

图6-1
网页 0601.html【设计】视图的外观效果

删除表格及嵌套表格标识名称后，该页面的基本布局与初始内容的浏览效果如图6-2所示。

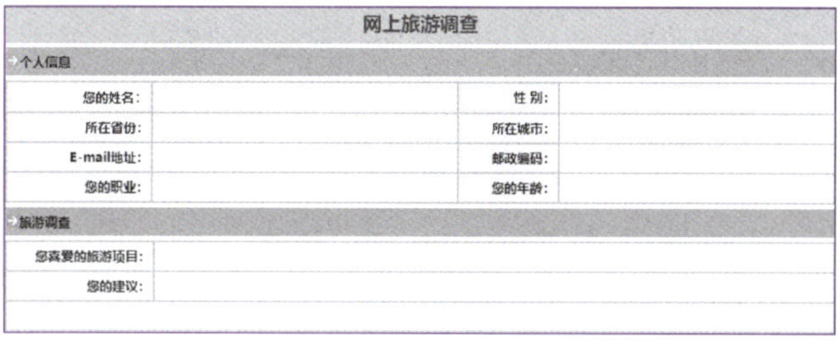

网上旅游调查	
个人信息	
您的姓名：	性 别：
所在省份：	所在城市：
E-mail地址：	邮政编码：
您的职业：	您的年龄：
旅游调查	
您喜爱的旅游项目：	
您的建议：	

图6-2
网页 0601.html 的基本布局与初始内容的浏览效果

本任务在图6-2所示的基本布局和初始内容的基础上插入表单及多个控件，其主要操作如下。

① 在网页 0601.html 中插入表单域，并设置该表单域的属性。

② 在表单域中分别插入文本框、文本区域、单选按钮、单选按钮组、复选框、下拉式菜单、列表、【提交】按钮、【重置】按钮和普通按钮。

③ 预设文本框中输入文字的字体和大小，浏览网页时将鼠标指针移到该文本框时，实现自动选中提示信息，直接输入所需文本。

④ 在表单网页中应用行为实现检查表单和关闭浏览器窗口的功能。

⑤ 调用外部 JavaScript 脚本文件实现表单网页所需的功能。

网页 0601.html 的预览效果如图6-3所示。

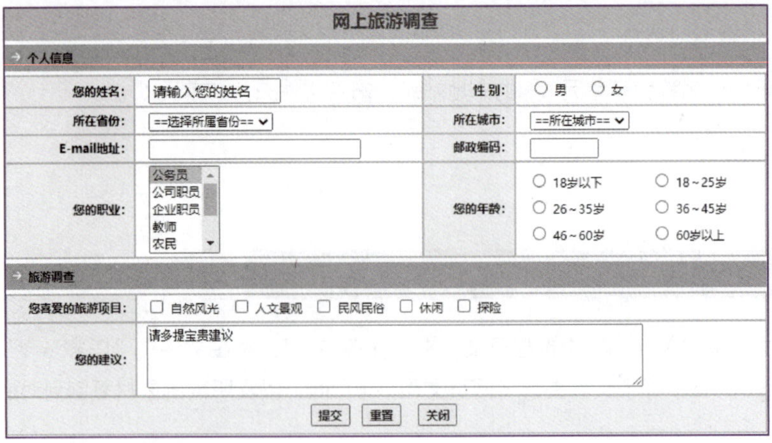

网上旅游调查

▶ 个人信息

您的姓名:	请输入您的姓名		性别:	○ 男　○ 女
所在省份:	==选择所属省份== ▼		所在城市:	==所在城市== ▼
E-mail地址:			邮政编码:	
您的职业:	公务员 公司职员 企业职员 教师 农民		您的年龄:	○ 18岁以下　　○ 18~25岁 ○ 26~35岁　　○ 36~45岁 ○ 46~60岁　　○ 60岁以上

▶ 旅游调查

| 您喜爱的旅游项目: | □ 自然风光　□ 人文景观　□ 民风民俗　□ 休闲　□ 探险 |
| 您的建议: | 请多提宝贵建议 |

提交　重置　关闭

图 6-3
网页 0601.html 的预
览效果

笔 记

【任务 6-1-1】 插入表单域及其属性设置

任务描述

① 在表格 2 的单元格中插入一个表单域。

② 设置表单域的"名称""动作""目标"和"方法"等属性。

任务实施

每个表单由一个表单域和若干个表单控件组成，所有的表单控件要放置在表单域中才会有效，因此，制作表单页面的第一步是插入表单域。

① 打开网页文档 0601.html，将光标置于表格 2 的单元格中。

② 在 Dreamweaver 主界面中，选择菜单【插入】→【表单】→【表单】命令，如图 6-4 所示。

| 文件(F) | 编辑(E) | 查看(V) | 插入(I) | 工具(T) | 查找(D) | 站点(S) | 窗口(W) | 帮助(H) |

Div(D)
Image　　　　　　　　　Ctrl+Alt+I
段落(P)
标题(E)　　　　　　　　　　▶
Table　　　　　　　　　　Ctrl+Alt+T
Figure
无序列表(U)
有序列表(O)
列表项(L)
Hyperlink(P)

Header
Navigation(N)
Main
Aside
Article
Section
Footer

HTML　　　　　　　　　　▶
表单(F)　　　　　　　　　　▶
Bootstrap 组件(B)　　　　　▶
jQuery Mobile(J)　　　　　▶
jQuery UI
自定义收藏夹(C)

模板(L)　　　　　　　　　　▶
最近的代码片断(R)　　　　　▶

表单(F)
文本(T)
电子邮件(M)
密码(P)
Url(U)
Tel(T)
搜索(E)
数字(N)
范围(G)
颜色(C)
月(H)

图 6-4
选择【表单】命令

在表格 2 单元格中的光标处插入一个表单域，切换到【代码】视图，将"表单"的结束标签</form>移到该单元格的结束标签</td>之前。

一个表单域插入到网页中，在编辑窗口中显示为一个红色虚线框，其他表单控件必须要放入这个框内才能起作用。如果看不见插入到页面中的标记表单域的红色虚线区域，则可以选择菜单【查看】→【设计视图选项】→【可视化助理】→【不可见元素】命令，使红色虚线可见，如图 6-5 所示。

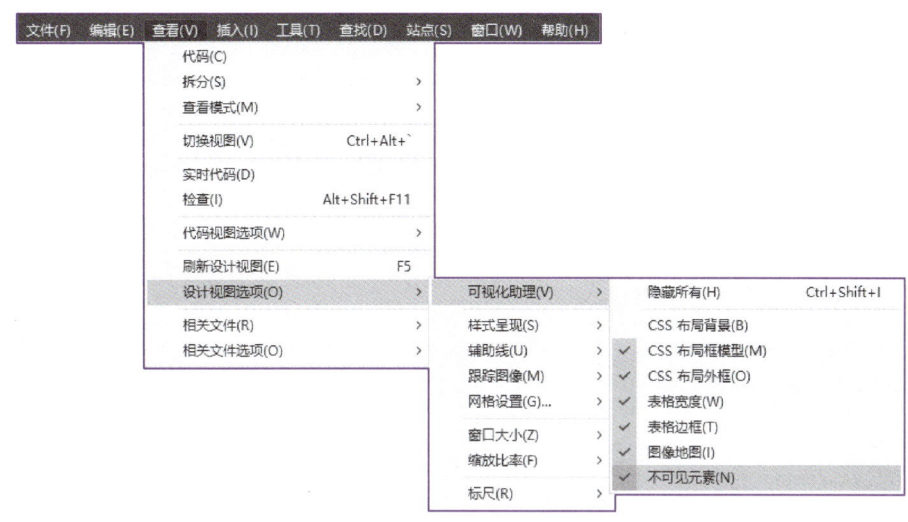

图 6-5
选择【不可见元素】命令

将光标置于表单域中，在表单域【属性】面板中设置表单域的属性。在 ID 文本框中输入"form1"，在 Method 下拉列表框中选择 GET，在 Enctype 下拉列表框中选择 application/x-www-form-urlencoded，在 Target 下拉列表框中选择_blank，在 Accept Charset 下拉列表框中选择 UTF-8，表单域【属性】面板的设置结果如图 6-6 所示。

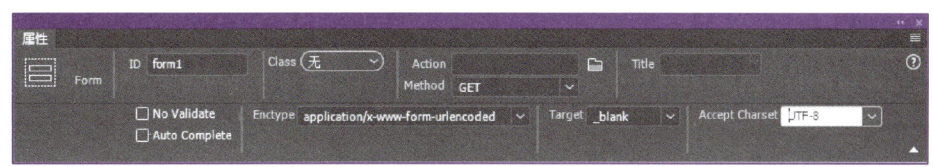

图 6-6
表单域【属性】面板

表单域【属性】面板上各项属性的设置如下。

① ID：用来设置表单的名称，为了能正确处理表单，要给表单设置一个便于识别的名称，以便服务器在处理数据时能够准确地识别表单。这里设置为 form1。

② Action：用来设置处理该表单的动态网页或用来处理表单数据的程序路径与名称，这里假设处理该表单的动态网页为 register_confirm.aspx。如果希望该表单通过 E-mail 方式发送，则可以输入"mailto:E-mail 地址"，如 mailto:abc@163.com，当浏览者单击提交表单按钮时，浏览器会自动调用默认使用的邮件客户端程序将表单内容发送到指定的电子邮箱中。

③ Target：用来设置表单被处理后，反馈网页打开的方式。它有多个选项，分别为：_blank（表示网页在新窗口中打开）、_parent（表示网页在父窗口中打开）、_self（表示网页在原窗口中打开）、_top（表示网页在顶层窗口中打开）、new（表示网页在新窗口中打

开）。其默认的打开方式是在原窗口中打开，这里设置"目标"为_blank，有利于提高浏览速度。

④ Method：用来设置表单数据发送到服务器的方式，包含 3 个可选项：默认、GET 和 POST。如果选择"默认"或 GET，则将以 GET 方式发送表单数据，将表单数据附加到请求 URL 中发送；如果选择 POST，则将以 POST 方式发送表单数据，把表单数据嵌入到 HTTP 请求中发送，一般情况下选择 POST 方式。这里选择 GET 方式。

⑤ Enctype：用来设置发送数据的 MIME 编码类型，包含两个可选项：application/x-www-form-urlencoded 和 multipart/form-data。默认的 MIME 编码类型是 application/x-www-form-urlencoded，该类型通常与 POST 方式协同使用。如果表单中包含文件上传域，则应该选择 multipart/form-data 编码类型。这里选择默认值。

⑥ Accept Charset：用于设置字符集，包含 3 个可选项：默认值、UTF-8、ISO-5589-1。这里选择 UTF-8。

⑦ Class：可以选择已定义的样式应用于该表单。

表单属性设置完成后的 HTML 代码如下。

```
<form method="get" enctype="application/x-www-form-urlencoded" target="_blank" id="form1" accept-charset="UTF-8">
```

•【任务 6-1-2】 插入表单控件与设置其属性

 任务描述

① 插入 3 个文本框。
② 插入 1 个文本区域。
③ 插入 2 个单选按钮。
④ 插入 1 个单选按钮组。
⑤ 插入 5 个复选框。
⑥ 插入 2 个下拉式菜单。
⑦ 插入 1 个列表。
⑧ 插入 2 个表单按钮。
⑨ 插入 1 个普通按钮。

 任务实施

1. 插入文本框

在表单的文本框中可以输入文本、数字或字母。插入文本框的过程如下。

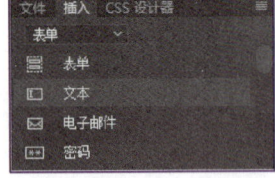

图 6-7
【插入】–【表单】
面板

① 将光标置于"您的姓名："一行（表格 2-1-2 第 1 行）第 2 列的单元格中。
② 在【插入】–【表单】面板中单击【文本】按钮，如图 6-7 所示，即可在光标位置插入一个文本框。
③ 设置文本框的属性。
选中插入的文本框，在【属性】–【Text】面板中设置文本框的属性。在 Name 文本框中输入"name1"；在 Size 文本框中输入"16"，设置文本框中能显示 8 个汉字（16 个字节的长度）；在 Max Length 文本框中输入"20"，设置文本框最多能输入 10 个汉字（20

个字节的长度）；在 Value 文本框中输入"请输入您的姓名"，设置浏览器打开时默认显示的文字；在 Class 下拉列表框中选择"sytle3"，样式 sytle3 设置文字大小为 12 像素。文本框的属性设置结果如图 6-8 所示。

图 6-8
文本框的属性设置

用同样的方法在"E-mail 地址:"一行（表格 2-1-2 第 3 行）第 2 个单元格、"邮政编码"一行（表格 2-1-2 第 3 行）第 4 个单元格分别插入一个文本框，这两个文本框的属性设置分别如图 6-9 和图 6-10 所示。

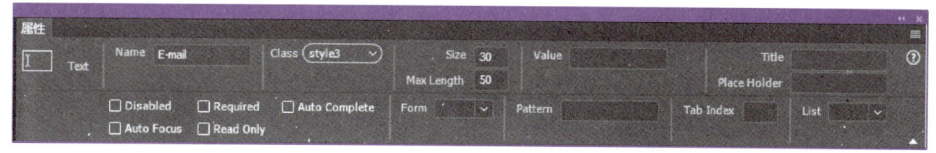

图 6-9
"E-mail 地址"文本框的属性设置

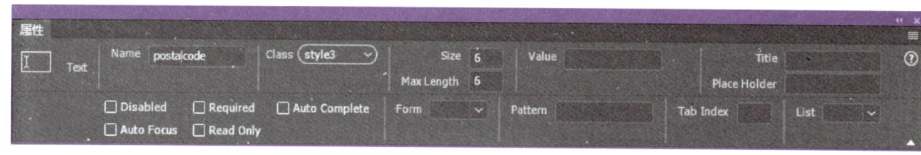

图 6-10
"邮政编码"文本框的属性设置

④ 保存网页，预览其效果。

2. 插入文本区域

可以利用【插入】-【表单】面板中的【文本区域】按钮插入文本区域。

① 将光标置于"您的建议:"一行（表格 2-1-4 第 2 行）第 2 个单元格中。

② 在【插入】-【表单】面板中单击【文本区域】按钮，在光标位置插入一个文本区域。

③ 设置文本区域的属性。

在【属性】-【Text Area】面板的 Name 文本框中输入"suggest"，在 Rows 文本框中输入"4"，在 Cols 文本框中输入"80"，在 Class 下拉列表框中选择"sytle3"，在 Value 文本区域中输入"请多提宝贵建议"，在 Wrap 下拉列表框中选择"默认"。文本区域的属性设置如图 6-11 所示。

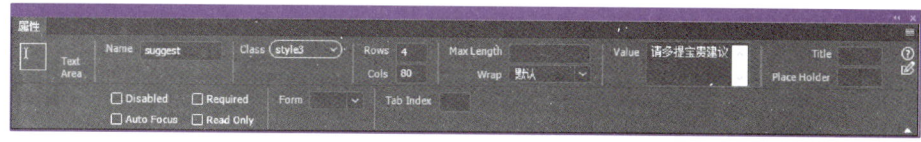

图 6-11
文本区域的属性设置

④ 保存网页，预览其效果。

3. 插入单选按钮

单选按钮通常是多个一起使用，提供彼此排斥的选项值，在多个单选按钮中，用户只能选择一个选项。

① 将光标置于"性 别:"一行（表格 2-1-2 第 1 行）第 4 个单元格中。

② 在【插入】-【表单】面板中单击【单选按钮】按钮，在光标位置插入一个单选按钮，然后在【插入】-【表单】面板中单击【标签】按钮，在单选按钮右侧插入标签，设置标签文字为"男"。以同样的方法插入另一个单选按钮和标签，设置标签文字为"女"。两个单选按钮之间添加两个空格： 。

③ 设置单选按钮属性。

单击选中一个单选按钮，在【属性】-【Radio Button】面板中设置其属性，两个单选按钮的初始状态都设置为"未选中"，Name 标识名称分别为 radioBtn1 和 radioBtn2，在 Value 文本框中分别输入"man"和"woman"，将两个单选按钮的标签文字都应用样式 style3，Form 属性值都设置为 from1。单选按钮 radioBtn1 的属性设置结果如图 6-12 所示。

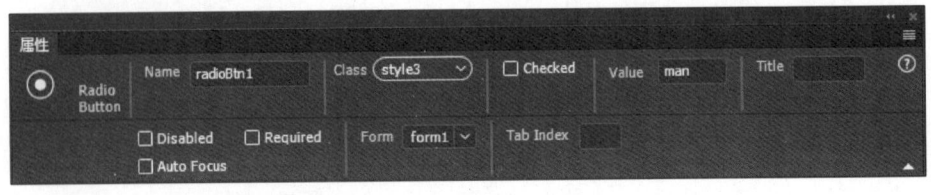

图 6-12
单选按钮 radioBtn1
的属性设置

设置两个单选按钮所在单元格的 class 属性值为 style3，该单元格以及单选按钮、标签对应的 HTML 代码如下。

```
<td width="261" align="left" valign="middle" class="style3"> 
    <input name="radioBtn1" type="radio" class="style3" form="form1" value="man">
    <label>男</label>  
    <input name="radioBtn" type="radio" class="style3" form="form1" value="woman">
    <label>女</label>
</td>
```

④ 保存网页，预览其效果。

4．插入单选按钮组

使用单选按钮组，可以一次插入一组单选按钮，用户在单选按钮组内只能选择一个选项。

① 将光标置于"您的年龄:"一行（表格 2-1-2 第 4 行）第 4 个单元格中。

② 在【插入】-【表单】面板中单击【单选按钮组】按钮，弹出如图 6-13 所示的【单选按钮组】对话框。

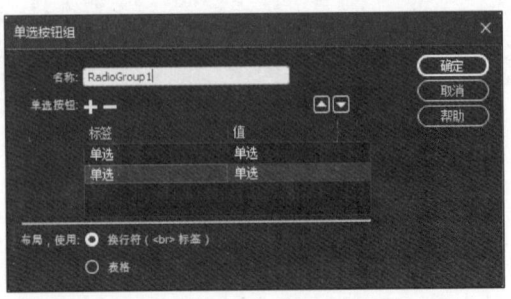

图 6-13
【单选按钮组】对话框

在该对话框的"名称"文本框中输入该单选按钮组的名称"age",插入单选按钮组的好处就是使同一组单选按钮有统一的名称;中间的列表框中列出了单选按钮组中所包含的所有单选按钮,每一行代表一个单选按钮,默认包含两行。"标签"用来设置单选按钮旁边的说明文字,"值"用来设置选中单选按钮后提交的值。

③ 单击 ➕ 按钮,向单选按钮组中添加新的单选按钮,然后单击"标签"列的文字,输入新内容,可以使用汉字,这里分别输入"18 岁以下""18~25 岁""26~35 岁""36~45 岁""46~60 岁""60 岁以上";单击"值"列的文字,输入需要的值,只能使用英文半角字符,这里分别输入"<18""25""35""45""60"">60"。

也可以单击 ➖ 按钮删除已有的单选按钮,如果需要调整已有单选按钮的排列顺序,可以单击 🔼 按钮(位置向上移动)或者 🔽 按钮(位置向下移动)。

"布局,使用"用来设置单选按钮的换行方式,包含两个选项:"换行符"(表示单选按钮在网页中直接换行)和"表格"(表示插入表格来布局多个单选按钮)。本例选择"表格"单选按钮。单选按钮组的属性设置完成,如图 6-14 所示。

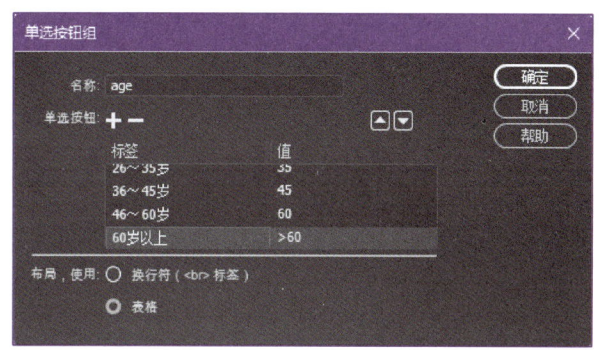

图 6-14
添加了多个单选按钮的【单
选按钮组】对话框

④ 单击【确定】按钮,表格单元格中插入的单选按钮组在【设计】视图中的外观效果如图 6-15 所示。

接下来,将 6 个单选按钮调整为 3 行布局,在 6 个单选按钮的布局表格中已有列的右侧插入一列,将该布局表格的 width 设置为 240,class 设置为 style3,然后将各个单选按钮移到 2 列表格的各个单元格中,删除单选按钮布局表格后面的 3 行。在【设计】视图中的外观效果如图 6-16 所示。

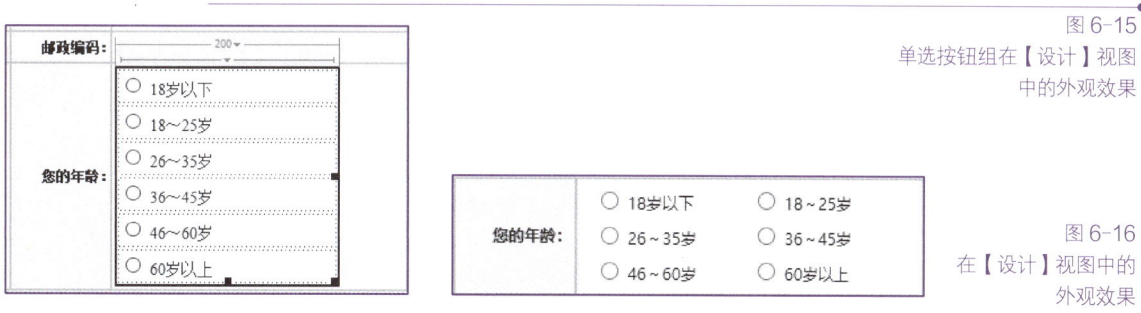

图 6-15
单选按钮组在【设计】视图
中的外观效果

图 6-16
在【设计】视图中的
外观效果

⑤ 设置单选按钮属性。

选中单选按钮组中的一个单选按钮,然后在【属性】面板中设置其属性,如图 6-17 所示。

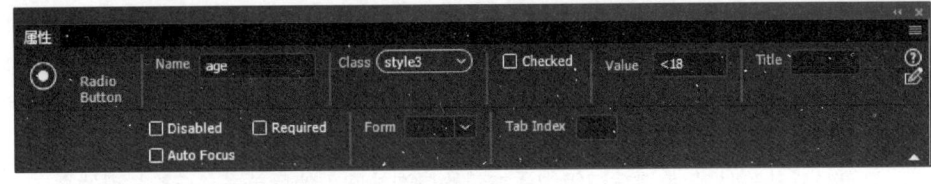

图 6-17
单选按钮组中单个单
选按钮的属性设置

⑥ 保存网页，预览其效果。

5. 插入复选框

复选框允许在一组选项中选择多个选项，用户可以选择任意多个合适的选项。复选框对每个单独的响应进行"关闭"或"打开"状态切换。

① 将光标置于"您喜爱的旅游项目："一行（表格 2-1-4 第 1 行）第 2 个单元格中。

② 在【插入】-【表单】面板中单击【复选框】按钮，在光标位置插入一个复选框，在【属性】面板中将该复选框的 Name 属性设置为 item01，在该复选框右侧插入一个标签。

以同样的方法插入其他 4 个复选框和 4 个标签，复选框的 Name 属性分别设置为 item02、item03、item04 和 item04，标签文字分别设置为"自然风光""人文景观""民风民俗""休闲"和"探险"。

③ 设置复选框属性。

选中一个复选框，在【属性】-【Checkbox】面板中设置其属性，5 个复选框的 Value 属性分别设置为"自然风光""人文景观""民风民俗""休闲"和"探险"，当表单提交时，被选中复选框对应的值被传递给服务器的应用程序，初始状态都设置为"未选中"。复选框的属性设置如图 6-18 所示。

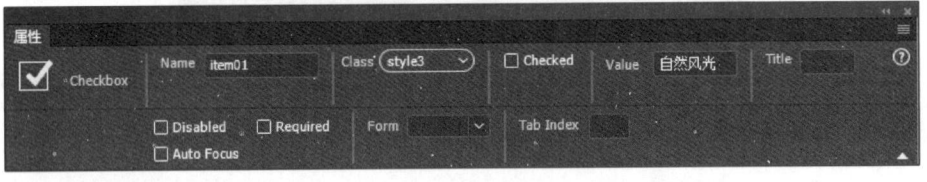

图 6-18
复选框的属性设置

将各组"复选框+标签"之间插入 2 个空格，使其保持合适的间距，复选框与标签所在单元格应用样式 style3，5 个复选框与标签的布局如图 6-19 所示。

图 6-19
5 个复选框与标签的
布局

☐ 自然风光　☐ 人文景观　☐ 民风民俗　☐ 休闲　☐ 探险

④ 保存网页，预览其效果。

5 个复选框、标签及所在单元格对应的 HTML 代码如下。

```html
<td width="644" align="left" valign="middle" class="style3" > 
    <input name="item01" type="checkbox" id="item01" value="自然风光">
    <label>自然风光</label>  
    <input name="item02" type="checkbox" id="item02" value="人文景观">
    <label>人文景观</label>  
    <input name="item03" type="checkbox" id="item03" value="民风民俗">
    <label>民风民俗</label>  
    <input name="item04" type="checkbox" id="item04" value="休闲">
```

```
        <label>休闲</label>  
        <input name="item05" type="checkbox" id="item05" value="探险">
        <label>探险</label>
    </td>
```

6. 插入下拉式菜单

表单的下拉式菜单的最大好处是可以在有限的空间内为用户提供更多的选项，非常节省页面空间。下拉式菜单默认只显示一项，该项也是活动选项，用户可以单击打开菜单，但只能选择其中的一项。

插入菜单的步骤如下。

① 将光标置于"所在省份："一行（表格 2-1-2 第 2 行）第 2 个单元格中。

② 在【插入】-【表单】面板中单击【选择】按钮，在光标位置插入标签 <select></select>，在【属性】-【Select】面板的 Name 文本框中输入"province"。

③ 添加列表值。

在【属性】-【Select】面板中单击【列表值】按钮，弹出【列表值】对话框，在该对话框中间的列表框中列出了该菜单所包含的所有选项，每一行代表一个选项。"项目标签"用来设置每个选项所显示的文本，"值"设置的是选项的值。

单击 ➕ 按钮，即可为菜单添加一个新选项，这里分别添加：==选择所属省份==、北京、上海、天津、重庆、安徽等选项，如图 6-20 所示。也可以单击 ➖ 按钮，删除已有的菜单选项。单击 🔼 按钮或 🔽 按钮，为菜单选项调整顺序。

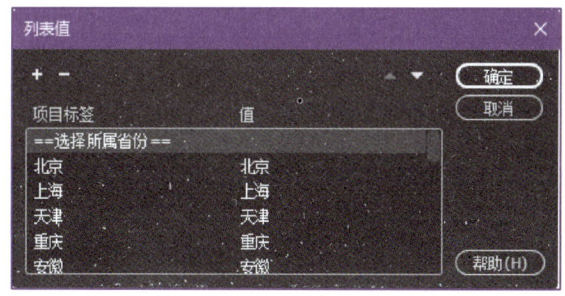

图 6-20
在【列表值】对话框中添加
菜单选项

④ 在【列表值】对话框中单击【确定】按钮，返回【属性】-【Select】面板，如图 6-21 所示，在 Selected 下拉列表框中会出现刚设置的菜单项。

图 6-21
菜单的属性设置

在 Selected 下拉列表框中选择第一项"==选择所属省份=="，作为浏览时初始状态下默认的选择项，如果这里没有选择项，则浏览时菜单未被选择之前为空。

以同样的方法在"所在城市："一行（表格 2-1-2 第 2 行）第 4 个单元格中插入一个"选择"，该"选择"控件的 Name 属性设置为 city，只有一个选项"==所在城市=="，Selected 下拉列表框中也只有一个选项"==所在城市=="。

141

⑤ 保存网页，预览其效果。

7. 插入列表

表单的"列表"允许用户可以进行多重选择。插入列表的步骤如下。

① 将光标置于"您的职业："一行（表格 2-1-2 第 4 行）第 2 个单元格中。

② 在【插入】-【表单】面板中单击【选择】按钮，在光标位置插入一个"选择"，在【属性】-【Select】面板的 Name 文本框中输入"occupation"，在 Size 文本框中输入"5"，则列表在浏览时显示为 5 个选项。

③ 添加列表值。

选中刚插入的"选择"控件，在【属性】-【Select】面板上单击【列表值】按钮，弹出【列表值】对话框，在该对话框中间的列表框中列出了该列表所包含的所有选项，每一行代表一个选项。"项目标签"用来设置每个选项所显示的文本，"值"用来设置选项的值。

单击➕按钮，即可为列表添加一个新选项，在此分别添加：公务员、公司职员、企业职员、教师、农民等选项，如图 6-22 所示。也可以单击➖按钮，删除已有的选项。单击🔺按钮或🔻按钮，为列表选项调整顺序。

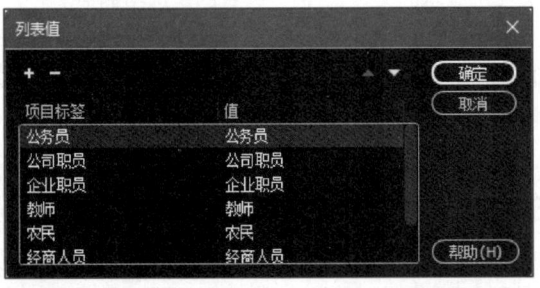

图 6-22
在【列表值】对话框中添加列表项

④ 在【列表值】对话框中单击【确定】按钮，返回【属性】-【Select】面板，在 Selected 下拉列表框中会出现刚刚添加的列表项。

⑤ 设置选择的属性。

在【属性】-【Select】面板的 Selected 下拉列表框中选择一项，作为浏览时的初始值。"列表"的属性设置如图 6-23 所示，网页【设计】视图中"列表"的外观效果如图 6-24 所示。

图 6-23
"列表"的属性设置

图 6-24
"列表"的外观效果

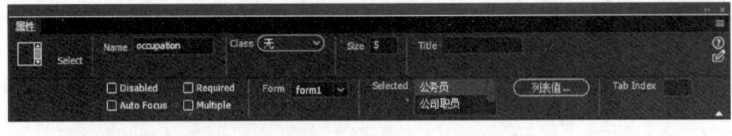

⑥ 保存网页，预览其效果。

8. 插入【提交】按钮和【重置】按钮

表单按钮控制表单操作，单击表单中的"按钮"将表单数据提交到服务器或者将表单中数据恢复到初始状态。

将光标置于表格 2-1-4 中第 3 行，在【插入】-【表单】面板中单击【"提交"按钮】，在光标位置插入一个按钮。选中表单域中所插入的【提交】按钮,在【属性】-【Submit Button】面板中设置其属性,在 Name 文本框中输入 "submit1",在 Value 文本框中输入 "提交",使按钮上显示的文字为 "提交",在 Class 下拉列表框中选择 "style2"。属性设置结果如图 6-25 所示。

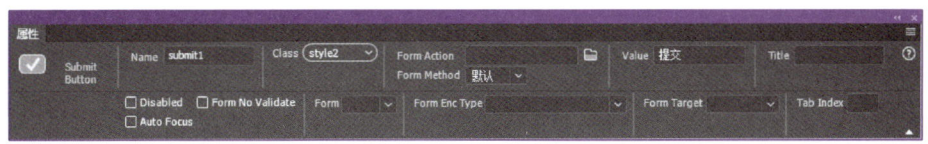

图 6-25
【提交】按钮的属性设置

使用同样的方法插入【重置】按钮,选中表单域中所插入的【重置】按钮,在【属性】-【Reset Button】面板中设置其属性,在 Name 文本框中输入 "reset1",在 Value 文本框中输入 "重置",使按钮上显示的文字为 "重置",在 Class 下拉列表框中选择 "style2"。属性设置结果如图 6-26 所示。

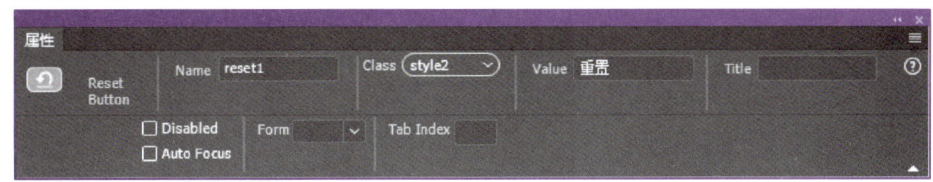

图 6-26
【重置】按钮的属性设置

保存网页,预览其效果。

9. 插入普通按钮

将光标置于表格 2-1-4 中第 3 行已插入的【重置】按钮的右侧,在【插入】-【表单】面板中单击【按钮】按钮,在光标位置插入一个普通按钮。选中表单域中所插入的按钮,在【属性】-【Button】面板中设置其属性,在 Name 文本框中输入 "btnClose",在 Value 文本框中输入 "关闭",使按钮上显示的文字为 "关闭",在 Class 下拉列表框中选择 "btn"。属性设置结果如图 6-27 所示。

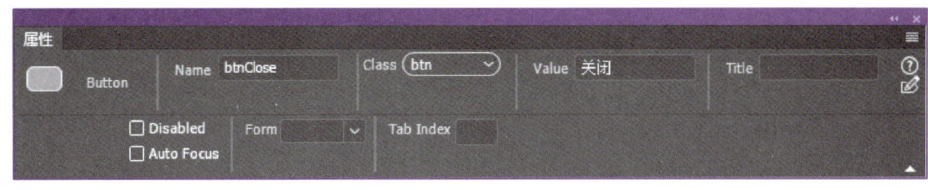

图 6-27
【关闭】按钮的属性设置

在【提交】【重置】【关闭】按钮之间各添加 2 个空格: ,然后保存网页,预览其效果。

• 【任务 6-1-3】 预设文本框文字的字体和自动选中初始文本

任务描述

① 设置预设文本框中文本的字体为 "宋体",大小为 14 px。

② 浏览网页时将鼠标指针移到该文本框时,实现自动选中初始文本,直接输入所需文本。

　任务实施

1．在预设文本框中输入文字的字体和大小

在网页【设计】视图中选中"姓名"文本框，然后单击【文档】工具栏中的【代码】
按钮，切换到【代码】视图，"姓名"文本框的 HTML 代码如下。

```
<input name="name1" type="text" class="style3" id="name1" value="请输入您的姓名"
size="16" maxlength="20">
```

将光标置于<input>标签中>的左侧，先添加空格键，然后输入"style="font-size:14px;
font-family:宋体';""。

2．在文本框中自动选中初始文本

由于"姓名"文本框的初始值为"请输入您的姓名"，如果浏览者要在该文本框中输
入信息，则需要先选取文本框中的提示信息"请输入您的姓名"，将提示信息删除后再输
入"姓名"。如果在<input >中输入代码 onMouseOver="this.focus()"　onFocus="this.select()"，
浏览网页时将鼠标指针移到该文本框时，会自动选中提示信息，直接输入所需文本
即可。

该文本框完整的代码如下。

```
<input name="name1" type="text" class="style3" id="name1" value="请输入您的姓名"
     size="16" maxlength="20" style="font-size:14px; font-family:宋体';"
     onMouseOver="this.focus()"　onFocus="this.select()">
```

保存网页文档，预览其效果，在"姓名"文本框中输入文字时，显示的文字字体为
"宋体"，大小为 14 px。

【任务 6-1-4】　应用行为实现表单网页所需的功能

　任务描述

① 应用"检查表单"行为，浏览网页提交信息时限制用户必须输入姓名。
② 应用"检查表单"行为，浏览网页提交信息时限制用户必须输入 E-mail 地址，且
要求 E-mail 地址符合电子邮件地址的格式要求。
③ 应用"检查表单"行为，浏览网页提交信息时限制用户必须输入邮政编码，且输
入的邮政编码为数字。
④ 应用"调用 JavaScript"行为，单击【关闭】按钮时能关闭浏览器窗口。

　任务实施

1．检查表单数据的正确性

检查表单在会员注册、问卷调查、提交订单、网上留言等场合会经常用到。检查表
单只作用于表单对象，用以检查浏览者在表单中输入的数据是否正确，防止表单提交到服
务器后在指定的文本框或所有文本框中包含无效的数据。使用"行为"中的"检查表单"
可以不用编写程序代码即可检查提交表单数据的正确性。

① 在网页文档【设计】视图下方的状态栏中选中<form>标签，如图 6-28 所示。

图 6-28
在状态栏中选中
<form>标签

② 在 Dreamweaver 主界面中，选择菜单【窗口】→【行为】命令，打开【行为】面板。

③ 在【行为】面板中单击【添加行为】按钮，在弹出的菜单中选择【检查表单】命令，如图 6-29 所示，弹出如图 6-30 所示的【检查表单】对话框。

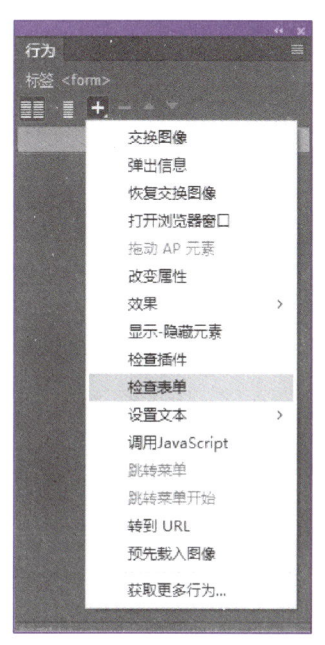

图 6-29
在【添加行为】快捷
菜单中选择菜单项
【检查表单】

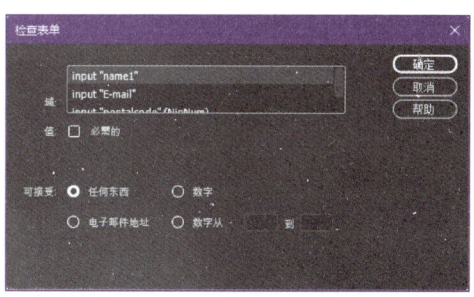

图 6-30
【检查表单】对话框

④ 在【检查表单】对话框的"域"列表框中选中 input "name1"，然后选中"必需的"复选框和"任何东西"单选按钮。

⑤ 在【检查表单】对话框的"域"列表框中选中 input "E-mail"，然后选中"必需的"复选框和"电子邮件地址"单选按钮。

⑥ 在【检查表单】对话框的"域"列表框中单击选中 input "postalcode"，然后选中"必需的"复选框和"数字"单选按钮，如图 6-31 所示。

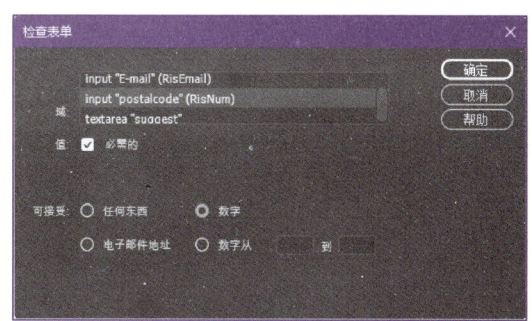

图 6-31
【检查表单】对话框的
设置结果

⑦ 在【检查表单】对话框中单击【确定】按钮，关闭该对话框，返回【行为】面板。

⑧ 将事件设置为 onSubmit，【行为】面板如图 6-32 所示。

⑨ 保存网页文档，预览其效果，在相应的文本框中输入不符合要求的信息或者没有输入必要的信息时，会弹出提示信息对话框，如图 6-33 所示。

图 6-32
【行为】面板中添加的"检查表单"行为和 onSubmit 事件

图 6-33
提示信息对话框

2. 调用 JavaScript 脚本自动关闭网页

① 在网页文档的【设计】视图中选中【关闭】按钮。

② 在【行为】面板中单击【添加行为】按钮 ➕，在弹出的菜单中选择【调用 JavaScript】命令，弹出【调用 JavaScript】对话框。

③ 在该对话框的 JavaScript 文本框中输入代码"javascript:window.close()"，如图 6-34 所示，然后单击【确定】按钮，返回【行为】面板。

④ 将事件设置为 onClick，【行为】面板如图 6-35 所示。

图 6-34
【调用 JavaScript】
对话框

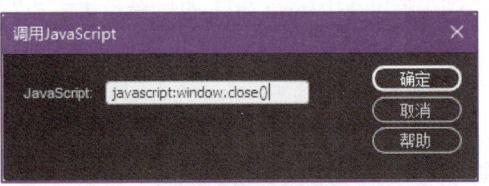

图 6-35
【行为】面板

⑤ 保存网页文档，预览其效果。

网页处于浏览状态时，单击页面中的【关闭】按钮，即可关闭当前浏览的网页。

【任务 6-1-5】　调用外部 JavaScript 脚本文件实现表单网页所需的功能

 任务描述

网页 0601.html 初始状态定义了数组 city 和 JavaScript 方法 changecity()，调用预定义的 JavaScript 方法 changecity()实现动态改变网页中的城市列表。

任务实施

在网页 0601.html 中"所在省份"的 Select 控件的代码<select name="province" class="style3" id="province">内输入代码"onchange="changecity()"",即完整的代码如下。

<select name="province" class="style3" id="province" onchange="changecity()"

保存网页文档，预览其效果，改变"所在省份"选项，"所在城市"选项也会同步改变，显示对应省的城市名称。

保存表单网页，按【F12】键预览表单网页，该网页的初始状态如图 6-3 所示。在该表单网页设置有关数据，如图 6-36 所示，然后单击【提交】按钮。如果需要重新设置，单击【重置】按钮即可。如果需要关闭网页，单击【关闭】按钮即可。

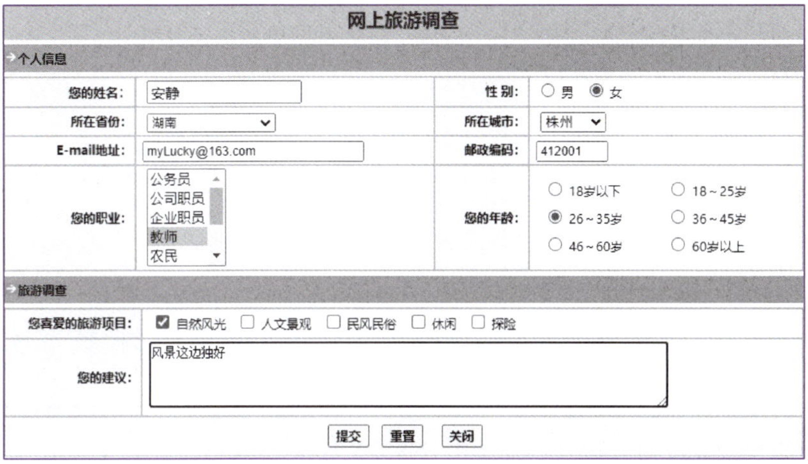

网上旅游调查

个人信息

您的姓名：	安静	性别：	○ 男　◉ 女
所在省份：	湖南	所在城市：	株州
E-mail地址：	myLucky@163.com	邮政编码：	412001

您的职业：　公务员／公司职员／企业职员／教师／农民

您的年龄：　○ 18岁以下　○ 18～25岁　◉ 26～35岁　○ 36～45岁　○ 46～60岁　○ 60岁以上

旅游调查

您喜爱的旅游项目：　☑ 自然风光　☐ 人文景观　☐ 民风民俗　☐ 休闲　☐ 探险

您的建议：　风景这边独好

【提交】　【重置】　【关闭】

图 6-36
表单网页设置

说明：

由于本书不涉及动态网页内容，表单网页中的【提交】按钮并没有实现其功能，单击【提交】按钮并不会将表单中的数据传送到服务器中。

【任务 6-2】 制作搜索目的地的表单网页

 任务描述

创建网页文档 0602.html，在该网页中添加表单以及文本框、按钮控件。网页 0602.html 的浏览效果如图 6-37 所示。

请输入目的地　　　　　搜索

微课 6-2
制作搜索目的地的
表单网页

图 6-37
网页 0602.html 的浏览
效果

 任务实施

1. 创建文件夹与网页

在文件夹"单元 6"中创建子文件夹"任务 6-2"，再在文件夹"任务 6-2"中创建

css、images 等子文件夹，并将所需的素材复制到对应的子文件夹中。在站点"单元 6"的文件夹"任务 6-2"中创建网页 0602.html。

2．定义 CSS 代码

网页 0602.html 中通用的 CSS 定义代码见表 6-4。

表 6-4　网页 0602.html 中通用的 CSS 代码定义

序号	CSS 代码	序号	CSS 代码
01	input[type='text'] {	19	input[type='button'] {
02	border: 1px solid #CCC;	20	font-weight: bold;
03	cursor: text;	21	font-size: 12px;
04	line-height: 30px;	22	font-family: "宋体";
05	height: 30px;	23	color: #666;
06	padding: 0 2px;	24	white-space: nowrap;
07	margin-right: 3px;	25	position: relative;
08	border-radius: 3px;	26	border-radius: 3px;
09	font-size: 14px;	27	cursor: pointer;
10	outline: none;	28	overflow: visible;
11	background-image: url(../images/travel-ico.png);	29	height: 30px;
12	background-repeat: no-repeat;	30	line-height: 26px;
13	background-position: -32px -46px;	31	padding: 2px 10px;
14	padding-left: 30px;	32	margin-left: -6px;
15	}	33	border: 1px solid #CCC;
16	input[type='text']:focus {	34	}
17	box-shadow: 0 0 6px rgba(25,161,219, .4);	35	
18	}	36	

网页 0602.html 中主体结构及表单的 CSS 定义代码见表 6-5。

表 6-5　网页 0602.html 中主体结构及表单的 CSS 代码定义

序号	CSS 代码	序号	CSS 代码
01	.nav-menu {	09	.w-search {
02	position: absolute;	10	white-space: nowrap;
03	top: 20px;	11	}
04	right: 20px;	12	
05	width: auto;	13	.nav-menu form > i {
06	font-size: 14px;	14	margin-left: 0.5em;
07	font-family: "宋体";	15	}
08	}	16	

3．在网页文档 0602.html 中链接外部样式表

切换到网页文档 0602.html 的【代码】视图，在标签</head>前输入链接外部样式表的代码如下。

```
<link href="css/base.css" rel="stylesheet" type="text/css">
<link href="css/main.css" rel="stylesheet" type="text/css">
```

4．插入表单域及其属性设置

① 打开网页文档 0602.html，在标签<body></body>之间插入以下 HTML 代码。

```
<div class="nav-menu">  </div>
```

然后将光标置于标签<div class="nav-menu">与</div>之间。

② 在 Dreamweaver 主界面中，选择菜单【插入】→【表单】→【表单】命令，在网页 0602.html 中光标处插入一个表单域。

当一个表单域插入到网页中，在编辑窗口中显示为一个红色虚线框，其他表单对象必须放入这个框内才能起作用。如果看不见插入到页面中的标记表单域的红色虚线区域，则可以选择菜单【查看】→【设计视图选项】→【可视化助理】→【不可见元素】命令，使红色虚线可见。

将光标置于表单域中，在表单域【属性】面板中设置表单域的属性。在 ID 文本框中输入 form1，在 Method 下拉列表框中选择 GET，在 Enctype 下拉列表框中选择 application/x-www-form-urlencoded，在 Target 下拉列表框中选择_blank，在 Accept Charset 下拉列表框中选择 UTF-8。表单域【属性】面板的设置结果如图 6-38 所示。

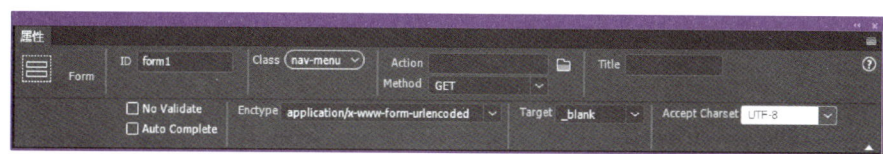

图 6-38
表单域【属性】
面板的设置

表单属性设置完成后的 HTML 代码如下。

```
<form method="get" enctype="application/x-www-form-urlencoded" target="_blank" id="form1" accept-charset="UTF-8"></form>
```

③ 保存网页，预览其效果。

5. 插入文本框控件与设置其属性

（1）插入<div>标签

在网页的【代码】视图中将光标置于<form>与</form>之间，然后输入以下代码。

```
<div class="w-search"></div>
```

（2）插入文本框控件

在网页的【代码】视图中将光标置于代码<div class="w-search">与</div>之间，然后单击【插入】面板【表单】工具栏中的【文本】按钮，如图 6-39 所示。

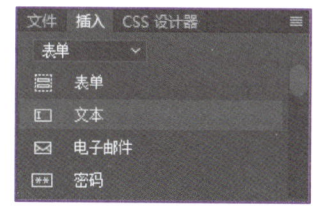

图 6-39
单击【文本】按钮

于是，在光标位置插入一个文本框，对应的 HTML 代码如下。

```
<input type="text">
```

（3）设置文本框的属性

选中插入的文本框，在【属性】-【Text】面板中设置文本框的属性。在 name 文本框中输入 key；在 Size 文本框中输入 28，设置文本框中能显示 14 个汉字（28 个字节的长

度）；在 Max Length 文本框中输入 40，设置文本框最多能输入 20 个汉字（40 个字节的长度）；在 Place Holder 文本框中输入"请输入目的地"。文本框的属性设置结果如图 6-40 所示。

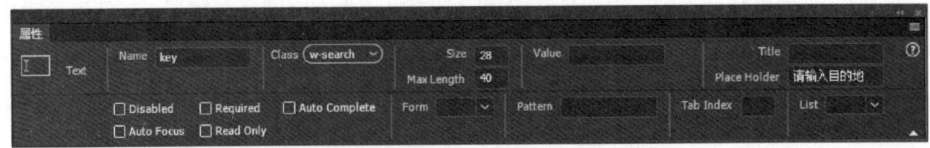

图 6-40
文本框的属性设置

文本框的部分属性设置完成后对应的 HTML 代码如下。

```
<input name="key" type="text" id="key" placeholder="请输入目的地" size="28" maxlength="40">
```

（4）保存网页，预览其效果

6．插入普通按钮与设置其属性

（1）插入普通按钮

将光标置于表单中已插入的文本框右侧，在【插入】-【表单】面板中单击【按钮】按钮，在光标位置插入一个普通按钮，对应的 HTML 代码如下。

```
<input type="button">
```

（2）设置按钮的属性

选中表单域中所插入的按钮，在【属性】-【Button】面板的 Name 文本框中输入 btnSearch，在 Value 文本框中输入"搜索"，使按钮上显示的文字为"搜索"，在 Title 文本框中输入"请单击按钮"。属性设置结果如图 6-41 所示。

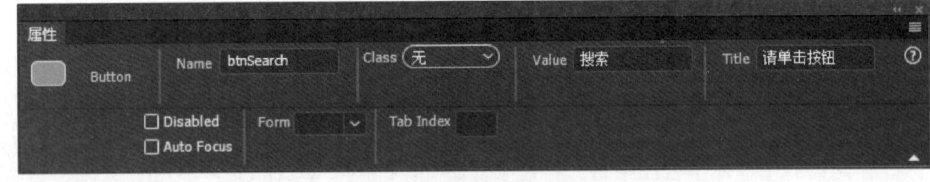

图 6-41
【搜索】按钮的属性设置

按钮属性设置完成后对应的 HTML 代码如下。

```
<input name="btnSearch" type="button" id="btnSearch" title="请单击按钮" value="搜索">
```

网页文档 0602.html 完整的主体代码如下。

```
<body>
<div class="nav-menu">
 <form method="get" enctype="application/x-www-form-urlencoded"
        target="_blank" id="form1" accept-charset="UTF-8">
 <div class="w-search">
      <input name="key" type="text" id="key" placeholder="请输入目的地"
              size="28" maxlength="40">
      <input name="btnSearch" type="button" id="btnSearch" title="请单击按钮"
              value="搜索">
```

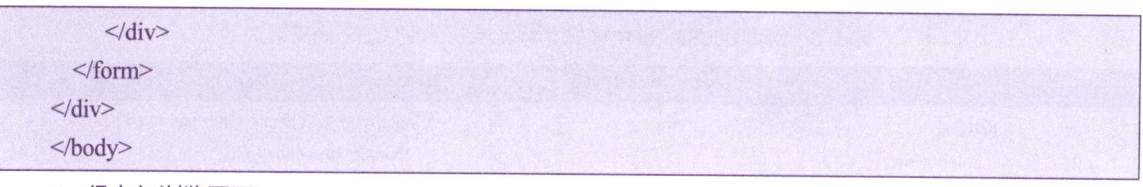

```
        </div>
      </form>
    </div>
  </body>
```

7.　保存与浏览网页

保存网页 0602.html，其浏览效果如图 6-37 所示。

【任务 6-3】　制作用户注册的表单网页

　**任务描述**

① 创建样式文件 base.css 和 main.css，在该样式文件中定义标签的属性、类选择符及其属性。

② 创建网页文档 0603.html，并链接外部样式文件 base.css 和 main.css。

③ 在网页 0603.html 中添加必要的 HTML 标签和插入表单及表单控件。

④ 浏览网页 0603.html 的效果，如图 6-42 所示，该网页包含表单以及多个表单控件，用于实现用户注册功能。

用户注册
◉ 手机号注册　○ 邮箱注册
手机号：
验证码：
激活码： 免费获取手机激活码
登录密码： 密码只能由8到15位非空白字符组成
确认密码：
☑ 我已阅读阿坝旅游网用户注册协议
提交

图 6-42
网页 0603.html 的浏览
效果

　任务实施

1.　创建所需的文件夹与复制所需的资源

文件夹"单元 6"中创建子文件夹"任务 6-3"，再在文件夹"任务 6-3"中创建 css、images 等子文件夹，并将所需的素材（包括 base.css）复制到对应的子文件夹中。

2.　定义网页主体布局结构与美化表单的 CSS 代码

在文件夹 css 中创建样式文件 base.css，在该样式文件中编写样式代码，代码见表 6-6。

表 6-6　网页 0603.html 中样式文件 base.css 的 CSS 代码定义

序号	CSS 代码	序号	CSS 代码
01	body,input {	35	input[type='text'],input[type='password'] {
02	color: #666;	36	border: 1px solid #CCC;
03	font-size: 12px;	37	cursor: text;
04	letter-spacing: 0px;	38	line-height: 30px;
05	white-space: normal;	39	height: 30px;
06	font-family: Tahoma, Geneva,	40	padding: 0 2px;
07	sans-serif, "宋体";	41	margin-right: 3px;
08	}	42	border-radius: 3px;
09		43	background-repeat: no-repeat;
10	img,ol,ul,li,form,label,legend {	44	font-size: 14px;
11	margin: 0;	45	}
12	padding: 0;	46	
13	border: none;	47	input[type='text']:focus,input[type='password']:focus {
14	}	48	box-shadow: 0 0 6px rgba(25,161,219, .4)
15		49	}
16	p,dl,dt,dd,button,form {	50	
17	word-break: break-all;	51	input[type='submit'] {
18	word-wrap: break-word;	52	background: linear-gradient(#fe9e5e, #ea7201);
19	}	53	border: 1px solid #ea7201;
20		54	color: #FFF;
21	ul,li,dl,dt,dd {	55	font-weight: bold;
22	list-style-type: none;	56	padding: 8px 15px;
23	list-style-position: outside;	57	font-size: 16px;
24	text-indent: 0;	58	position: relative;
25	}	59	border-radius: 3px;
26		60	min-width: 100px;
27	a:link,a:visited {	61	cursor: pointer;
28	text-decoration: none;	62	overflow: visible;
29	color: #666;	63	}
30	}	64	input[type='submit']:hover {
31		65	background: linear-gradient(#ea7201, #fe9e5e);
32	a:hover {	66	background: #fe9e5e\0;
33	color: #2b98db;	67	transition: all 2s;
34	}	68	}

网页 0603.html 中样式
文件 main.css 对应的
CSS 代码

在文件夹 css 中创建样式文件 main.css，在该样式文件中编写样式代码，网页 0603.html 中样式文件 main.css 的 CSS 代码详见电子活页 6-1。

3. 创建网页文档 0603.html 与链接外部样式表

在文件夹"任务 6-3"中创建网页文档 0603.html，切换到网页文档 0603.html 的【代码】视图，在标签</head>前输入链接外部样式表的代码如下。

```
<link href="css/base.css" rel="stylesheet" type="text/css">
<link href="css/main.css" rel="stylesheet" type="text/css">
```

4. 在网页 0603.html 中添加必要的 HTML 标签并输入文本内容

在网页文档 0603.html 中添加必要的 HTML 标签，主体布局的 HTML 代码见表 6-7。

表 6-7 网页 0603.html 主体布局的 HTML 代码

序号	HTML 代码
01	<section class="ec-s-reg">
02	<h2>用户注册</h2>
03	<div class="w-m">
04	<ul>
05	<li> </li>
06	<li class="userInfo"> </li>
07	<li> </li>
08	<li class="" id="mobileCode"> </li>
09	<li> </li>
10	<li> </li>
11	<li class="submit"> </li>
12	<li class="submit"> </li>
13	</ul>
14	</div>
15	</section>

在网页文档 0603.html 中插入表单及表单控件，添加必要的 HTML 标签，并设置表单和表单控件的属性，网页文档 0603.html 完整的 HTML 代码详见电子活页 6-2。

5. 保存与浏览网页

保存网页文档 0603.html，浏览效果如图 6-42 所示。

网页 0603.html 完整的 HTML 代码

【引导训练考核评价】

本单元的"引导训练"考核评价内容见表 6-8。

表 6-8 单元 6"引导训练"考核评价表

	考核内容	标准分	计分
考核要点	（1）会在网页中插入表单域与设置表单属性	1	
	（2）会在网页的表单域中插入表单控件与设置表单控件的属性	1	
	（3）会预设文本框中文字的字体和大小	1	
	（4）学会制作搜索目的地表单网页	3	
	（5）学会制作用户注册表单网页	3	
	（6）认真完成本单元的任务，态度端正、操作规范、时间观念强、有协作精神、学习效果较好	1	
	小计	10	
评价方式	自我评价	小组评价	教师评价
考核得分			
存在的主要问题			

【同步训练】

【任务 6-4 】 制作用户登录的表单网页

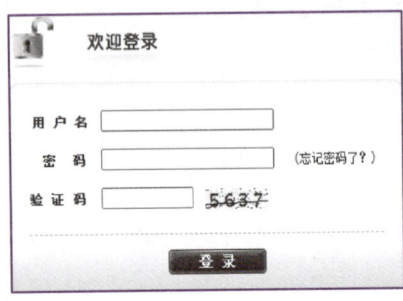

图 6-43
网页 0604.html 的浏览效果

任务描述

① 创建样式文件 base.css 和 main.css，在该样式文件中定义标签的属性、类选择符及其属性。

② 创建网页文档 0604.html，并链接外部样式文件 base.css 和 main.css。

③ 在网页 0604.html 中添加必要的 HTML 标签、插入表单及表单控件，并对表单与表单控件的属性进行设置。

④ 浏览网页 0604.html 的效果，如图 6-43 所示，该表单网页用于实现用户登录的功能。

网页 0604.html 对应的 HTML 代码

【操作提示】

1. 网页的 HTML 代码编写提示

网页 0604.html 对应的 HTML 代码详见电子活页 6-3。

2. 网页的 CSS 代码定义提示

网页 0604.html 中样式文件 main.css 的 CSS 代码定义详见电子活页 6-4。

网页 0604.html 样式文件 main.css 的 CSS 代码定义

【任务 6-5 】 制作留言反馈的表单网页

任务描述

创建如图 6-44 所示的用户留言反馈网页 0605.html。

图 6-44
用户留言反馈网页
0605.html 的浏览效果

【操作提示】

1. 网页 0605.html 留言反馈表单的 HTML 代码编写

网页 0605.html 留言反馈表单的 HTML 代码见表 6-9。

表 6-9　网页 0605.html 留言反馈表单的 HTML 代码

序号	HTML 代码
01	<body class="msg">
02	<header>
03	<h2>留言反馈</h2>
04	<a href="" class="reBack"> <i class="i iF iF8"></i> </a>
05	<a href="http://m.sohu.com/" class="reHome"> <i class="i iF iF4"></i> </a>
06	</header>
07	<section class="ls">
08	<form action="" method="post">
09	<div class="it">
10	<div class="phone">
11	<label>您的手机号：</label>
12	<i class="txt"><input type="text" name="phone_number" value="" ></i>
13	</div>
14	</div>
15	<div class="it">
16	<p class="tip">请将您的反馈意见和建议告诉我们！</p>
17	<div class="tar">
18	<textarea name="content" placeholder="请输入建议内容 ..."></textarea>
19	</div>
20	<p class="btns">
21	<input type="submit" value="提交留言" class="btn btn1" > </p>
22	</div>
23	</form>
24	</section>
25	</body>

2．网页 0605.html 的 CSS 代码定义

网页 0605.html 中样式文件 main.css 的 CSS 代码定义详见电子活页 6-5。

网页 0605.html 样式
文件 main.css 的 CSS
代码定义

【同步训练考核评价】

本单元"同步训练"评价内容见表 6-10。

表 6-10　单元 6"同步训练"评价表

任务名称	【任务 6-4】制作用户登录的表单网页 【任务 6-5】制作留言反馈的表单网页				
完成方式	【　】小组协作完成　　　【　】个人独立完成				
同步训练任务完成情况评价					
自我评价		小组评价		教师评价	
存在的主要问题					

155

笔记

【问题探究】

【探究1】　浏览者如何直接在文本框中输入内容？

如果在表单文本框中加入了提示信息，浏览者要在该文本框中输入信息，往往要先用鼠标选取文本框中的提示信息，然后将其删除，再输入有用的信息。这时只需在 \<text\>控件中输入代码 onMouseOver="this.focus( ) "　onFocus="this.select( ) "，就可以不必删除提示信息而直接在文本框中输入信息，输入的文本会自动覆盖原有的提示文本。

【探究2】　将表单数据发送到服务器有哪两种方法？各有什么特点？

将表单数据发送到服务器有两种方法：GET 方法和 POST 方法。

● GET 方法将表单内的数据附加到 URL 后传送给服务器，服务器用读取环境变量的方法读取表单内的数据，一般浏览器默认的发送数据方式为 GET。

● POST 方法用标准输入方式将表单内的数据传送给服务器，服务器用读取标准输入的方式读取表单内的数据。

如果要使用 GET 方法发送长表单，URL 的长度应限制在 8192 个字符以内。如果发送的数据量太大，数据将被截断，从而导致意外或失败的处理结果。另外，在发送用户名和密码或其他机密信息时，不要使用 GET 方法，应使用 POST 方法。

【探究3】　如何使用 CSS 样式设置表单及表单控件的样式？

表单本身的属性较少，可以使用 CSS 样式来控制表单的样式，如设置表单的字体、背景、边界、边框和填充等属性。form 元素是块状元素，其他控件都是内联元素。

单行文本框的样式定义如下。

```
#username{
    font-size: 12px;
    line-height: 25px;
    color: #467fb6;
    width:150px;
    height: 20px;
    float: left;
    margin: 5px 10px;
    border: 1px solid #a2d4f2;
    background-image: url(../images/text_login_bg.gif);
    background-repeat: no-repeat;
    background-position: center center;
}
```

为表单控件的显示内容或提示信息设置合适的字体、大小、颜色等属性，使表单控件及内容更加美观，CSS 的字体属性可以被应用到所有表单控件。

可以为表单设置合适的边框属性，结合边框的样式、宽度和颜色能够设计出特色鲜明的控件边框样式，也可以为表单控件的某条边框设置样式，实现单边框样式。

可以利用背景色和背景图像对表单控件进行美化，利用 background-color 属性设置背景颜色，利用 background-image 属性设置背景图像。为表单控件设置背景图像时，应避免图像平铺，可以设置 no-repeat 属性值，禁止图像平铺，也可以设置 fixed 属性值固定背景图像的位置。

➲【单元习题】

详见电子活页 6-6。

单元 6 习题

单元 7　使用模板和库制作网页

通常在一个网站中会有大量风格相似的页面，如果逐页创建、修改，既费时又费力，而且整个网站中的网页很难做到有统一的外观及结构。为了避免重复劳动，可以使用 Dreamweaver 提供的模板和库功能，将具有相同版面结构的页面制作成模板，再通过模板来创建其他页面，也可以将相同的页面元素制作成库项目，并存储在库文件中以便随时调用。

单元 7 素质目标

拓展阅读 7
雪山草地红色阿坝是民族团结军民相依之地

案例 7　大美中国-九寨
沟景区
生态之旅

【知识疏理】

1．在模板中创建可编辑区域

可编辑区域是指通过模板创建的网页中可以进行添加、修改和删除网页元素等操作的区域，可以将模板中的任何对象指定为可编辑区域，如文本、图像、表格、表格行等网页元素。

在模板中创建可编辑区域的过程如下。

① 在 Dreamweaver 界面打开创建的模板网页。

② 在"文档"窗口中执行下列操作之一。

● 选择要设置为可编辑区域的对象。

● 将光标定位到需要创建可编辑区域的位置。

③ 执行下列操作之一。

● 在 Dreamweaver 主界面，选择菜单【插入】→【模板】→【可编辑区域】命令。

● 在【插入】-【模板】面板中选择【可编辑区域】命令。

④ 在弹出的【新建可编辑区域】对话框的"名称"文本框中输入可编辑区域的名称即可。

⑤ 在【新建可编辑区域】对话框中单击【确定】按钮关闭对话框，这时在模板中完成可编辑区域的创建。在模板中创建的可编辑区域以绿色高亮状态显示。

在插入可编辑区域后，还可以对其名称进行修改，单击可编辑区域左上角的标签，选中该可编辑区域，在【属性】面板的"名称"文本框中输入一个新名称，按【Enter】键即可。

2．在模板中创建可选区域

当需要为网页文档中显示内容设置条件时，可以使用可选区域。可选区域是模板中的区域，用户可将其设置为在基于模板的网页文档中显示或隐藏。

插入可选区域后，既可以为模板参数设置特定的值，也可以为模板区域定义条件语句（if…else 语句）。可以使用简单的真/假操作，也可以定义比较复杂的条件语句和表达式。如有必要，可以在以后对这个可选区域进行修改。用户可以根据定义的条件在其创建的基于模板的网页文档中编辑参数并控制是否显示可选区域。

（1）可选区域的分类

可选区域分为以下两类。

1）不可编辑的可选区域

不可编辑的可选区域可以实现显示和隐藏特别标记的区域，但不允许编辑相应区域的内容。

2）可编辑的可选区域

可编辑的可选区域可以实现显示还是隐藏特别标记的区域，并能够编辑相应区域的内容。

例如，如果可选区域中包括图像或文本，用户即可设置该内容是否显示，并根据需要对该内容进行编辑。可编辑区域是由条件语句控制的。

（2）插入不可编辑的可选区域

插入不可编辑的可选区域的过程如下。

① 在【文档】窗口中，选择要设置为可选区域的对象。

② 在 Dreamweaver 主界面，选择菜单【插入】→【模板】→【可选区域】命令，或者在【插入】-【模板】面板中选择【可选区域】命令。

③ 弹出【新建可选区域】对话框，在【基本】选项卡的"名称"文本框中输入该可选区域的名称。如果选中"默认显示"复选框，则在默认情况下该可选区域将在网页中显示。

④ 切换到【高级】选项卡，选择现有参数或输入一个表达式，以确定该区域是否可见。

⑤ 单击【确定】按钮，即可定义一个不可编辑的可选区域。

（3）插入可编辑的可选区域

插入可编辑的可选区域的过程如下。

① 在【文档】窗口中，将插入点置于要插入可选区域的位置。

② 在 Dreamweaver 主界面，选择菜单【插入】→【模板】→【可编辑的可选区域】命令，或者在【插入】-【模板】面板中选择【可编辑的可选区域】命令。

③ 弹出【新建可选区域】对话框，在【基本】选项卡的"名称"文本框中输入该可编辑的可选区域的名称。如果选中"默认显示"复选框，则在默认情况下该可编辑的可选区域将在基于模板的网页中显示。

④ 切换到【高级】选项卡，选择现有参数或输入一个表达式，以确定该区域是否可见。

⑤ 单击【确定】按钮，即可定义一个不可编辑的可选区域。

（4）设置可选区域的值

在模板中插入可编辑的可选区域后，可以对该区域的设置进行编辑。例如，可以对是否显示内容的默认设置进行更改，可以将参数与现有可选区域相关联，还可以修改模板表达式。

可以使用【高级】选项卡编写一个求可选区域的值的表达式，然后根据求出的值来显示或隐藏该可选区域。

（5）修改可选区域

在【文档】窗口中执行下列操作之一。

① 在【设计】视图中，单击要修改的可选区域的模板选项卡。

② 在【设计】视图中，将插入点放置在模板区域中，然后在【文档】窗口底部的标签选择器中选择模板标签 mmtemplate:if。

③ 在【代码】视图中，单击想要修改的模板区域的注释标签。

在【属性】-【可选区域】面板中单击【编辑】按钮，打开【新建可选区域】对话框。在【基本】选项卡的"名称"文本框中输入参数名称，选中"默认显示"复选框，设置为在文档中显示选定的区域。如果取消选择该复选框，将把默认值设置为假。

切换到【高级】选项卡，然后设置以下选项。

● 如果要链接可选区域参数，则在【高级】选项卡中选择【使用参数】单选按钮，然后从弹出的菜单中选择要将所选内容链接到的现有参数。

● 如果要编写模板表达式来控制可选区域的显示，则在【高级】选项卡中选择【输

笔 记

入表达式】单选按钮，然后在文本框中输入表达式。

注意:

在输入的文本两侧需要插入双引号。

在【新建可选区域】对话框中单击【确定】按钮，完成可选区域的修改。

当使用"可选区域"模板对象时，Dreamweaver 将在代码中插入模板注释。模板参数在 head 部分定义，示例代码如下。

```
<!-- TemplateParam name="OptionalRegion1" type="boolean" value="true" -->
```

在插入可选区域的位置，将出现类似的代码如下。

```
<!-- TemplateBeginIf cond="OptionalRegion1" -->   <!-- TemplateEndIf -->
```

可以在基于模板的网页文档中访问和编辑模板参数。要为参数设置其他值，在【代码】视图中网页文档的 head 部分找到该参数，然后编辑参数的值。

3. 在模板中创建重复区域

在 Dreamweaver 中使用重复区域和重复表格并配置表格属性以控制页面的布局，可以通过重复特定项目来控制页面布局，如重复项目列表项、重复数据行等，包含两个重复区域模板对象可供使用：重复区域和重复表格。

重复区域是模板的一部分，这一部分可以在基于模板的页面中重制多次。重复区域通常与表格一起使用，但也可以为其他页面元素定义重复区域。

可以使用重复区域在模板中重制任意次数的指定区域，重复区域不必是可编辑区域。要将重复区域中的内容设置为可编辑，例如，允许用户在基于模板的文档的表格单元格中输入文本，必须在重复区域中插入可编辑区域。

在模板中创建重复区域的过程如下。

① 在 Dreamweaver 界面打开创建的模板网页。

② 在【文档】窗口中执行下列操作之一。

● 选择要设置为重复区域的对象。

● 将光标定位到需要创建重复区域的位置。

③ 执行下列操作之一。

● 在 Dreamweaver 主界面，选择菜单【插入】→【模板】→【重复区域】命令。

● 在【插入】-【模板】面板中选择【重复区域】命令。

④ 在弹出的【新建重复区域】对话框的"名称"文本框中输入重复区域的名称即可。

注意:

不能对一个模板中的多个重复区域使用相同的名称，在命名区域时，不要使用特殊字符。

⑤ 在【新建重复区域】对话框中单击【确定】按钮关闭对话框，即在模板中完成重复区域的创建。

【操作准备】

1. 创建所需的文件夹和复制所需的资源

在本地硬盘（如 D 盘）中创建一个文件夹"网页设计与制作案例"，在该文件夹中创建子文件夹"单元 7"，然后在文件夹"单元 7"中创建子文件夹"任务 7-1"，再在该子文件夹"任务 7-1"中创建子文件夹 css、images、text 等，并将所需的素材复制到对应的子文件夹中。

2. 启动 Dreamweaver

使用 Windows 的【开始】菜单或桌面快捷方式启动 Dreamweaver。

3. 创建本地站点

创建一个名称为"单元 7"的本地站点，站点文件夹为"单元 7"。

【引导训练】

【任务 7-1】 使用模板和库制作景区介绍网页

本任务的主要要求如下。

① 创建库项目，并在网页中插入库项目。

② 由现有的网页文档 0701.html 生成网页模板 0701.dwt，在网页模板中定义和修改可编辑区域、可选区域。

③ 创建基于网页模板 0701.dwt 的网页 0702.html，修改和更新网页模板属性。

网页 0702.html 的预览效果见电子活页 7-1。

微课 7-1
使用模板和库制作景区
介绍网页

网页 0702.html 的预览
效果

【任务 7-1-1】 创建库项目

库是一种用来存储想要在整个网站上经常重复使用或更新的页面元素（如图像、文本和其他对象）的方法，这些页面元素称为库项目。

在 Dreamweaver 中，可以将单独的文档内容定义成库项目，也可以将多个文档内容组合定义成库项目。利用库项目同样可以实现对文件风格的维护。很多网页含有相同的内容，可以将这些文档中的共有内容定义为库项目，然后插入到网页文档中。

 任务描述

① 将现有网页 nav_0701.html 中的导航列表定义为库项目。

② 将网页中的版权信息区域定义为库项目。

 任务实施

1. 将现有网页 nav_0701.html 中的导航列表定义为库项目

① 打开网页文档 nav_0701.html。

② 选中该网页文档中如下所示的导航列表。

```
<ul class="actpList">
    <li><a href=""><i class="ico-travel ico-actp-01"> </i>概况</a></li>
    <li><a href=""><i class="ico-travel ico-actp-02"> </i>景区</a></li>
    <li><a href=""><i class="ico-travel ico-actp-03"> </i>交通</a></li>
    <li><a href=""><i class="ico-travel ico-actp-04"> </i>住宿</a></li>
    <li><a href=""><i class="ico-travel ico-actp-08"> </i>行程</a></li>
    <li><a href=""><i class="ico-travel ico-actp-05"> </i>特产</a></li>
    <li><a href=""><i class="ico-travel ico-actp-06"> </i>租车</a></li>
    <li><a href=""><i class="ico-travel ico-actp-07"> </i>地图</a></li>
</ul>
```

③ 在 Dreamweaver 主界面中选择菜单【工具】→【库】→【增加对象到库】命令，如图 7-1 所示，将选中的列表及列表项转化为库文件。此时会出现如图 7-2 所示的【Dreamweaver】提示信息对话框，在该对话框中单击【确定】按钮，库项目的内容随即会出现在【资源】面板中，等待输入新的库文件名称，如图 7-3 所示。

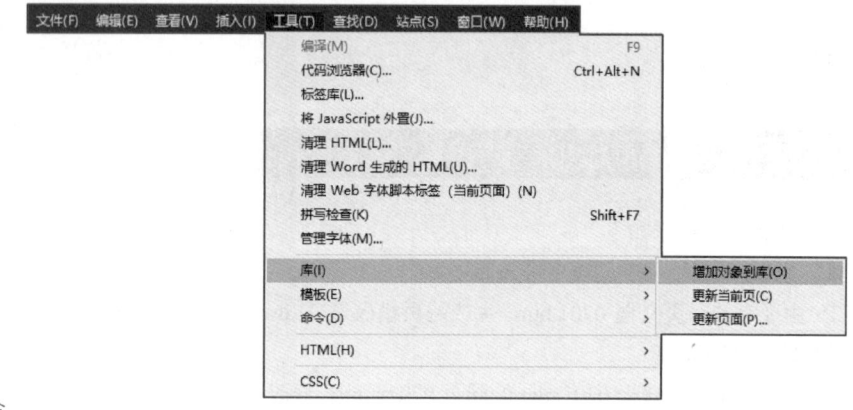

图 7-1
选择【增加对象到库】命令

在"名称"文本框中输入新的库文件名称 nav_right0701.lbi，.lbi 为库文件的扩展名，按【Enter】键即可。

图 7-2
增加对象到库时出现的
提示信息对话框

图 7-3
在【资源】面板中
添加一个新库项目

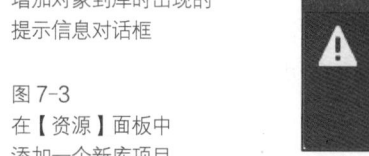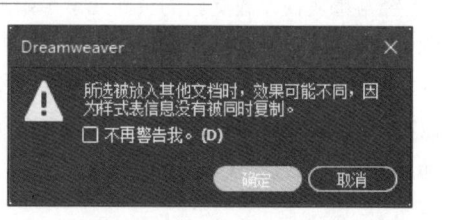

④ Dreamweaver 会把库项目文件保存在本地站点根文件夹下的 Library 子文件夹中，如果本地站点没有该文件夹，Dreamweaver 会自动创建该文件夹。

库项目创建完成后，原网页中转换成库项目的内容，背景会显示为淡黄色，且不可编辑。

2. 将网页中的版权信息区域定义为库项目

打开网页文档 nav_bottom0701.html，用同样的方法将该网页中的版权信息区域定义为库项目，库项目命名为 nav_bottom0701.lbi。

【任务 7-1-2】 在网页中插入库项目

 任务描述

① 在网页 0701.html 的右上方插入库项目 nav_right0701.lbi。

② 在网页 0701.html 的底部插入库项目 nav_bottom0701.lbi。

 任务实施

1. 在网页 0701.html 的右上方插入库项目 nav_0701

① 打开文件夹"任务 7-1"中名为 0701.html 的网页文档,在该网页的【代码】视图中,将光标置于代码 <div class="ec-g-2-2 ec-g-last"> 的下一空行位置。

② 在 Dreamweaver 主界面,选择菜单【窗口】→【资源】命令,切换到【资源】面板,也可以在【文件】面板中直接切换到【资源】面板。

③ 在【资源】面板中单击左侧的【库】按钮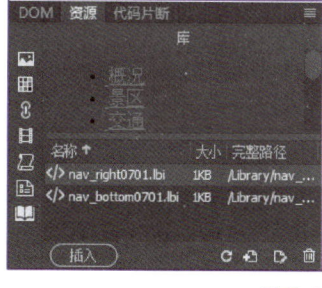,显示本站点所有的库项目文件,选中要插入的库项目 nav_0701,单击该面板左下角的【插入】按钮,即可插入一个库项目,如图 7-4 所示。

插入到网页中的库项目背景显示为淡黄色,同样是不可编辑的。

图 7-4
插入所选中的库项目
nav_right0701.lbi

2. 在表格 3 的下方插入库项目 nav_bottom0701

将光标置于标签 </body> 上一空行位置,在【资源】面板中选中要插入的库项目 nav_bottom0701,然后单击该面板左下角的【插入】按钮,即可在网页下方插入另一个库项目。

保存网页 0701.html,预览其效果,如图 7-5 所示。

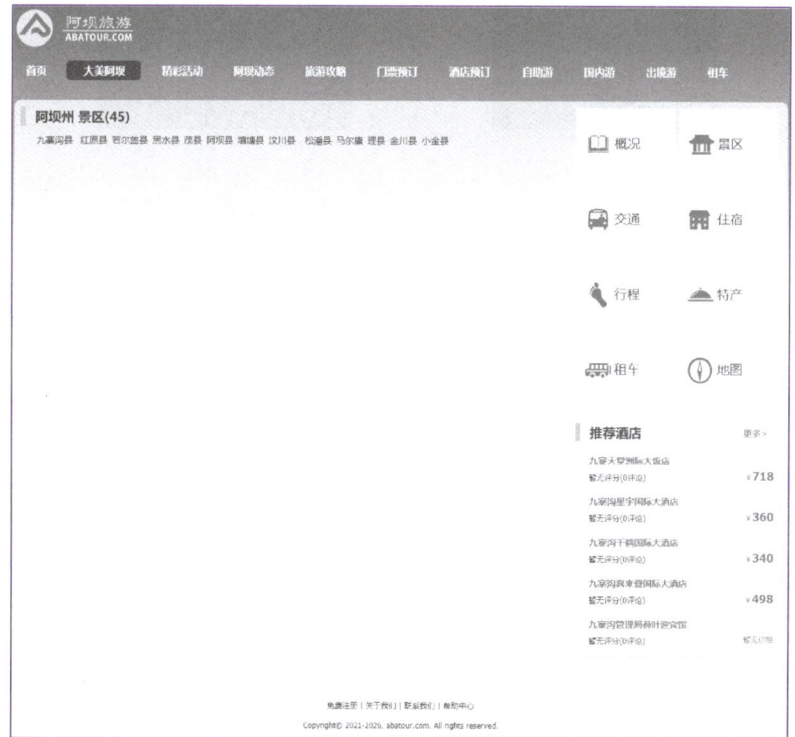

图 7-5
作为模板的网页的
预览效果

•【任务 7-1-3】 创建网页模板

任务描述

利用现有网页文档 0701.html 创建网页模板 0701.dwt。

任务实施

利用图 7-5 所示的网页文档 0701.html 创建网页模板，如果该网页文档已被关闭，则应先打开该网页文档。

① 在 Dreamweaver 主窗口中，选择菜单【文件】→【另存为模板】命令，弹出【另存模板】对话框，如图 7-6 所示。

② 在【另存模板】对话框的"站点"下拉列表框中选择模板保存的站点，本项目选择"单元 7"；在"现存的模板"下拉列表框中显示了当前站点中的所有模板，由于本站点暂时没有创建模板，所以显示"（没有模板）"；在"另存为"文本框中输入模板的名称，这里输入"0701"，如图 7-6 所示。

③ 设置完毕后，在【另存模板】对话框中单击【保存】按钮，弹出如图 7-7 所示的提示信息对话框。如果单击【是】按钮，则当前网页会被转换成模板，同时系统将自动在所选择站点的根目录下创建 Templates 文件夹，并将创建的模板文件保存在该文件夹中，如图 7-8 所示。

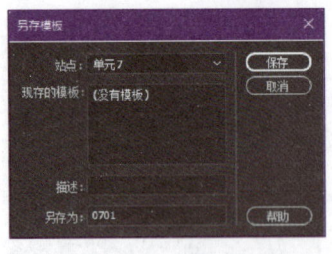

图 7-6
【另存模板】对话框

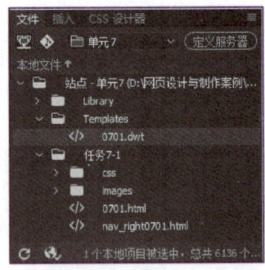

图 7-7
提示信息对话框

图 7-8
站点中创建的 Templates
文件夹

提示：

模板实际上也是文档，它的扩展名为.dwt，并存放在指定站点的 Templates 文件夹中。模板文件并不是 Dreamweaver 默认存在的，而是在创建模板文档时由 Dreamweaver 生成的。

•【任务 7-1-4】 定义与修改可编辑区域和可选区域

模板创建完成后，系统将默认所有区域都是不可编辑的，也就是说不可对用模板生成的网页进行任何编辑操作，所以将模板中的某些区域设置为可编辑区域非常必要。设置可编辑区域，需要在制作模板时完成。

任务描述

① 将 HTML 代码<h1 class="logo"><a href="" target="_self" title="阿坝旅游">阿坝旅游</a></h1>定义为可编辑区域。

② 将 HTML 代码<a path="travel" href="" class="on">大美阿坝</a>定义为可编辑区域。

③ 将文字"阿坝州"定义为不可编辑的可选区域。

④ 将 HTML 代码<div class="box-page"></div>定义为可编辑的可选区域。

⑤ 将 HTML 代码<i class="yellow" id="xianname">九寨沟县 </i>定义为可编辑的可选区域。

⑥ 将 HTML 代码<a path="home" target="_self" href="" class="first">首页</a>中的标签 class 定义为可编辑的标签属性。

⑦ 将 HTML 代码<ul class="w-m list-pic list-pic-season"></ul>中列表项代码<li></li>定义为重复区域。

⑧ 修改可编辑区域和可选区域。

 任务实施

1. 打开网页模板文件

打开当前站点文件夹 Templates 中的模板文件 0701.dwt。

2. 定义可编辑区域

（1）将 HTML 代码<h1 class="logo"><a href="" target="_self" title="阿坝旅游">阿坝旅游</a></h1>定义为可编辑区域

选中 HTML 代码<h1 class="logo"><a href="" target="_self" title="阿坝旅游">阿坝旅游</a></h1>，在 Dreamweaver 主界面，选择菜单【插入】→【模板】→【可编辑区域】命令，如图 7-9 所示，弹出【新建可编辑区域】对话框。

笔记

文件(F) 编辑(E) 查看(V) 插入(I) 工具(T) 查找(D) 站点(S) 窗口(W) 帮助(H)

Div(D)
Image   Ctrl+Alt+I
段落(P)
标题(E)   >
Table   Ctrl+Alt+T
Figure
无序列表(U)
有序列表(O)
列表项(L)
Hyperlink(P)

Header
Navigation(N)
Main
Aside
Article
Section
Footer

HTML   >
表单(F)   >
Bootstrap 组件(B)   >
jQuery Mobile(J)   >
jQuery UI   >
自定义收藏夹(C)

模板(L)   >   创建模板(M)
最近的代码片断(R)   >   创建嵌套模板(N)
    可编辑区域(E)   Ctrl+Alt+V
    可选区域(O)
    重复区域(R)
    可编辑的可选区域(D)
    重复表格(T)

图 7-9
选择【可编辑区域】命令

在该对话框的"名称"文本框中输入可编辑区域的名称"EditRegion1",如图 7-10 所示,然后单击【确定】按钮,完成第一个可编辑区域的创建。

图 7-10
【新建可编辑区域】对话框

第一个可编辑区域创建完成后,该页面中的可编辑区域有蓝色标签,标签上有可编辑区域的名称 EditRegion1。

（2）将 HTML 代码<a path="travel" href="" class="on">大美阿坝</a>定义为可编辑区域

选中 HTML 代码<a path="travel" href="" class="on">大美阿坝</a>,在【插入】面板中选择【模板】类型,然后在【模板】面板中选择【可编辑区域】命令,如图 7-11 所示,在弹出的【新建可编辑区域】对话框的"名称"文本框中输入第 2 个可编辑区域的名称"EditRegion4",单击【确定】按钮,完成第 2 个可编辑区域的创建。

第 2 个可编辑区域创建完成后,该页面中的可编辑区域有蓝色标签,标签上有可编辑区域的名称 EditRegion4。

3. 定义不可编辑的可选区域

对于基于模板创建的网页,如果有些区域想限制为不可编辑的区域,同时根据事先设置的条件控制该区域为显示或隐藏,即可设置不可编辑的可选区域。

① 选择要设置为不可编辑的可选区域的文字"阿坝州"。

② 在 Dreamweaver 主界面的【插入】-【模板】面板中选择【可选区域】命令,如图 7-12 所示,或者选择菜单【插入】→【模板】→【可选区域】命令,弹出【新建可选区域】对话框。

图 7-11
在【插入】-【模板】面板中选择【可编辑区域】命令

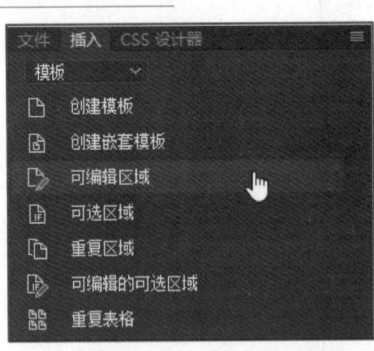

图 7-12
在【插入】-【模板】面板中选择【可选区域】命令

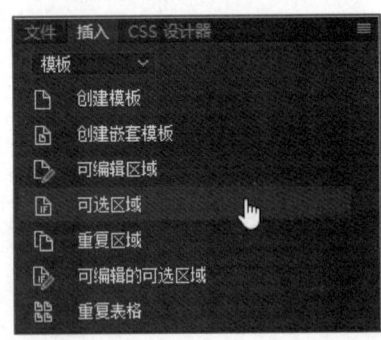

③ 在【新建可选区域】对话框的【基本】选项卡的"名称"文本框中输入该可选区域的名称,这里输入"OptionalRegion1",如果选中"默认显示"复选框,则在默认情况下该可选区域将在基于模板的网页中显示,如图 7-13 所示。

切换到如图 7-14 所示的【高级】选项卡,选择现有参数或输入一个表达式,如

168

"OptionalRegion1=="1"",以确定该区域是否可见。

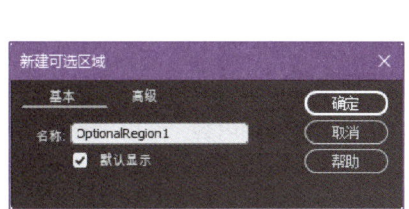

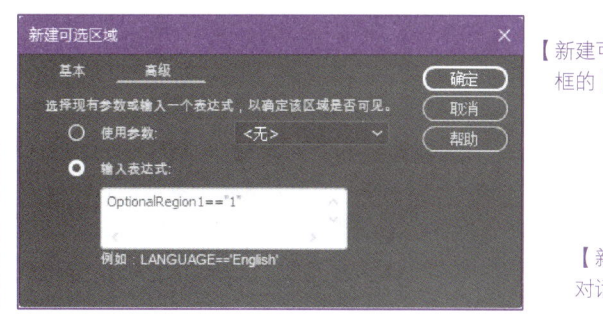

图 7-13
【新建可选区域】对话框的【基本】选项卡

图 7-14
【新建可选区域】对话框的【高级】选项卡

④ 切换到【基本】选项卡,单击【确定】按钮,即可定义一个不可编辑的可选区域。

设置完成后,页面中可选区域有蓝色标签,标签上是可选区域的名称 If OptionalRegion1。

4. 定义可编辑的可选区域

对于基于模板创建的网页,如果有些区域允许用户编辑该区域中的内容,同时根据事先设置的条件控制该区域为显示或隐藏,则可以设置为可编辑的可选区域。

① 将插入点置于要插入可选区域的位置,这里将光标置于 HTML 代码<div class="box-page">与</div>之间。

② 在 Dreamweaver 主界面中,选择菜单【插入】→【模板】→【可编辑的可选区域】命令,或者在【插入】-【模板】面板中选择【可编辑的可选区域】命令,弹出【新建可选区域】对话框,如图 7-15 所示。

③ 在该对话框的【基本】选项卡的"名称"文本框中输入该可编辑的可选区域的名称"OptionalRegion2",如果选中"默认显示"复选框,则在默认情况下该可编辑的可选区域将在基于模板的网页中显示。

切换到【高级】选项卡,选择现有参数或输入一个表达式,如"OptionalRegion2=="1"",确定该区域是否可见,如图 7-16 所示。

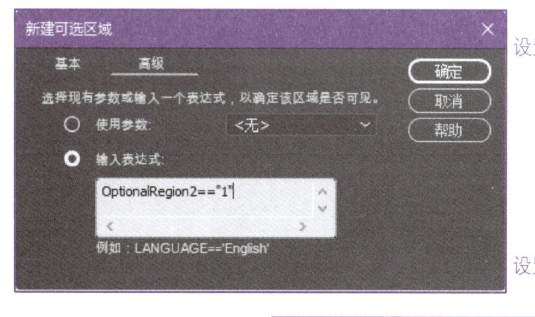

图 7-15
设置 OptionalRegion2
的【基本】选项卡

图 7-16
设置 OptionalRegion2
的【高级】选项卡

④ 切换到【基本】选项卡,单击【确定】按钮,即可定义一个可编辑的可选区域。

设置完成后,页面中可编辑的可选区域有蓝色标签,标签上是可选区域的名称 If OptionalRegion2,由于该区域的内容允许用户修改,也显示一个可编辑区域的标签 EditRegion2,对应的 HTML 代码如下。

```
<!-- TemplateBeginIf cond="OptionalRegion2" --><!-- TemplateBeginEditable name=
"EditRegion2" -->
        <div class="box-page"></div>
<!-- TemplateEndEditable --><!-- TemplateEndIf -->
```

按照上述步骤将 HTML 代码`<i class="yellow" id="xianname">九寨沟县  </i>`定义为可编辑的可选区域，默认为不显示，即在【新建可选区域】对话框的【基本】选项卡中取消选中"默认显示"复选框。设置完成后，页面中可编辑的可选区域有蓝色标签，标签上是可选区域的名称 If　OptionalRegion3，由于该区域的内容允许用户修改，也显示一个可编辑区域的标签 EditRegion3，如图 7-17 所示。

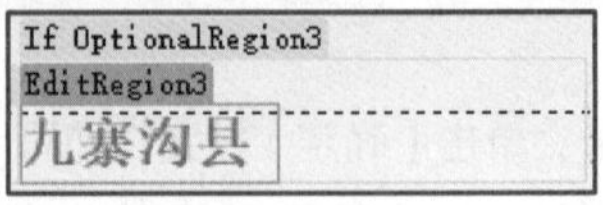

```
If OptionalRegion3
EditRegion3
九寨沟县
```

图 7-17
网页中可编辑的可选区域的标记

5. 定义可编辑的标签属性

笔 记

对于基于模板的网页，如果需要修改某些页面元素的属性，如类名称、背景图像、背景颜色等，则可以在创建模板时将这些属性定义为可编辑标签属性。

选择想要设置可编辑属性的 HTML 代码`<a path="home" target="_self" href="" class="first">首页</a>`。

在 Dreamweaver 主界面中，选择菜单【工具】→【模板】→【令属性可编辑】命令，如图 7-18 所示，弹出【可编辑标签属性】对话框。

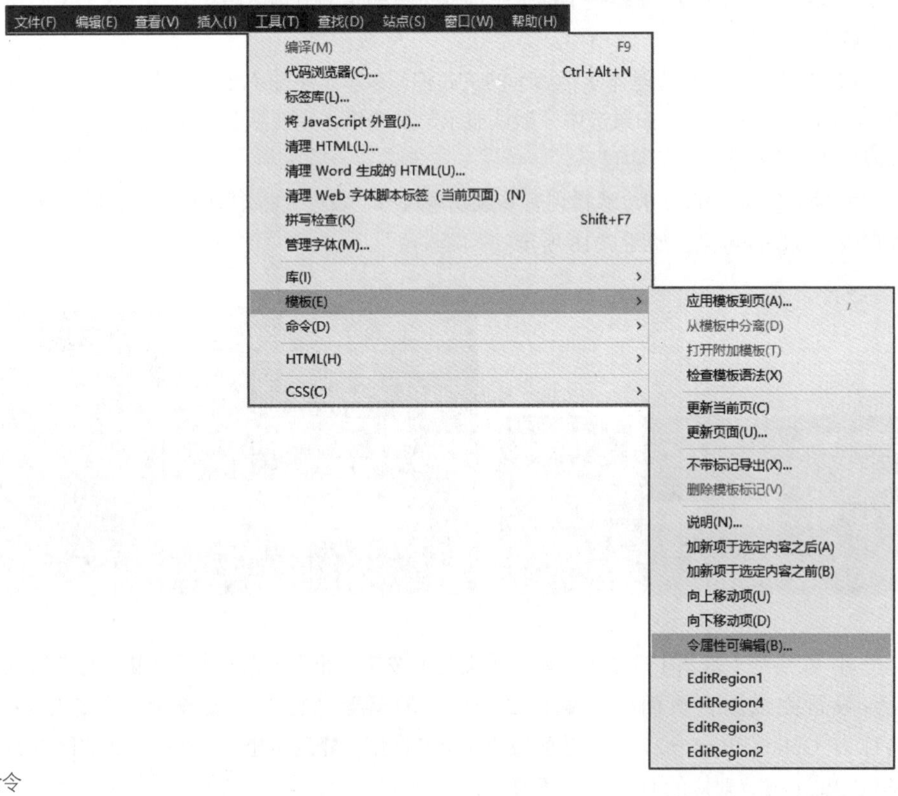

图 7-18
选择【令属性可编辑】命令

提示：

在【模板】级联菜单中显示了当前模板中已创建的 4 个可编辑区域：EditRegion1、EditRegion2、EditRegion3、EditRegion4，如图 7-18 所示。

在【可编辑标签属性】对话框的"属性"下拉列表框中选择"CLASS"。

提示：

如果需要设置的标签没有出现在下拉列表框中，可以单击右侧的【添加】按钮，弹出一个提示添加属性标签的【Dreamweaver】对话框，在其中添加一个新的可编辑标签名称，如 title，如图 7-19 所示，然后单击【确定】按钮返回【可编辑标签属性】对话框即可。

图 7-19
添加新的可编辑标签

在【可编辑标签属性】对话框中选中"令属性可编辑"复选框，在"标签"文本框中输入该属性的标签"class"，在"类型"下拉列表框中选择"文本"，在"默认"文本框中设置该属性的默认值为 first，如图 7-20 所示。

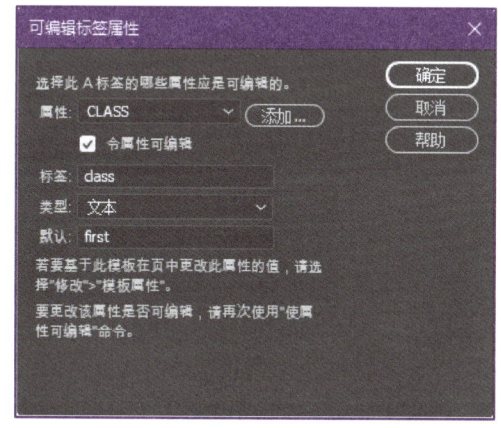

图 7-20
设置 CLASS 为可编辑标签属性

设置完成后，单击【确定】按钮，将导航栏第一个超链接的 class 设置为可编辑的标签属性。

超链接的属性 class 设置完成后，导航栏的第一个超链接会出现如下属性设置。

```
class="@@(_document['class'])@@"
```

同时在标签</head>之前会出现以下代码。

```
<!-- TemplateParam name="class" type="text" value="first" -->
```

提示：

如果在【可编辑标签属性】对话框中，取消选中"令属性可编辑"复选框，则选中的属性将不能被编辑。

| EditRegion1 |
| ✓ EditRegion4 |
| EditRegion3 |
| EditRegion2 |

图 7-21
【模板】级联菜单中可编辑区域的名称列表

在多个可编辑区域完成后，网页模板中所有可编辑区域的名称都将被显示在【工具】→【模板】级联菜单中，如图 7-21 所示，这样可以快速选择可编辑区域，名称前带有√标记表示当前选中的可编辑区域。

6．定义重复区域

（1）定义可编辑区域 EditRegion5

选中<ul class="w-m list-pic list-pic-season">与</ul>之间的 HTML 代码<li></li>，在【插入】-【模板】面板中选择【可编辑区域】命令，在弹出的【新建可编辑区域】对话框的"名称"文本框中输入第 5 个可编辑区域的名称"EditRegion5"。

然后在【新建可编辑区域】对话框中单击【确定】按钮，完成可编辑区域的创建。设置完成后，页面中可编辑区域有蓝色标签，标签上是可编辑区域的名称 EditRegion5，对应的 HTML 代码如下。

```
<!-- TemplateBeginEditable name="EditRegion5" -->
    <li> </li>
<!-- TemplateEndEditable -->
```

（2）定义重复区域 RepeatRegion1

选择可编辑区域 EditRegion5 的 HTML 代码<!--TemplateBeginEditable name="EditRegion5" --> <li> </li><!-- TemplateEndEditable -->，在【插入】-【模板】面板中选择【重复区域】命令，如图 7-22 所示，或者选择菜单【插入】→【模板】→【重复区域】命令，在弹出的【新建重复区域】对话框的"名称"文本框中输入第一个重复区域的名称"RepeatRegion1"，如图 7-23 所示。

图 7-22
在【插入】-【模板】面板中选择【重复区域】命令

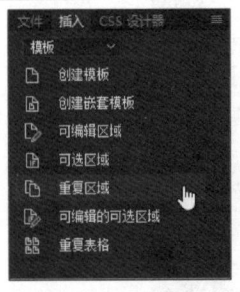

图 7-23
【新建重复区域】对话框

然后在【新建重复区域】对话框中单击【确定】按钮，完成重复区域的创建。

设置完成后，页面中可编辑区域和重复区域都有蓝色标签，标签上既有可编辑区域的名称 EditRegion5，也有重复区域的名称 RepeatRegion1，如图 7-24 所示。

图 7-24
网页中重复区域的标记

对应的 HTML 代码如下。

```
<!-- TemplateBeginRepeat name="RepeatRegion1" -->
    <!-- TemplateBeginEditable name="EditRegion5" -->
        <li> </li>
    <!-- TemplateEndEditable -->
<!-- TemplateEndRepeat -->
```

7. 修改可编辑区域

① 单击网页模板中可编辑区域左上角的标签，如 EditRegion1，选中该可编辑区域。

② 在【属性】面板的"可编辑区域"文本框中输入一个新名称，按【Enter】键确认，如图 7-25 所示。

图 7-25
在【属性】面板中修改
"可编辑区域"的名称

如果想要删除可编辑区域，先选中要删除的可编辑区域，然后选择菜单【工具】→【模板】→【删除模板标记】命令，被选中的可编辑区域即可被删除。

8. 修改可选区域

可选区域设置完成后，如果需要对可选区域的名称及其他参数进行修改，可以先选中可选区域，然后单击如图 7-26 所示的可选区域【属性】面板中的【编辑】按钮，在弹出的对话框中重新修改其名称或设置其参数即可。

图 7-26
【属性】-【可选区域】面板

取消可选区域与取消可编辑区域的方法相同。

9. 保存模板文件 0701.dwt

在 Dreamweaver 主界面的【标准】工具栏中单击【保存】或【全部保存】按钮，保存所创建的模板文件 0701.dwt。

•【任务 7-1-5】 创建基于网页模板的网页

任务描述

① 创建基于网页模板 0701.dwt 的网页 0702.html。

② 修改和更新模板 0701.dwt 的模板属性。

③ 编辑并更新网页 0702.html 的内容。

 任务实施

1. 应用网页模板创建网页文档

① 在 Dreamweaver 主界面中，选择菜单【文件】→【新建】命令，弹出【新建文档】对话框，在该对话框中依次选择"网站模板"→"单元 7"→0701 选项，如图 7-27 所示。

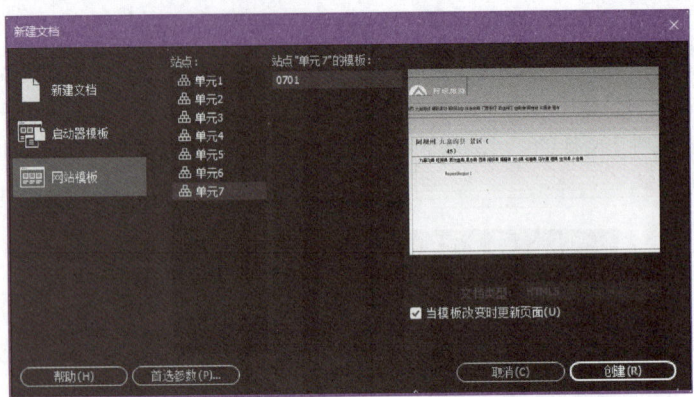

图 7-27
选择模板 0701

② 单击【创建】按钮，将基于该模板创建一个新的网页。

③ 将新创建的基于此模板的网页保存在站点内"任务 7-1"文件夹中，并命名为 0702.html，然后预览其效果。

2. 修改和更新网页模板属性

（1）显示或隐藏可选区域

打开或切换到基于模板创建的网页 0702.html 中，在 Dreamweaver 主界面中选择菜单【编辑】→【模板属性】命令，如图 7-28 所示。

弹出如图 7-29 所示的【模板属性】对话框，其中列出了可选区域的名称和可编辑标签属性的标签名称。

图 7-28
选择【模板属性】命令

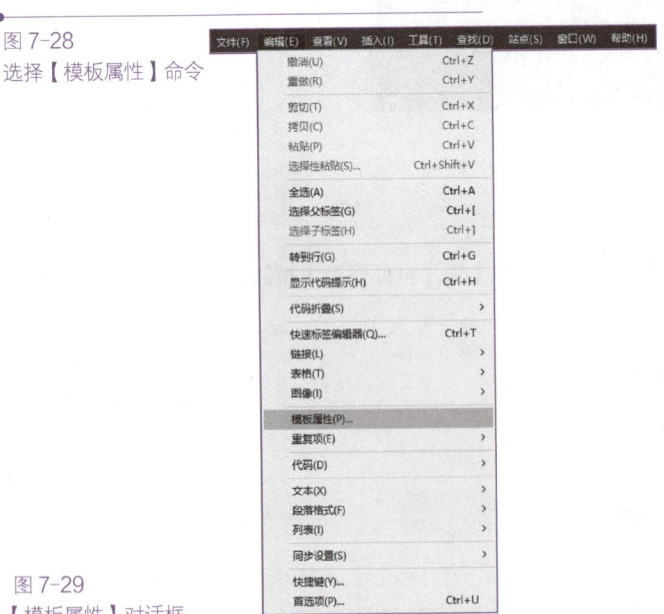

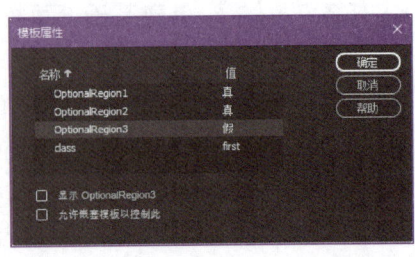

图 7-29
【模板属性】对话框

在【模板属性】对话框中，选中一个可选区域的名称，如 OptionalRegion3，这里 OptionalRegion3 的默认值为"假"，即不显示，如果需要在网页显示区域 OptionalRegion3，则可选中"显示 OptionalRegion3"复选框，单击【确定】按钮即可。

（2）设置可编辑标签属性的属性值

打开如图 7-29 所示的【模板属性】对话框，在该对话框中选中可编辑标签属性的名称 class，这时【模板属性】对话框有所变化，如图 7-30 所示。在 class 文本框中修改其属性值，如将该属性值设置为 on 或为空，然后单击【确定】按钮即可。

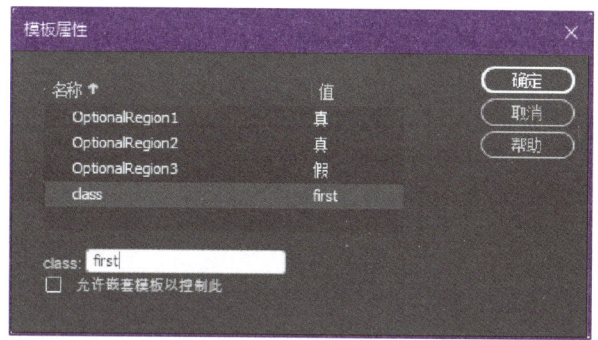

图 7-30
修改属性 class 的值

3．编辑并更新基于网页模板创建的网页

在网页 0702.html 中所有可编辑区域、可编辑的可选区域、可编辑的标签属性都可以进行修改。

在如图 7-31 所示的重复区域依次单击【+】按钮，添加 9 个重复区域。

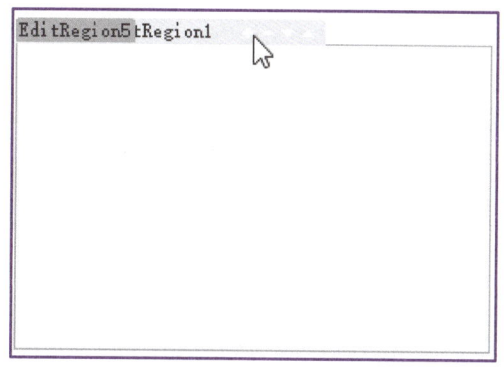

图 7-31
单击【+】按钮添加重复区域

 提示：

在如图 7-31 所示的重复区域依次单击【-】按钮，则可以删除添加的重复区域。

网页 0702.html 中 9 个重复区域对应 9 个景区，在 9 个重复区域的可编辑区域 EditRegion5 中依次添加 HTML 代码，这些代码包含各个景区的代表性图片、景区名称、景区简介。网页 0702.html 中 9 个重复区域对应的 HTML 代码详见电子活页 7-2。

网页 0702.html 中 9 个重复区域对应的 HTML 代码

【任务 7-1-6】　修改网页模板并更新网页

　任务描述

对网页模板 0701.dwt 进行必要的修改，然后更新由该模板生成的网页文档 0702.html。

　任务实施

对网页模板进行修改后，可以将网页模板的修改应用于所有由该模板生成的网页。

① 打开模板文档 0701.dwt，对网页模板中的文字、图像进行必要的修改。

例如，为超链接添加属性 target 和 title，对应的 HTML 代码如下。

```
<a path="travel" href="" class="on" target="_self" title="大美阿坝">大美阿坝</a>
```

② 单击【标准】工具栏中的【保存】按钮，弹出如图 7-32 所示的【更新模板文件】对话框，在该对话框中单击【更新】按钮，系统开始更新模板文件，并且会弹出如图 7-33 所示的【更新页面】对话框。

图 7-32
【更新模板文件】
对话框

图 7-33
【更新页面】对话框

✏️ **提示：**

在 Dreamweaver 主界面中，选择菜单【工具】→【模板】→【更新页面】命令，也会弹出如图 7-33 所示【更新页面】对话框，在该对话框中设置相应参数后，单击【开始】按钮，Dreamweaver 将对选定范围（文件使用或整个站点）中基于模板创建的网页进行更新。

③ 在【更新页面】对话框中选中"显示记录"复选框，该对话框变成如图 7-34 所示的形式，在其下方的状态列表框中显示文件被检查数、文件被更新数等详细的更新信息。

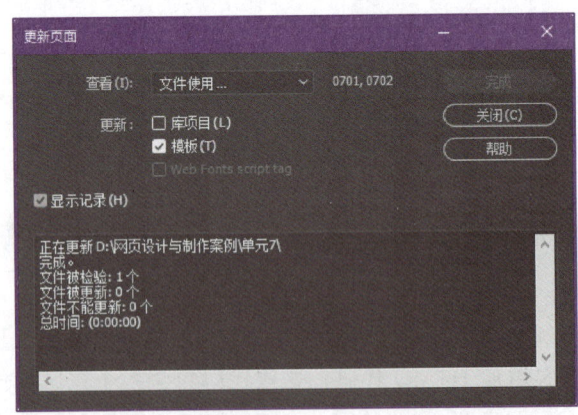

图 7-34
在【更新页面】对话框中
显示详细的更新信息

④ 在【更新页面】对话框中设置相应的参数，如果在"查看"下拉列表框中选择"整

个站点"，则要选择需要更新的站点（如"单元 7"），然后单击【开始】按钮，对基于模板创建的网页全部进行更新，如图 7-35 所示。

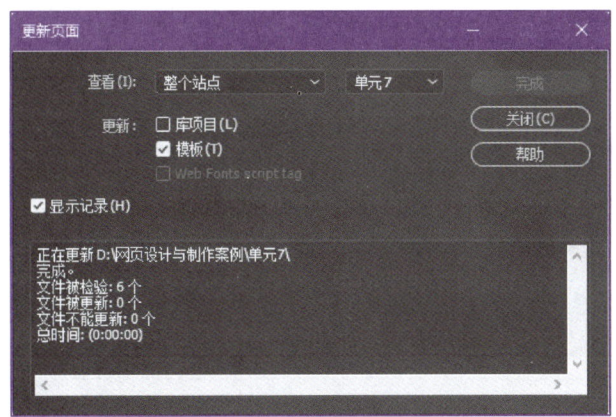

图 7-35
在【更新页面】对话框
中选择更新整个站点

⑤ 更新完成后，单击【关闭】按钮，更新页面操作结束。

⑥ 保存更新的网页 0702.html，预览其效果。

【任务 7-1-7】 修改库项目并更新网页

 任务描述

对库项目的内容进行必要的修改，然后对插入了该库项目的网页进行更新。

 任务实施

① 选中网页模板 0701.dwt 中插入的库文件 nav_right0701.lbi，在如图 7-36 所示的【属性】-【库项目】面板中单击【打开】按钮，打开库项目 nav_right0701.lbi 的页面，然后可以对该库项目的内容进行必要的修改。

图 7-36
【属性】-【库项目】面板

📝 **提示：**

> 在如图 7-36 所示的【属性】-【库项目】面板中，如果单击【从源文件中分离】按钮，则网页中所插入的库项目将与其源文件分离；如果单击【重新创建】按钮，则可以重新创建一个库项目。

② 选择菜单【文件】→【保存】命令，这时会弹出如图 7-37 所示的【更新库项目】对话框，在该对话框中单击【更新】按钮，将更新本地站点内插入了该库文件的网页，并且会弹出如图 7-38 所示的【更新页面】对话框。

③ 更新完成后，单击【关闭】按钮，更新操作结束。

④ 保存更新的网页，预览其效果。

⑤ 最后，保存网页 0702.html，按【F12】键预览其效果。

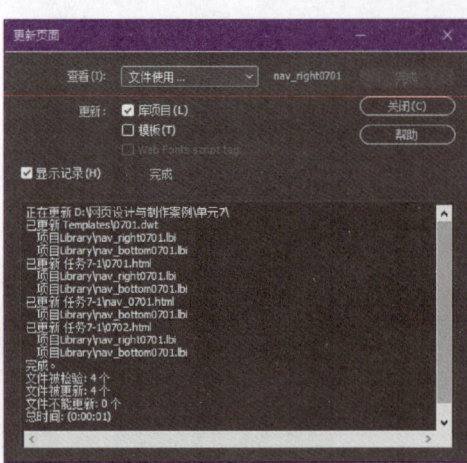

图 7-37
【更新库项目】对话框

图 7-38
在【更新页面】对话框
中更新"库项目"

【引导训练考核评价】

本单元的"引导训练"考核评价内容见表 7-1。

表 7-1　单元 7"引导训练"考核评价表

	考核内容	标准分	计分
考核要点	（1）会创建库项目，并在网页中插入库项目	1	
	（2）会创建网页模板	1	
	（3）会在网页模板中定义与修改可编辑区域、可选区域、可编辑的标签属性和重复区域	2	
	（4）会创建基于网页模板的网页	1	
	（5）修改网页模板并更新网页	1	
	（6）修改库项目并更新网页	1	
	（7）认真完成本单元的任务，态度端正、操作规范、时间观念强、有协作精神、学习效果较好	1	
	小计	8	
评价方式	自我评价	小组评价	教师评价
考核得分			
存在的主要问题			

【同步训练】

微课 7-2
使用模板和库制作阿坝
动态的网页

【任务 7-2】　使用模板和库制作阿坝动态的网页

 任务描述

① 以"资讯"网页 0703.html 为起始页，创建网页模板 0703.dwt。

② 将网页模板 0703.dwt 中的以下元素或区域设置为可编辑区域。

网页顶部的 banner 图片、标识网页当前位置的文字"阿坝旅游>>资讯>>阿坝动态"、网页中部右侧的"阿坝动态"和阿坝动态的标题区域、底部的导航区域。

③ 将底部的导航区域制作为库，且命名为 bottom_nav.lbi。

④ 基于模板 0703.dwt 创建一个展示"阿坝动态"的网页 0704.html，该网页的主题为"阿坝动态"，在各个可编辑区域输入相关文字并插入图片。

⑤ 在网页 0704.htm 底部插入库项目 bottom_nav.lbi。

网页 0704.html 的浏览效果如图 7-39 所示。

图 7-39
网页 0704.html
的浏览效果

【操作提示】

① 在 Dreamweaver 中打开起始网页 0703.html，然后将该网页保存为模板文档 0703.dwt。

② 在模板文档中依次选中相关图片和文字对应的 HTML 代码，分别插入可编辑区域。

③ 在模板文档中选中下部的导航区域，将该区域转换为库项目。

④ 创建基本模板的网页文档 0704.htm，在各个可编辑区域中输入文本、插入图片和插入库项目 bottom_nav.lbi。

⑤ 如果对网页模板 0703.dwt 的内容进行修改，应同步更新基于该模板的网页。同样如果对库项目中的内容进行修改，也应同步更新使用了该库项目的网页。

【同步训练考核评价】

本单元"同步训练"的评价内容见表 7-2。

表 7-2　单元 7 "同步训练"评价表

任务名称	使用模板和库制作阿坝动态的网页				
完成方式	【　】小组协作完成　　　　【　】个人独立完成				
同步训练任务完成情况评价					
自我评价		小组评价		教师评价	
存在的主要问题					

笔 记

【问题探究】

【探究1】网页中哪些页面元素可以设置成可编辑区域？几个不同的单元格及内容是否可以设置为同一个可编辑区域？

网页中可设置为可编辑区域的页面元素主要如下。

① 文本。

② 图像。

③ 表格及表格中的内容、单元格及单元格中的内容。

几个不同的单元格及内容不可以设置为同一个可编辑区。在网页模板中创建可编辑区域时，可以将整个表格或单独的单元格定义为可编辑区域，但是不能将多个单元格定义为单个可编辑区域。如果<td>被选定，则可编辑区域中包括单元格周围的区域。如果<td>未被选定，则可编辑区域将只影响单元格中的内容。

【探究2】什么是模板的重复区域和可选区域？各有什么作用？

重复区域是指在基于模板的网页文档中添加所选区域的多个复制文件，可以使用重复区域来控制在页面中的重复区域的布局，也可以重复数据行。在模板中可以插入重复区域或重复表格。

可选区域是指可将其设置为在基于模板的网页文档中显示或隐藏的区域。可选区域分为以下两类。

① 不可编辑的可选区域，在基于模板的网页中可以显示或隐藏该区域，但不允许编辑该区域的内容。

② 可编辑的可选区域，在基于模板的网页中可以显示或隐藏该区域，并能够编辑该区域的内容。

【探究3】如何将网页文档从网页模板中分离？

如果要更改基于模板的网页文档的锁定区域，必须将网页文档从网页模板中分离。将网页文档从网页模板分离后，整个网页文档都将变为可编辑的。打开基于网页模板创建的网页文档，在 Dreamweaver 主界面中，选择菜单【工具】→【模板】→【从模板中分离】命令，即可将网页从模板中分离。网页从模板中分离后，所有模板代码将被删除，当更新模板时，从模板分离的网页将不会进行自动更新。

【单元习题】

详见电子活页 7-3。

单元 7 习题

单元 8　制作包含特效与交互的网页

　　将 JavaScript 程序嵌入到 HTML 代码中，对网页元素进行控制，对用户操作进行响应，从而实现网页动态交互的特殊效果，这种特殊效果通常称为网页特效。网页交互是指浏览者单击栏目、超链接等对象，以及鼠标经过或放于某处时，页面会做出相应的反应。在网页中添加一些恰当的特效和交互，使页面具有一定的交互性、动态效果，能吸引浏览者的眼球，提高页面的观赏性和趣味性。

单元 8 素质目标

案例　大美中国

【知识疏理】

1．JavaScript 主要的语法规则

① 网页中插入脚本程序的方式是使用 script 标记符，把脚本标记符<script></script>置于网页上的 head 部分或 body 部分，然后在其中加入脚本程序。一般语法形式如下。

```
<script  language="JavaScript"  type="text/javascript">
<!--
    在此编写 JavaScript 代码
//-->
</script>
```

通过标识<script></script>指明其间是 JavaScript 脚本源代码。

使用 script 标记符时，一般使用 language 属性说明使用何种语言，使用 type 属性标识脚本程序的类型，也可以只使用其中一种，以适应不同的浏览器。如果需要，还可以在 language 属性中标明 JavaScript 的版本号，那么，所使用的 JavaScript 脚本程序就可以应用该版本中的功能和特性，如 language=JavaScript1.2。

对于老式的浏览器可能会在<script>标签中使用 type="text/javascript"，现在已不需要这样做了，JavaScript 是所有现代浏览器以及 HTML5 中的默认脚本语言。

并非所有的浏览器都支持 JavaScript，另外由于浏览器版本和 JavaScript 脚本程序之间存在兼容性问题，可能会导致某些 JavaScript 脚本程序在某些版本浏览器中无法正确执行。如果浏览不能识别<script>标签，就会将<script>与</script>标签之间的 JavaScript 脚本程序当作普通的 HTML 字符显示在浏览器中。针对此类问题，可以将 JavaScript 脚本程序代码置于 HTML 注释符之间，这样对于不支持 JavaScript 的浏览器，就不会把代码内容当作文本显示在页面上，而是把它们当作注释，不会做任何操作。

"<!--"是 HTML 注释符的起始标签，"-->"是 HTML 注释符的结束标签。对于不支持 JavaScript 脚本程序的浏览器，会将标签<!--和//-->之间的内容当作注释内容，对于支持 JavaScript 程序的浏览器，这对标签将不起任何作用。另外，需要注意的是，HTML 注释标记符的结束符标记之前有两斜杠"//"，它是 JavaScript 语言中的注释符号，如果没有这两斜杠，JavaScript 解释器试图将 HTML 注释的结束标记符作为 JavaScript 来解释，有可能导致出错。

② 所有的 JavaScript 语句以分号"；"结束。

③ JavaScript 语言是大小写敏感的。

④ JavaScript 有两种类型的注释。

JavaScript 的注释用于对 JavaScript 代码进行解释，以提高程序的可读性。调试 JavaScript 程序时，还可以使用注释阻止代码块的执行。

● 单行注释以双斜杠开头（//）。

例如：

```
//this is a single-line comment
```

● 多行注释以单斜杠和星号开头（/*），以星号和单斜杠结尾（*/）。

例如：

```
/*this is a multi-
line comment*/
```

注释可以单独一行，也可以在行末。

2. 在 HTML 文档中嵌入 JavaScript 代码的方法

HTML 中的 JavaScript 脚本必须位于<script>与</script>标签之间，脚本可以被放置在 HTML 页面的 body 或 head 部分，或者同时存在于两个部分。通常的做法是把函数放入 head 部分，或者放在页面底部。

JavaScript 代码嵌入 HTML 文档的形式有以下几种。

（1）在 head 部分添加 JavaScript 脚本

将 JavaScript 脚本置于 head 部分，使之在其余代码之前装载，快速实现其功能，并且容易维护。有时在 head 部分定义 JavaScript 脚本，在 body 部分调用 JavaScript 脚本。

（2）直接在 body 部分添加 JavaScript 脚本

由于某些脚本程序在网页中特定部分显示其效果，此时脚本代码就会位于 body 中的特定位置。也可以直接在 HTML 表单的<input>标签中添加脚本，以响应输入元素的事件。

（3）链接 JavaScript 脚本文件

引用外部脚本文件，应使用<script>标签的 src 属性来指定外部脚本文件的 URL。这种方式，可以使脚本得到复用，从而降低维护的工作量。

外部 JavaScript 文件是最常见的包含 JavaScript 代码的方式，其主要原因如下。

① 如果 HTML 页面中有更少代码的话，搜索引擎就能够以更快的速度来抓取和索引网站。

② 保持 JavaScript 代码和 HTML 的分离，这样代码显得更清晰，且最终更易于管理。

③ 因为可以在 HTML 代码中包含多个 JavaScript 文件，因此可以把 JavaScript 文件分开放在 Web 服务器的不同文件目录结构中，这类似于图像的存放方式，也是一种更容易管理代码的做法。

3. jQuery 简介

jQuery 是一个 JavaScript 函数库，是一个"写得更少，但做得更多"的轻量级 JavaScript 库，jQuery 极大地简化了 JavaScript 编程。

（1）jQuery 的引用方法

如需使用 jQuery，需要先下载 jQuery 库，然后使用 HTML 的<script>标签引用它。

```
<script type="text/javascript" src="jquery.js"></script>
```

在 HTML5 中，<script>标签中的 type="text/javascript"可以省略不写，因为 JavaScript 是 HTML5 以及所有现代浏览器中的默认脚本语言。

（2）jQuery 的基础语法

通过 jQuery，可以选取（Query）HTML 元素，并对它们执行"操作"（Actions）。

jQuery 语法是为 HTML 元素的选取而编制的，可以对元素执行某些操作。

其基础语法是：

```
$(selector).action()
```

① 美元符号$定义 jQuery，jQuery 库只建立一个名为 jQuery 的对象，所有函数都在该对象之下，其别名为$。

② 选择符（Selector）用于"查询"或"查找"HTML 元素。

③ jQuery 的 action( ) 用于执行对元素的操作。

例如：$(this).hide()为隐藏当前元素。

（3）文档就绪函数 ready

jQuery 使用$(document).ready()方法代替传统 JavaScript 的 window.onload 事件，通过该方法，可以在 DOM 载入就绪时就对其进行操纵并调用执行它所绑定的函数。$(document).ready()方法和 window.onload 事件有相似的功能，但是在执行时机方面有细微区别。window.onload 方法是在网页中所有元素（包括元素的所有关联文件）完全加载到浏览器后才执行，即 JavaScript 此时才可以访问网页中的任何元素。而通过 jQuery 中的$(document).ready()方法注册的事件处理程序，在 DOM 完全就绪时就可以被调用。此时，网页的所有元素对 jQuery 而言都是可以访问的，但是，这并不意味着这些元素关联的文件都已经下载完毕。

jQuery 函数应位于 ready()方法中，如：

```
$(document).ready(function(){
    //函数代码
});
```

这是为了防止文档在完全加载（就绪）之前运行 jQuery 代码。

如果在文档没有完全加载之前就运行函数，操作可能失败，如试图隐藏一个不存在的元素或者获得未完全加载的图像的大小。

以上代码简写为以下形式。

```
$(function(){
    //函数代码
});
```

另外，由于$(document)也可以简写为$()。当$()不带参数时，默认参数就是 document，因此也可以简写为以下形式。

```
$().ready(function(){
    //函数代码
});
```

以上 3 种形式的功能相同，可以根据喜好进行选择。

4．CSS 动画属性（Animation）

通过 CSS3 能够创建动画，可以在许多网页中取代动画图片、Flash 动画以及 JavaScript。动画是使元素从一种样式逐渐变化为另一种样式的效果。

可以改变任意多的样式任意多的次数，使用百分比来规定变化发生的时间，或使用关键词 from 和 to，等同于 0%（动画的开始）和 100%（动画的完成），为了得到最佳的浏览器支持，应该始终定义 0%和 100%选择器。

@keyframes 规则用于创建动画，在@keyframes 中规定某项 CSS 样式，就能创建由当前样式逐渐改为新样式的动画效果。

当动画为 25%及 50%时改变背景色，当动画 100%完成时再次改变，示例代码如下。

```
@keyframes myAnimation
  {
    0%     {background: red;}
    25%    {background: yellow;}
    50%    {background: blue;}
    100%   {background: green;}
  }
```

在@keyframes 中创建动画时，需要将它捆绑到某个选择器，否则不会产生动画效果。至少通过规定动画的名称和动画的时长两项 CSS3 动画属性，即可将动画绑定到选择器。把 myAnimation 动画捆绑到 div 元素，时长为 5 s，示例代码如下。

```
div
{
  animation: myAnimation 5s;
  -moz-animation: myAnimation 5s;          /* Firefox */
  -webkit-animation: myAnimation 5s;       /* Safari 和 Chrome */
  -o-animation: myAnimation 5s;            /* Opera */
}
```

必须定义动画的名称和时长，如果忽略时长，则动画不会允许，因为默认值是 0。

5. HTML5 拖放的实现方法

拖放（Drag 和 drop）是一种常见的特性，即抓取对象以后拖到另一个位置。在 HTML5 中，拖放是标准的一部分，任何元素都能够拖放。

以下代码是一个简单的拖放实例。

```
<!doctype html>
<html>
 <head>
  <script type="text/javascript">
    function allowDrop(ev)
    {
      ev.preventDefault();
    }
    function drag(ev)
    {
      ev.dataTransfer.setData("Text",ev.target.id);
    }
    function drop(ev)
    {
      ev.preventDefault();
      var data=ev.dataTransfer.getData("Text");
      ev.target.appendChild(document.getElementById(data));
    }
  </script>
 </head>
 <body>
```

```
<div id="div1" ondrop="drop(event)"
    ondragover="allowDrop(event)">
</div>
<img id="drag1" src="logo.gif" draggable="true"
    ondragstart="drag(event)" width="300" height="200" >
</body>
</html>
```

（1）设置元素为可拖放

首先，为了使元素可拖动，将 draggable 属性设置为 true，代码如下。

```
<img draggable="true" >
```

（2）拖动什么

然后，规定当元素被拖动时，会发生什么。ondragstart 属性调用了函数 drag(event)，它规定了被拖动的数据。dataTransfer.setData()方法设置被拖数据的数据类型和值，数据类型是 Text，值是可拖动元素的 id（"drag1"）。

（3）放到何处

ondragover 事件规定在何处放置被拖动的数据。默认地，无法将数据/元素放置到其他元素中。如果需要设置允许放置，必须阻止对元素的默认处理方式。这里通过调用 ondragover 事件的 event.preventDefault()方法进行放置。

当放置被拖动数据时，会发生 drop 事件。ondrop 属性调用了一个函数 drop(event)。调用 preventDefault()来避免浏览器对数据的默认处理（drop 事件的默认行为是以链接形式打开），通过 dataTransfer.getData("Text")方法获得被拖动数据。该方法将返回在 setData()方法中设置为相同类型的任何数据。被拖动数据是被拖动元素的 id（"drag1"），把被拖动元素追加到放置元素（目标元素）中。

【操作准备】

（1）创建所需的文件夹

在本地硬盘（如 D 盘）中创建一个文件夹"网页设计与制作案例"，在该文件夹中创建子文件夹"单元 8"。

（2）启动 Dreamweaver

使用 Windows 的【开始】菜单或桌面快捷方式启动 Dreamweaver。

（3）创建本地站点

创建一个名为"单元 8"的本地站点，站点文件夹为"单元 8"。

【引导训练】

 网页中显示当前日期

微课 8-1
网页中显示当前日期

任务描述

在网页 0801.html 中圆角矩形区域左侧显示当前日期及星期数，日期格式及顺

186

序如图 8-1 所示。

图 8-1
网页中显示当前日期
及星期数的格式

🏠 2021年3月27日 星期六

 任务实施

1．创建文件夹和网页

在文件夹"单元 8"中创建子文件夹"任务 8-1"，再在文件夹"任务 8-1"中创建子文件夹 CSS、images、text 等，且将所需的素材复制到对应的子文件夹中。

在站点"单元 8"的文件夹 0801 中创建网页 0801.html。

2．定义网页的 CSS 代码

在文件夹 CSS 中创建样式文件 main.css，在该样式文件中编写样式代码，见表 8-1所示。

表 8-1　网页 0801.html 中样式文件 main.css 的 CSS 代码定义

序号	CSS 代码	序号	CSS 代码
01	.cc {	12	#rd1 {
02	float: left;	13	padding-right: 10px;
03	border:2px solid #c3d9ff;	14	margin-top: 3px;
04	border-radius: 8px;	15	float: left;
05	background-color: #c3d9ff;	16	line-height: 18px;
06	padding:5px;	17	}
07	width: 400px;	18	#rd2 {
08	text-align: left;	19	margin-top: 3px;
09	}	20	float: left;
10		21	line-height: 18px;
11		22	}

3．附加外部样式文件 mass.css

在【文件】面板中双击网页文档 0801.html 打开该网页，光标置于网页 0801.html 中，在 Dreamweaver 主界面选择菜单【工具】→【CSS】→【附加样式表】命令，如图 8-2 所示，打开【使用现有的 CSS 文件】对话框，在其中单击【浏览】按钮，打开【选择样式表文件】对话框。

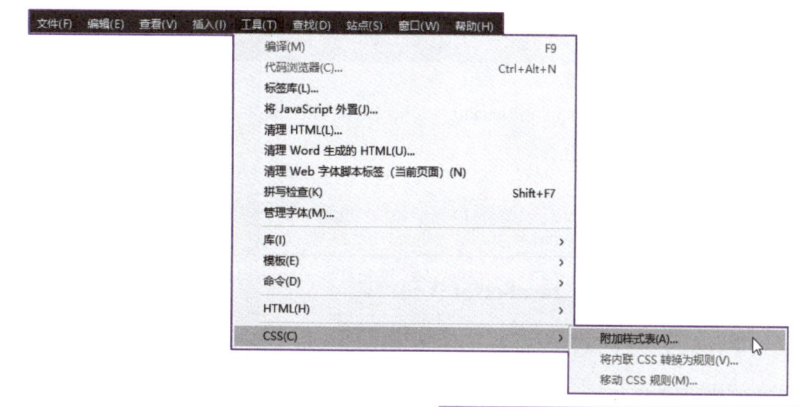

图 8-2
选择【附加样式表】命令

187

在该对话框中，选择文件夹 CSS 中的样式文件 mass.css，如图 8-3 所示，然后单击
【确定】按钮，返回【使用现有的 CSS 文件】对话框，设置"添加为"为"链接"，如
图 8-4 所示。

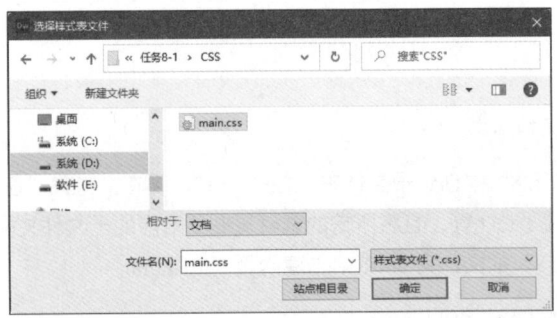

图 8-3
【选择样式表文件】对话框

设置完成后，单击【确定】按钮。所链接的外部样式文件 mass.css 中的 CSS 样式名
称就会出现在【CSS 设计器】面板中，如图 8-5 所示。

图 8-4
【使用现有的 CSS 文件】
对话框

图 8-5
样式文件 main.css 中的
部分样式名称

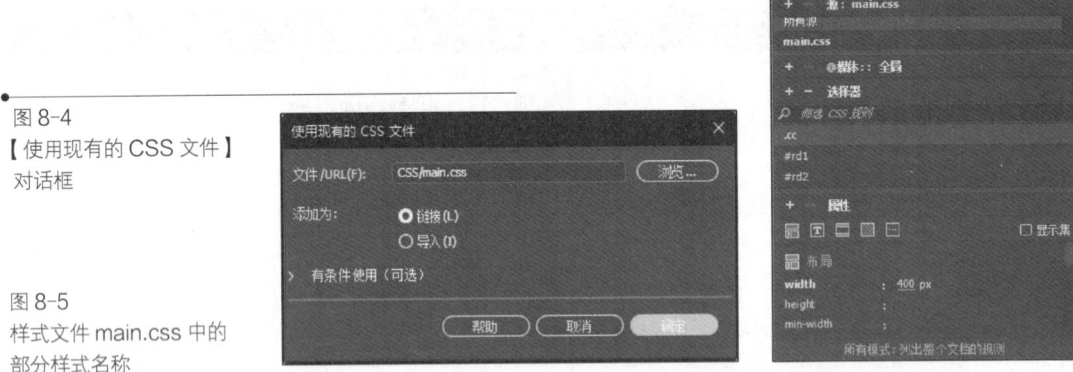

切换到【代码】视图，可以发现网页的头部代码中增加了一行代码如下。

```
<link href="css/main.css" rel="stylesheet" type="text/css">
```

4．编写网页 0801.html 的 HTML 代码

切换到网页文档 0801.html 的【代码】视图，输入表 8-2 所示的 HTML 代码。

表 8-2　网页 0801.html 的 HTML 代码

序号	HTML 代码
01	`<div class="cc">`
02	`<div id="rd1"> <img src="images/top.gif" width="18" height="15" border="0" alt="img1" >`
03	`</div>`
04	`<div id="rd2">`
05	`</div>`
06	`</div>`

5．编写显示当前日期的 JavaScript 代码

切换到【代码】视图，将光标置于代码<div id="rd2">与</div>之间，然后输入表 8-3
所示的 JavaScript 代码。

表 8-3　显示当前日期的 JavaScript 代码之一

序号	JavaScript 代码
01	`<script language="JavaScript" type="text/javascript">`
02	`<!--`
03	`var tempDate , year, month , day ;`
04	`tempDate = new Date();`
05	`year= tempDate.getFullYear();`
06	`month= tempDate.getMonth() + 1 ;`
07	`day = tempDate.getDate();`
08	`document.write(year+"年"+month+"月"+day+"日  ");`
09	`var weekArray=new Array(6);`
10	`weekArray[0]="星期日" ;`
11	`weekArray[1]="星期一" ;`
12	`weekArray[2]="星期二" ;`
13	`weekArray[3]="星期三" ;`
14	`weekArray[4]="星期四" ;`
15	`weekArray[5]="星期五" ;`
16	`weekArray[6]="星期六" ;`
17	`weekday=tempDate.getDay();`
18	`document.write(weekArray[weekday]) ;`
19	`// -->`
20	`</script>`

保存网页 0801.html，其浏览效果如图 8-1 所示。

6．分析显示当前日期的 JavaScript 代码

表 8-3 中 JavaScript 代码的功能是在网页中显示当前日期(包括年、月、日和星期数)，该代码中应用了以下 JavaScript 知识。

- JavaScript 代码嵌入到 HTML 代码中的<script>与</script>标签中。
- 对于某些浏览器不支持 JavaScript 代码添加注释符。
- JavaScript 区分字母的大小写，具有大小写敏感的特点。
- JavaScript 的变量声明语句、赋值语句和输出语句。
- JavaScript 中变量的定义与赋值，数组对象的定义、数组元素的赋值和数组元素的访问。
- JavaScript 的对象：Date、Array、Document。
- Date 对象的方法：getFullYear、getMonth、getDate 和 getDay。
- document 对象的方法：write。
- JavaScript 的表达式：tempDate.getMonth() + 1、year+"年"+month+"月"+day+ "日"。

表 8-3 中 JavaScript 代码的具体含义解释如下。

① JavaScript 脚本程序必须置于<script>与</script>标签中。

第 01 行和第 20 行使用<script> </script>标签符指明其间的程序代码是 JavaScript 脚本程序。<script>标签中的 language="JavaScript"标识脚本程序语言的类型，用于区别其他脚本程序语言。这里使用的脚本语言是 JavaScript，所以 language 的属性值为 JavaScript。如果使用的脚本语言为 VBScript，则 language 的属性值为 VBScript。

同样，<script>标签中的 type="text/javascript"也是用于标识脚本程序的类型，以区别其他程序类型，如 text/css。

笔 记

language 属性和 type 属性可以只使用其中一种，以适应不同的浏览器。

如果需要，还可以在 language 属性中标明 JavaScript 的版本号，那么，所使用的 JavaScript 脚本程序就可以应用该版本中的功能和特性，如 language=JavaScript1.2。

② 第 02 行的符号"<!--"和第 19 行的符号"//-->"针对不支持脚本的浏览器忽略其间的脚本程序。

并非所有的浏览器都支持 JavaScript，另外由于浏览器版本和 JavaScript 脚本程序之间存在兼容性问题，可能会导致某些 JavaScript 脚本程序在某些版本浏览器中无法正确执行。如果浏览不能识别<script>标签，就会将<script>与</script>标签之间的 JavaScript 脚本程序当作普通的 HTML 字符显示在浏览器中。针对此类问题，可以将 JavaScript 脚本程序代码置于 HTML 注释符之间，这样对于不支持 JavaScript 的浏览器就不会把代码内容当作文本显示在页面上，而是把它们作为注释，不会做任何操作。

"<!--"是 HTML 注释符的起始标签，"-->"是 HTML 注释符的结束标签。对于不支持 JavaScript 脚本程序的浏览器，标签<!--和//-->之间的内容当作注释内容，对于支持 JavaScript 程序的浏览器，这对标签将不起任何作用。另外，需要注意的是，第 19 行是以 JavaScript 单行注释"//"开始的，它告诉 JavaScript 编译器忽略 HTML 注释的内容。

③ 第 03 行～第 18 行共有 16 条语句，每一条语句都以";"结束。

④ JavaScript 区分字母的大小写。

在同一个程序中使用大写字母或小写字母表示不同的意义，不能随意将大写字母改成小写，也不能随意将小写字母改成大写。例如，第 03 中声明的变量 tempDate，该变量名的第 5 个字母为大写 D，在程序中使用该变量时该字母必须统一为大写 D，而不能为小写 d。如果声明变量时，变量名称为 tempdate 形式，全为小写字母，在程序中使用该变量时，也不能为大写。也就是说使用变量时的名称应与声明变量的名称完全一致。

JavaScript 的日期对象 Date 的首字母必须是大写字母 D，不能改成小写字母，否则不能识别该日期对象，同样日期对象的方法 getFullYear、getMonth、getDate 和 getDay 中的大写字母都不能改成小写，否则不能识别该方法名称。JavaScript 的数组对象 Array 的首字母是大写字母 A，也不能改成小写 a。

JavaScript 的文档对象 document 则全部为小写字母，而不能写成 Document，否则不能识别 Document，导致错误。

⑤ 第 03 行为声明变量的语句：声明 4 个变量，变量名分别为 tempDate、year、month 和 day。

⑥ 第 04 行创建一个日期对象实例，其内容为当前日期和时间，且将日期对象实例赋给变量 tempDate。

⑦ 第 05 行使用日期对象的 getFullYear 方法获取日期对象的当前年份数，且赋给变量 year。

⑧ 第 06 行使用日期对象的 getMonth 方法获取日期对象的当前月份数，且赋给变量 month。注意，由于月份的返回值是从 0 开始的索引序号，即 1 月返回 0，其他月份依次类推，为了正确表述月份，需要做加 1 处理，让 1 月显示为"1 月"而不是"0 月"。

⑨ 第 07 行使用日期对象的 getDate 方法获取日期对象的当前日期数（即 1-31），且赋给变量 day。

⑩ 第 08 行使用文档对象 document 的 write 方法向网页中输出当前日期，表达式 "year+ "年"+month+"月"+day+"日""使用运算符"+"连接字符串，其中 year、month、day

是变量，"年"、"月"、"日"是字符串。

⑪ 第 09 行使用关键字 new 和构造函数 Array()创建一个数组对象 weekArray，并且创建数组对象时指定了数组的长度为 7，即该数组元素的个数为 7，数组元素的下标（序列号）从 0 开始，各个数组元素的下标为 0～6。此时数组对象的每一个元素都尚未指定类型。

⑫ 第 10 行～第 16 行分别给数组对象 weekArray 的各个元素赋值。

⑬ 第 17 行使用日期对象的 getDay 方法获取日期对象的当前星期数，其返回值为 0～6，序号 0 对应星期日，序号 1 对应星期一，依次类推，序号 6 对应星期六。

⑭ 第 18 行使用"[ ]"运算符访问数组元素，即获取当前星期数的中文表示，然后使用文档对象 document 的 write 方法向网页中输出。

7. 分析具有类似功能的 JavaScript 代码的作用与含义

表 8-4 也是输出当前日期的 JavaScript 代码，在网页 0801.html 用表 8-4 所示的 JavaScript 代码替换表 8-3 中的代码，然后浏览该网页，观察显示的当前日期。

表 8-4　显示当前日期的 JavaScript 代码之二

序号	JavaScript 代码
01	<script language="JavaScript1.2" type="text/javascript">
02	<!--
03	var today , year , day ;
04	today = new Date () ;
05	year=today.getFullYear() ;
06	day=today.getDate() ;
07	var isMonth = new Array("1 月","2 月","3 月","4 月","5 月","6 月",
08	"7 月","8 月","9 月","10 月","11 月","12 月") ;
09	var isDay = new Array("星期日","星期一","星期二",
10	"星期三","星期四","星期五","星期六") ;
11	document.write(year+"年"+isMonth[today.getMonth()]+day+"日"
12	+isDay[today.getDay()]) ;
13	//-->
14	</script>

【任务 8-2】 网页中不同时间段显示不同的问候语

 任务描述

应用 JavaScript 的 if…else if 语句，在网页 0802.html 中根据不同时间段（采用 24 小时制）显示相应的问候语，具体要求如下。

① 每天上午 8 点之前（不包含 8 点）显示"早晨好!"。

② 每天上午 12 点之前（包含 8 点但不包含 12 点）显示"上午好!"。

③ 每天的 12 点至 14 点（包含 12 点但不包含 14 点）显示"中午好!"。

④ 每天的 14 点至 17 点（包含 14 点但不包含 17 点）显示"下午好!"。

⑤ 每天的 17 点之后（包含 17 点）显示"晚上好!"。

在"上午"时间段，网页 0802.html 的浏览效果如图 8-6 所示。

微课 8-2
网页中不同时间段显示
不同的问候语

191

图 8-6
"上午"时间段网页
0802.html 的浏览效果

　　　　　　　　　　　　　　　　　　　　上午好!

任务实施

1. 创建文件夹和网页

在文件夹"单元 8"中创建子文件夹"任务 8-2",再在该文件夹中创建 css 和 images 子文件夹,然后在子文件夹"任务 8-2"中创建网页 0802.html。

2. 定义网页的 CSS 代码

在文件夹 css 中创建样式文件 main.css,在该样式文件中编写样式代码,见表 8-5。

表 8-5　网页 0802.html 中样式文件 main.css 的 CSS 代码定义

序号	CSS 代码	序号	CSS 代码
01	.cc {	13	#rd1 {
02	float: left;	14	padding-right: 10px;
03	border:2px solid #c3d9ff;	15	margin-top: 3px;
04	border-radius: 8px;	16	float: left;
05	background-color: #c3d9ff;	17	line-height: 18px;
06	padding:5px;	18	}
07	width: 400px;	19	#rd2 {
08	text-align: left;	20	margin-top: 3px;
09	}	21	padding-right:10px;
10		22	float: right;
11		23	line-height: 18px;
12		24	}

3. 编写网页 0802.html 的 HTML 代码

切换到网页文档 0802.html 的【代码】视图,在标签</head>前输入链接外部样式表的代码如下。

<link href="css/main.css" rel="stylesheet" type="text/css">

然后输入表 8-6 所示的 HTML 代码。

表 8-6　网页 0802.html 的 HTML 代码

序号	HTML 代码
01	<div class="cc">
02	<div id="rd1"> <img src="images/top.gif" width="18" height="15"
03	border="0" alt="img1" >
04	</div>
05	<div id="rd2">
06	</div>
07	</div>

4. 编写不同时间段显示不同的问候语的 JavaScript 代码

切换到【代码】视图,将光标置于代码<div id="rd2">与</div>之间,然后输入表 8-7 所示的 JavaScript 代码。

192

表 8-7　在不同时间段显示不同问候语的 JavaScript 代码

序号	JavaScript 代码
01	`<script language="JavaScript" type="text/javascript">`
02	`<!--`
03	`  var  today , hour  ;`
04	`  today = new Date()  ;`
05	`  hour = today.getHours()  ;`
06	`  if  (hour < 8)  { document.write(" 早晨好!")  ;  }`
07	`    else  if  (hour < 12)  { document.write(" 上午好!")  ;  }`
08	`      else  if  (hour < 14)  { document.write(" 中午好!")  ;  }`
09	`        else  if  (hour < 17)  { document.write(" 下午好!")  ;  }`
10	`          else          { document.write(" 晚上好!")  ;}`
11	`// -->`
12	`</script>`

5. 保存与浏览网页

保存网页 0802.html，其浏览效果如图 8-6 所示。

6. 分析显示不同问候语的 JavaScript 代码

标签符<script>与</script>、注释符<!--和//-->的作用和含义在【任务 8-1】已有详细说明，以后各任务中不再赘述。

表 8-7 中 JavaScript 代码应用了以下 JavaScript 知识。

● JavaScript 的变量声明语句、赋值语句和 if…else if 语句。

● 关系运算符和关系表达式。

● JavaScript 的对象：Date、document。

● Date 对象的方法：getHours。

● document 对象的方法：write。

表 8-7 中 JavaScript 代码的具体含义解释如下。

① 第 03 行声明了两个变量，变量名分别为 today、hour。

② 第 04 行是一条赋值语句，创建一个日期对象，且赋给变量 today。

③ 第 05 行是一条赋值语句，调用日期对象的方法 getHours()获取当前日期对象的小时数，且赋给变量 hour。

④ 第 06 行～第 10 行是一个较为复杂的 if…else if 语句，该语句的执行规则如下。

● 首先判断条件表达式 hour < 8 是否成立，如果该条件表达式的值为 true（如早晨 7点），则程序将执行对应语句"document.write(" 早晨好!") ;"，即在网页中显示问候语"早晨好!"。

● 如果条件表达式 hour < 8 的值为 false（如上午 9 点），那么判断第 1 个 else if 后面的条件表达式 hour < 12 是否成立，如果该条件表达式的值为 true（如上午 9 点），则程序将执行对应语句"document.write(" 上午好!") ;"，即在网页中显示问候语"上午好!"。

● 以此类推，直到完成最后一个 else if 条件表达式 hour < 17 的测试，如果所有 if 和 else if 的条件表达式都不成立（如晚上 8 点），则执行 else 后面的语句"document.write(" 晚上好!") ;"，即在网页中显示问候语"晚上好!"。

笔 记

【任务 8-3】　动态改变网页中文本的字体大小

任务描述

创建网页 0803.html，在该网页中编写 JavaScript 代码，实现以下功能。

① 动态改变网页中文本字体大小，满足不同浏览者的需求。

② 实现"在线打印"和"关闭网页"功能。

网页 0803.html 的初始浏览效果如图 8-7 所示。

微课 8-3
动态改变网页中文本的
字体大小

图 8-7
网页 0803.html
的初始浏览效果

友情链接：　云南旅游丨张家界旅游丨黄山旅游丨北京旅游丨快乐旅行
设置网页字体大小及其他操作：　大丨中丨小丨在线打印丨关闭

任务实施

1．创建文件夹和网页

在文件夹"单元 8"中创建子文件夹"任务 8-3"，再在该文件夹中创建 css 和 images 子文件夹，然后在子文件夹"任务 8-3"中创建网页 0803.html。

2．定义网页的 CSS 代码

在文件夹 css 中创建样式文件 main.css，在该样式文件中编写样式代码，见表 8-8。

表 8-8　网页 0803.html 中样式文件 main.css 的 CSS 代码定义

序号	CSS 代码	序号	CSS 代码
01	body {	27	#main a:active {
02	margin-top: 0px;	28	text-decoration: underline;
03	font-family: sans-serif,"宋体";	29	}
04	font-size: 12px;	30	
05	}	31	#bc1 {
06		32	width: 792px;
07	#main {	33	text-align: left;
08	clear: both;	34	margin-top: 2px;
09	margin-left: auto;	35	}
10	width: 800px;	36	
11	margin-right: auto;	37	#bc2 {
12	padding-top: 5px;	38	width: 780px;
13	padding-bottom: 5px;	39	line-height:20px;
14	}	40	height: 40px;
15		41	padding-top: 5px;
16	#main a:link {	42	text-align: center;
17	color: #000;	43	background-color: #c3d9ff;
18	text-decoration: none;	44	clear: both;
19	}	45	border:1px solid #c3d9ff;
20		46	border-radius: 8px;
21	#main a:hover {	47	padding:5px;
22	text-decoration: underline;	48	}
23	}	49	
24	#main a:visited {	50	#bc2 a:link {
25	text-decoration: none;	51	color: #223801;
26	}	52	}

194

3．编写网页 0803.html 的 HTML 代码

切换到网页文档 0803.html 的【代码】视图，在标签</head>前输入链接外部样式表的

代码如下。

<link href="css/main.css" rel="stylesheet" type="text/css">

然后输入表 8-9 所示的 HTML 代码。

表 8-9　网页 0803.html 的 HTML 代码

序号	HTML 代码
01	<body>
02	<div id="main">
03	<div id="bc1">
04	<div id="bc2">
05	友情链接：
06	<a href="#" target="_blank">云南旅游</a>	
07	<a href="#" target="_blank">张家界旅游</a>	
08	<a href="#" target="_blank">黄山旅游</a>	
09	<a href="#" target="_blank">北京旅游</a>	
10	<a href="#" target="_blank">快乐旅行</a>
11	设置网页字体大小及其他操作：
12	<a href="">大</a>
13		<a href=" ">中</a>
14		<a href=" ">小</a>
15		<a href=" ">在线打印</a>
16		<a href=" ">关闭</a>
17	</div>
18	</div>
19	</div>
20	</body>

4．编写改变文本字体大小的 JavaScript 代码

在网页的【代码】视图中，将光标置于</head>之前，然后输入表 8-10 所示的

JavaScript 代码。

表 8-10　动态改变网页中文本字体大小的 JavaScript 代码

序号	JavaScript 代码
01	<script language="JavaScript" type="text/javascript">
02	<!--
03	function setFontSize(size){
04	document.getElementById('bc1').style.fontSize=size+'px'
05	}
06	//-->
07	</script>

说明：

表 8-10 中第 04 行中 bc1 是改变字体大小所在区块的 ID 标识。Document 对象的 getElementById 方法的功能是通过元素的 id 属性访问该元素。

5. 设置超链接，调用改变字体大小的函数

切换到【设计】视图，在"友情链接"所在的区块，选中文字"小"，然后在【属性】面板的"链接"文本框中输入代码"javascript:setFontSize(12)"，调用改变字体大小的函数，如图 8-8 所示。调用函数时传递的参数为 12，即文本的字体大小为 12 像素。

以同样的方法选中文本"中"，在【属性】面板的"链接"文本框中输入代码"javascript:setFontSize(14.9)"；选中文本"大"，在"链接"文本框中输入代码"javascript:setFontSize(16)"。

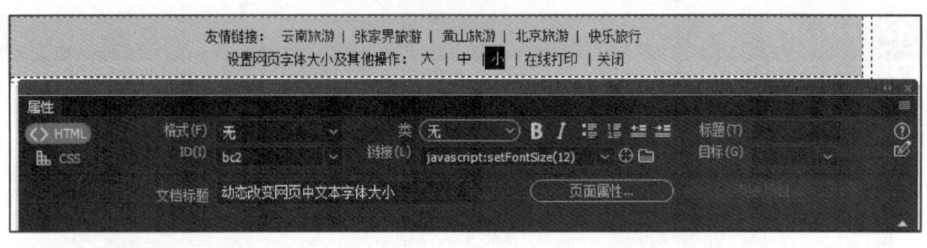

图 8-8
设置超链接与调用
改变字体大小的函数

6. 设置超链接，实现"在线打印"和"关闭网页"功能

参照设置字体大小的方法实现"在线打印"和"关闭网页"功能，选中文本"在线打印"，在【属性】面板的"链接"文本框中输入代码"javascript:window.print()"；选中文本"关闭"，在"链接"文本框中输入代码"javascript:window.close()"。其中，print()和close()为 window 的方法。

网页 0803.html 的初始浏览效果如图 8-7 所示，单击【大】或【中】超链接，可以动态改变网页中文本的字体大小，单击【在线打印】超链接可以实现在线打印网页内容，单击【关闭】超链接，可以关闭网页。

微课 8-4
鼠标指针指向不同超级
链接切换不同图片

【任务 8-4】 鼠标指针指向不同超链接切换不同图片

✏️ **任务描述**

创建网页 0804.html，在该网页中编写 JavaScript 代码，实现以下功能。

① 鼠标指针指向不同的文字型超链接，切换不同的图片。

② 单击网页中不同的文字型超链接，打开一个独立的窗口显示对应图片。

网页 0804.html 的初始浏览效果如图 8-9 所示。

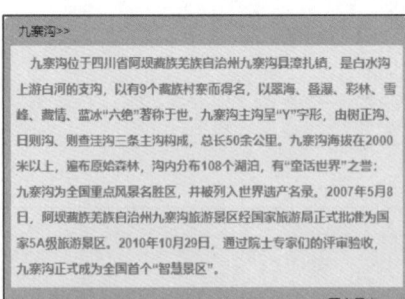

图 8-9
网页 0804.html 的
初始浏览效果

任务实施

1. 创建文件夹和网页

在文件夹"单元 8"中创建子文件夹"任务 8-4"，再在该文件夹中创建 css 和 images 子文件夹，然后在子文件夹"任务 8-4"中创建网页 0804.html。

2. 定义网页的 CSS 代码

在文件夹 css 中创建样式文件 main.css，在该样式文件中编写样式代码。网页 0804.html 中样式文件 main.css 的 CSS 代码定义请见电子活页 8-1。

网页 0804.html 中样式文件 main.css 的 CSS 代码定义

3. 编写网页 0804.html 的 HTML 代码

切换到网页文档 0804.html 的【代码】视图，在标签</head>前输入链接外部样式表的代码如下。

```
<link href="css/main.css" rel="stylesheet" type="text/css">
```

然后输入 HTML 代码，网页 0804.html 对应的 HTML 代码请见电子活页 8-2。

网页 0804.html 对应的 HTML 代码

4. 编写自动切换图片的 JavaScript 代码

在网页的【代码】视图中，将光标置于</head>之前，然后输入表 8-11 所示的 JavaScript 代码。

表 8-11　自动切换图片的 JavaScript 代码

序号	JavaScript 代码
01	`<script language="JavaScript" type="text/javascript">`
02	`<!--`
03	`viewArray = new Array();`
04	`viewArray[1] = new Image;`
05	`viewArray[2] = new Image;`
06	`viewArray[3] = new Image;`
07	`viewArray[4] = new Image;`
08	`viewArray[5] = new Image;`
09	`viewArray[6] = new Image;`
10	
11	`viewArray[1].src="images/01.jpg";`
12	`viewArray[2].src="images/02.jpg";`
13	`viewArray[3].src="images/03.jpg";`
14	`viewArray[4].src="images/04.jpg";`
15	`viewArray[5].src="images/05.jpg";`
16	`viewArray[6].src="images/06.jpg";`
17	
18	`function changeView(x) {`
19	`document.images["prodView"].src = viewArray[x].src;`
20	`}`
21	`//-->`
22	`</script>`

表 8-11 中的 JavaScript 代码主要应用了 Array 对象、Image 对象及其属性、document

笔记

对象及其属性、自定义函数等知识。

① 第 03 行使用 Array 对象和关键字 new 定义了一个数组 viewArray，该数组的长度在定义时未确定。

② 第 04 行～第 09 行使用 Image 对象和关键字 new 定义了 6 个图像对象，且将新建的图像对象赋给各个数组元素。

③ 第 11 行～第 16 行设置各个图像文件的地址。

④ 第 18 行～第 20 行定义了一个函数 changeView( )，该函数只有一个参数，用于传递图像的顺序编号。该函数只有一条语句，其功能是根据函数调用时所传递的参数值，动态改变 id 标识为 prodView 的图像源。

5. 添加事件触发执行程序代码

在网页的【代码】视图中，将光标置于 ">九寨沟</a>" 左侧位置，然后输入代码 "onclick="this.blur()"　onMouseOver="changeView(1)""。

在以下各行对应位置输入代码 "onclick="this.blur()"　onMouseOver="changeView(2)"" 到 "onclick="this.blur()"　onMouseOver="changeView(6)""。

① HTML 代码 "<a href="images/01.jpg" target="_blank" onclick="this.blur()" >九寨沟</a>" 表示单击文字超链接【九寨沟】，在一个新窗口显示图片 01.jpg。

② 代码 onclick="this.blur()" 表示当单击网页中的文字 "九寨沟" 时触发 onclick 事件，执行代码 this.blur()，即将焦点从当前窗口移走，打开一个新窗口显示对应的图片。

③ 代码 onMouseOver="changeView(1)" 表示鼠标指针移动到文字 "九寨沟" 时，触发 onMouseOver 事件，执行代码 changeView(1)，即调用函数 changeView，动态改变 id 标识为 prodView 的图像源。

网页 0804.html 的初始浏览效果如图 8-9 所示。当鼠标指针分别指向超链接【九寨沟】【神仙池】【爱情海】【大录古藏寨】【黑河峡谷】【大熊猫园】时，上方图片会同步切换。当鼠标指针指向超链接【神仙池】时，上方显示对应的图片，如图 8-10 所示。

图 8-10
当鼠标指针指向
超链接【神仙池】
时显示对应的图片

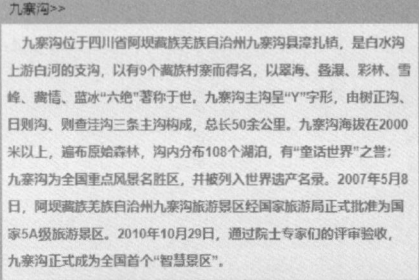

【任务 8-5】　转动鼠标滚轮缩放图片

任务描述

微课 8-5
转动鼠标滚轮缩放图片

创建网页 0805.html，该网页中编写 JavaScript 代码实现以下功能：将鼠标指针置于图片上，转动鼠标滚轮时缩放图片。网页 0805.html 的初始浏览效果如图 8-11 所示。

缩放图片

图 8-11
网页 0805.html 的初始浏览效果

 任务实施

1. 创建文件夹和网页

在文件夹"单元 8"中创建子文件夹"任务 8-5",再在该文件夹中创建 css 和 images 子文件夹,然后在子文件夹"任务 8-5"中创建网页 0805.html。

2. 定义网页的 CSS 代码

在文件夹 css 中创建样式文件 main.css,在该样式文件中编写样式代码,见表 8-12。

表 8-12　网页 0805.html 中样式文件 main.css 的 CSS 代码定义

序号	CSS 代码	序号	CSS 代码
01	#main {	08	.img_reg {
02	padding-top: 5px;	09	width: 185px;
03	}	10	height: 140px;
04		11	padding-top: 10px;
05	.sd_pt {	12	padding-left: 10px;
06	width: 200px;	13	}
07	}	14	

3. 编写网页 0805.html 的 HTML 代码

切换到网页文档 0805.html 的【代码】视图,在标签</head>前输入链接外部样式表的代码如下。

```
<link href="css/main.css" rel="stylesheet" type="text/css">
```

然后输入表 8-13 所示的 HTML 代码。

表 8-13　网页 0805.html 的 HTML 代码

序号	HTML 代码
01	<div id="main">
02	<div class="sd_pt"> 缩放图片</div>
03	<div class="img_reg">
04	<img src="images/01.jpg" alt="" >
05	</div>
06	</div>

4. 编写缩放图片的 JavaScript 代码

在网页的【代码】视图中,将光标置于</head>之前,然后输入表 8-14 所示的 JavaScript 代码。

表 8-14　缩入图片的 JavaScript 代码

序号	JavaScript 代码
01	<script language="JavaSript" type="text/javascript">
02	function change_imageSize(e, img)
03	{
04	var zoom = parseInt(img.style.zoom, 10) || 100;
05	zoom += event.wheelDelta / 12;
06	if (zoom > 0) img.style.zoom = zoom + '%';
07	return false;
08	}
09	</script>

表 8-14 中的 JavaScript 代码主要应用了逻辑运算符‖、算术表达式、关系表达式、复合赋值运算符、自定义函数、event 对象及其属性、style 对象及其属性等方面的知识。

① 第 04 行声明了一个变量 zoom，并将逻辑表达式的值赋给该变量，变量 zoom 表示缩放比例。如果函数 parseInt（str , radix）的返回值是以 10 为基数的整数，则将该整数值赋给变量 zoom；如果指定的字符串中不存在数字，函数 parseInt（str , radix）的返回值为 NaN，则将逻辑或运算符‖的第二个运算量 100 赋给变量 zoom。

说明：

① parseInt（str , radix）函数从字符串 String 中提取一个整数，当遇到非数字时停止提取，当第一个字符就不能转换时，返回 NaN，表示字符串中不存在数字。参数 radix 可以是 2～36 之间的任意整数，当 radix 为 0 或 10 时，提取的整数以 10 为基数表示，即返回 10、20、30、……、100、110、120、……。该函数可以用于将字符串转换为整数。

② NaN 是 JavaScript 的全局常量，表示非数字。

② 第 05 行根据滚轮滚动的大小改变变量 zoom 的值，传递给参数 e 的值为对象 event，其属性 wheelDelta 的值以 120 为基数，一般为 120、240、360、……，也可能为负数，即 -120、-240 等。算术表达式 e.wheelDelta / 12 的值可以为 10、20、30、……，也可以为负数，即 -10、-20、-30、……

③ 第 06 行为一个 if 语句，如果缩放比例大于 0，则给缩放比例加上符号%，然后赋给图像的 zoom 属性，改变该图像的大小。

④ 第 07 行表示该函数返回 false。

5. 编写代码调用函数

将光标置于标签 <img src="images/01.jpg" alt=""　> 内，然后输入代码 "onload="javascript: if(this.width>185) this.width=185"　onmousewheel="return change_imageSize (event,this)""。

① 代码 "onload="javascript:if(this.width>185)　this.width=185"" 表示加载网页文档时触发事件 onload，执行 JavaScript 代码 "if(this.width>185)　this.width=185"，即执行 if 语句，当图片的宽度大于 185 时，设置该图片的宽度为 185。

② 代码 "onmousewheel="return　change_imageSize(event,this)"" 表示在图片位置滚动滚轮时触发事件 onmousewheel，执行 JavaScript 代码 "return　change_imageSize (event,this)"，即调用自定义函数 change_imageSize，缩放图片大小。

网页 0805.html 的初始浏览效果如图 8-11 所示，转动鼠标滚轮时可以缩放图片。

【任务 8-6】 网页中制作圆角按钮和圆角图片

任务描述

① 创建网页 080601.html，该网页中制作的圆角渐变效果按钮的浏览效果如图 8-12
所示。

② 创建网页 080602.html，该网页中制作的圆角图片和图形图片的浏览效果如图 8-13
所示。

微课 8-6
网页中制作圆角按钮和
圆角图片

图 8-12
网页 080601.html 中圆角渐变
效果网页按钮的浏览效果

图 8-13
网页 080602.html 中圆角图片
和图形图片的浏览效果

任务实施

1. 创建文件夹和网页

在文件夹"单元 8"中创建子文件夹"任务 8-6"，再在该文件夹中创建 css 和 images
子文件夹，然后在子文件夹"任务 8-6"中创建网页 080601.html 和 080602.html。

网页 080601.html 样式
文件 main1.css 对应的
CSS 代码

2. 定义网页 080601.html 的 CSS 代码

网页 080601.html 中样式文件 main1.css 对应的 CSS 代码定义请见电子活页 8-3。

3. 编写网页 080601.html 的 HTML 代码

网页 080601.html 的 HTML 代码见表 8-15。

表 8-15 网页 080601.html 的 HTML 代码

序号	HTML 代码
01	<!doctype html>
02	<html>
03	<head>
04	<meta charset="utf-8">
05	<title>应用 CSS3 制作的圆角渐变效果的网页按钮</title>
06	<link href="css/main1.css" rel="stylesheet" type="text/css">
07	</head>
08	<body>
09	<div>
10	<a href="#" class="button green">Green</a>
11	<a href="#" class="button green bigrounded">Rounded</a>
12	<a href="#" class="button green medium">Medium</a>
13	<a href="#" class="button green small">Small</a>
14	</div>
15	</body>
16	</html>

4. 保存与浏览网页 080601.html

保存网页 080601.html，其浏览效果如图 8-12 所示。

5. 定义网页 080602.html 的 CSS 代码

网页 080602.html 对应的 CSS 代码见表 8-16。

表 8-16　网页 080602.html 的 CSS 代码

序号	CSS 代码
01	.normal img {
02	border: solid 5px #a9c08c;
03	-webkit-border-radius: 20px;
04	-moz-border-radius: 20px;
05	border-radius: 20px;
06	-webkit-box-shadow: inset 0 1px 5px rgba(0,0,0,.5);
07	-moz-box-shadow: inset 0 1px 5px rgba(0,0,0,.5);
08	box-shadow: inset 0 1px 5px rgba(0,0,0,.5);
09	}
10	
11	.circle {
12	position:relative;
13	display:inline-block;
14	width: 140px;
15	height: 140px;
16	-webkit-border-radius: 50em;
17	-moz-border-radius: 50em;
18	border-radius: 50em;
19	}

6. 编写网页 080602.html 的 HTML 代码

网页 080602.html 的 HTML 代码见表 8-17。

表 8-17　网页 080602.html 的 HTML 代码

序号	HTML 代码
01	<!doctype html>
02	<html>
03	<head>
04	<meta charset="utf-8">
05	<title>使用 CSS3 实现圆角和圆形图片</title>
06	<link href="css/main2.css" rel="stylesheet" type="text/css">
07	</head>
08	<body>
09	<span class="normal">
10	<img src="images/01.jpg" width="184" height="144" alt="img1">
11	</span>
12	<span class="circle" style="background:url(images/02.jpg) no-repeat center center; ">
13	</span>
14	</body>
15	</html>

7. 保存与浏览网页 080602.html

保存网页 080602.html，其浏览效果如图 8-13 所示。

【任务 8-7】 网页中实现图片拖动操作

微课 8-7
网页中实现图片
拖拽操作

 任务描述

创建网页 0807.html，该网页的初始浏览效果如图 8-14 所示。

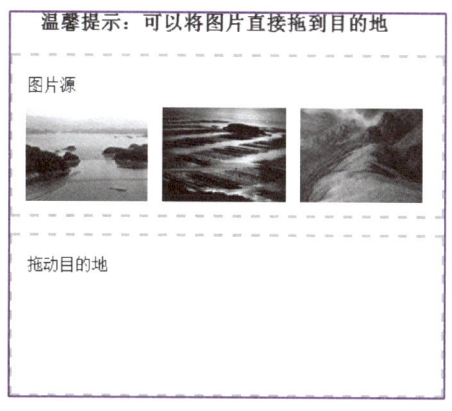

图 8-14
网页 0807.html 的初始浏览效果

 任务实施

1. 创建文件夹和网页

在文件夹"单元 8"中创建子文件夹"任务 8-7"，再在该文件夹中创建 css 和 images 子文件夹，然后在子文件夹"任务 8-7"中创建网页 0807.html。

2. 定义网页 0807.html 的 CSS 代码

网页 0807.html 的 CSS 代码见表 8-18。

表 8-18　网页 0807.html 的 CSS 代码

序号	CSS 代码	序号	CSS 代码
01	#info{	17	#trash {
02	padding-left:40px	18	border: 3px dashed #ccc;
03	}	19	float: left;
04	#album {	20	margin: 10px;
05	border: 3px dashed #ccc;	21	padding: 10px;
06	float: left;	22	width: 400px;
07	margin: 0px 10px 5px;	23	height: 130px;
08	padding: 10px;	24	clear: left;
09	width: 400px;	25	}
10	height: 130px;	26	
11	}	27	#album p,#trash p {
12	#album img,#trash img {	28	line-height: 25px;
13	margin: 3px;	29	margin: 0px;
14	height: 90px;	30	padding: 5px;
15	width: 120px;	31	height: 25px;
16	}	32	}

3．编写网页 0807.html 的 HTML 代码

网页 0807.html 的 HTML 代码见表 8-19。

表 8-19　网页 0807.html 的 HTML 代码

序号	HTML 代码
01	<div id="info">
02	<h3>温馨提示：可以将图片直接拖到目的地</h3>
03	</div>
04	<div id="album">
05	<p>图片源</p>
06	<img src="images/01.jpg" id="img1" draggable="true" >
07	<img src="images/02.jpg" id="img2" draggable="true" >
08	<img src="images/03.jpg" id="img3" draggable="true" >
09	</div>
10	<div id="trash">
11	<p>拖动目的地</p>
12	</div>
13	<script src="js/drag.js" type="text/javascript"></script>

4．编写网页 0807.html 的 JavaScript 代码实现图片拖动功能

网页 0807.html 中实现图片拖动功能的 JavaScript 代码见表 8-20。

表 8-20　网页 0807.html 中实现图片拖动功能的 JavaScript 代码

序号	JavaScript 代码
01	var info = document.getElementById("info");
02	//获得被拖动的元素，这里为图片所在的 div
03	var src = document.getElementById("album");
04	var dragImgId;
05	//开始拖动操作
06	src.ondragstart = function(e) {
07	//获得被拖动的图片 ID
08	dragImgId = e.target.id;
09	//获得被拖动元素
10	var dragImg = document.getElementById(dragImgId);
11	//拖动操作结束
12	dragImg.ondragend = function(e) {
13	//恢复提醒信息
14	info.innerHTML = "<h3>温馨提示：可以将图片直接拖到目的地</h3>";
15	};
16	e.dataTransfer.setData("text", dragImgId);
17	};
18	//拖动过程中
19	src.ondrag = function(e) {
20	info.innerHTML = "<h3>--图片正在被拖动--</h3>";
21	}
22	//获得拖动的目标元素

续表

序号	JavaScript 代码
23	var target = document.getElementById("trash");
24	//关闭默认处理；
25	target.ondragenter = function(e) {
26	e.preventDefault();
27	}
28	target.ondragover = function(e) {
29	e.preventDefault();
30	}
31	//有图片拖动到了目标元素
32	target.ondrop = function(e) {
33	var draggedID = e.dataTransfer.getData("text");
34	//获取图片中的 dom 对象
35	var oldElem = document.getElementById(draggedID);
36	//从图片 div 中删除该图片的节点
37	oldElem.parentNode.removeChild(oldElem);
38	//将被拖动的图片 dom 节点添加到目的地 div 中
39	target.appendChild(oldElem);
40	info.innerHTML = "<h3>温馨提示：可以将图片直接拖到目的地</h3>";
41	e.preventDefault();
42	}

5. 保存与浏览网页

保存网页 0807.html，其初始浏览效果如图 8-14 所示。在网页 0807.html 中将图片源的两幅图片拖到目的地后的效果如图 8-15 所示。

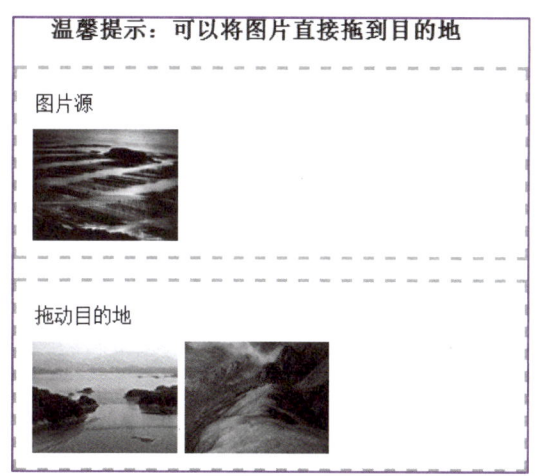

图 8-15
网页 0807.html 中将图片源的
两幅图片拖到目的地后的效果

【引导训练考核评价】

本单元的"引导训练"考核评价内容见表 8-21。

表 8-21 单元 8 "引导训练"考核评价表

	考核内容	标准分	计分
考核要点	（1）会创建网页特效实现在网页中显示当前日期	1	
	（2）会创建网页特效实现在不同时间段显示不同问候语	1	
	（3）会创建网页特效实现动态改变网页中文本字体大小	1	
	（4）会创建网页特效实现鼠标指针指向不同的超链接切换不同的图片	2	
	（5）会创建网页特效实现转动鼠标滚轮缩放图片	1	
	（6）会在网页中制作圆角按钮和圆角图片	1	
	（7）会在网页中实现图片拖动操作	2	
	（8）认真完成本单元的任务，态度端正、操作规范、时间观念强、有协作精神、学习效果较好	1	
	小计	10	
评价方式	自我评价	小组评价	教师评价
考核得分			
存在的主要问题			

【同步训练】

微课 8-8
网页中不同的节假日显示不同的问候语

【任务 8-8】 网页中不同的节假日显示不同的问候语

 任务描述

在文件夹"单元 8"中创建子文件夹"任务 8-8"，在该子文件夹中创建网页 0808.html，在该网页中应用 JavaScript 的 if 语句实现不同节假日显示不同的问候语，具体要求如下。

① 非节假日显示"天天快乐！"。

② 1 月 1 日显示"元旦快乐！"。

③ 5 月 1 日显示"五一劳动节快乐！"。

④ 10 月 1 日显示"国庆节快乐！"。

 【操作提示】

在不同节假日显示不同问候语的 JavaScript 代码见表 8-22。

表 8-22 在不同节假日显示不同问候语的 JavaScript 代码

序号	JavaScript 代码
01	`<script language="JavaScript" type="text/javascript">`
02	`<!--`
03	`var msg="天天快乐"；`
04	`var now=new Date()；`
05	`var month=now.getMonth()+1；`
06	`var Date=now.getDate()；`
07	`if(month==1 && Date==1)｛ msg="元旦快乐！"；｝`
08	`if(month==5 && Date==1)｛ msg="五一劳动节快乐！"；｝`
09	`if(month==10 && Date==1)｛ msg="国庆节快乐！"；｝`
10	`document.write(msg)；`
11	`//-->`
12	`</script>`

206

【任务 8-9】 制作包含多种特效的网页

 任务描述

① 在文件夹"单元 8"中创建子文件夹"任务 8-9",打开已有的网页 0809.html。

② 在网页 0809.html 中编写 JavaScript 程序,实现以下网页特效。

微课 8-9
制作包含多种特效的
网页

● 当鼠标指针指向图片显示边框,当鼠标指针离开图片取消边框。

● 自动显示当前年份。

● 动态切换网页的 CSS 样式。

网页 0809.html 的浏览效果如图 8-16 所示。

图 8-16
网页 0809.html
的浏览效果

 【操作提示】

① "当鼠标指针指向图片显示边框,当鼠标指针离开图片取消边框"特效的实现方
法如下。

● 首先在网页的<head>与</head>之间添加表 8-23 所示的 JavaScript 程序代码定义函
数 imgBorder( )。

表 8-23 自定义函数 imgBorder 的代码

序号	JavaScript 程序代码
01	`<script language="JavaScript1.2">`
02	`  function imgBorder(which,color){`
03	`    if (document.all‖document.getElementById){`
04	`      which.style.borderColor=color`
05	`    }`
06	`  }`
07	`</script>`

● 然后在相应图片代码位置添加代码调用函数 imgBorder( ),完整的代码如下。

```
<div id="banner">
  <div class="banner-a" >
    <img class="imageborder" src="images/b01.jpg" width="396" height="120" alt=""
    onMouseover="imgBorder(this,'green')" onMouseout="imgBorder(this,'white')" >
  </div>
  <div class="banner-b" >
    <img class="imageborder" src="images/b02.jpg" width="396" height="120" alt=""
    onMouseover="imgBorder(this,'green')" onMouseout="imgBorder(this,'white')" >
  </div>
</div>
```

207

② 显示当前年份的 JavaScript 程序见表 8-24。

表 8-24　显示当前年份的 JavaScript 程序

序号	JavaScript 程序代码
01	script language="JavaScript">
02	today=new Date();
03	toyear=today.getFullYear() ;
04	document.write(toyear) ;
05	</script>

③ 动态切换网页的 CSS 样式的实现方法如下。

● 首先在网页的 <head> 与 </head> 之间添加表 8-25 所示的 JavaScript 程序代码定义函数 imgBorder( )。

表 8-25　自定义函数 changestyle ( )的代码

序号	JavaScript 程序代码
01	<script type="text/javascript">
02	function changeStyle(name){
03	css=document.getElementById("cssfile");
04	css.href="css/"+name+".css";
05	}
06	</script>

● 然后为链接的外部 CSS 样式文件添加 ID 标识 cssfile，代码如下。

```
<link href="css/style1.css" rel="stylesheet" type="text/css" id="cssfile" >
```

● 在网页中相应文字位置添加代码调用函数 changestyle( )，实现动态改变样式，完整的代码如下。

```
<span style="cursor:pointer" onclick="changeStyle('style1');">
    应用 CSS 样式 1 |</span>
<span style="cursor:pointer" onclick="changeStyle('style2');"> 
    应用 CSS 样式 2</span>
```

【同步训练考核评价】

本单元"同步训练"评价内容见表 8-26。

表 8-26　单元 8"同步训练"评价表

任务名称	【任务 8-8】网页中不同的节假日显示不同的问候语 【任务 8-9】制作包含多种特效的网页				
完成方式	【　】小组协作完成　　　　【　】个人独立完成				
同步训练任务完成情况评价					
自我评价		小组评价		教师评价	
存在的主要问题					

208

【问题探究】

【探究1】 Dreamweaver 制作网页特效的常用方法有哪些?

Dreamweaver 制作网页特效的常用方法如下。

① 使用 HTML 标签制作网页特效。

② 使用 CSS 样式制作网页特效。

③ 使用 JavaScript 程序制作网页特效。

④ 使用行为制作网页特效。

在 Dreamweaver 中,预设了一些行为,通过行为可以轻松制作出一些网页特效,使网页具有一些动感效果。Dreamweaver 以可视化的方法设置行为,插入行为是 Dreamweaver 自动给网页添加了一些 JavaScript 代码,这些代码能够实现动感网页的效果。可以将行为附加到整个文档,也可以附加到链接、图像、表单元素或其他页面元素,也可以为每个事件指定多个动作。

Dreamweaver 中,一个行为是一个事件和一个动作的结合,动作是由预先写好的能够执行某种任务的 JavaScript 代码组成,而事件是与浏览者的操作相关,如单击鼠标等。动作只有在某个事件发生时,才被执行。当给页面元素添加行为时,要指定激活动作的事件。

【探究2】 JavaScript 的常量有哪几种类型? 各有何特点?

JavaScript 有以下 6 种基本类型的常量。

① 整型常量:整型常量是程序运行过程中不能改变的数据,可以使用十进制、十六进制、八进制表示。

② 实型常量:实型常量是由整数部分加小数部分表示,可以使用科学表示法或标准方法表示。

③ 布尔型常量:布尔型常量有 Ture 或 False 两种值,主要用来说明或代表一种状态。

④ 字符型常量:使用单引号 ('') 或双引号 ("") 括起来的一个或几个字符。

⑤ 空值:JavaScript 中有一空值 Null,表示什么也没有。如果试图引用没有定义的变量,则返回 Null 值。

⑥ 特殊字符:JavaScript 中包含以反斜杠 (/) 开头的特殊字符,通常称为控制字符。

【探究3】 JavaScript 变量的命名规则有哪些? 变量有哪几种类型? 如何声明变量?

① 变量的命名必须以字母开头,中间可以出现字母、数字、下画线,变量名不能有空格、+、-等字符,JavaScript 的关键字不能作变量名。

② 变量有 4 种类型:整型变量、实型变量、布尔型变量、字符串变量。

③ JavaScript 变量在使用前可以使用 var 关键字先进行声明,并且可以赋初值。JavaScript 中,变量也可以先不予以声明,而是在使用时根据数据类型来确定其变量类型,但是这样可能会引起混乱,建议变量在使用前先进行声明。

【探究4】 JavaScript 常用的运算符有哪几种? 表达式有哪几种?

JavaScript 常用的运算符有:算术运算符 (包括+、-、*、/、%、++、--),比较运算符 (包括<、<=、>、>=、==、!=),逻辑运算符 (&&、||、!),赋值运算符 (=),条件运算符 (?:) 以及其他类型的运算符。

JavaScript 的表达式可以分为算术表达式、字符串表达式、赋值表达式和逻辑表达式。

【探究5】JavaScript 的条件语句有哪几种？各自的语法格式和执行规则如何？

JavaScript 的条件语句有 3 种：if 语句、if else 语句、switch 语句。

（1）if **语句**

if 语句的语法格式如下。

```
if(<表达式>)
    <语句块>
```

若表达式的值为 true，执行该语句块，否则就跳过该语句块。如果要执行的语句只有一条，可以和 if 写在同一行；如果要执行的语句有多条，则应使用"{ }"将这些语句括起来。

（2）if else **语句**

if else 语句的语法格式如下。

```
if(<表达式>)
    <语句块 1>
else
    <语句块 2>
```

若表达式的值为 true，执行语句块 1，否则执行语句块 2。同样要执行的语句有多条，应使用"{ }"将这些语句括起来。

（3）switch **语句**

switch 语句的语法格式如下。

```
switch  (<表达式>)  {
    case <数据 1>:
        <语句块 1>
        break ;
    case <数据 2>:
        <语句块 2>
        break ;
    ......
    default :
    <语句块 3>
}
```

switch 语句中的表达式不一定是条件表达式，可以是普通表达式，其值可以是数值、字符串或布尔值。执行 switch 语句时，首先将表达式的值与一组数据进行比较，当表达式的值与所列数据值相等时，则执行其中的语句块；如果表达式的值与所有列出的数据值都不相等，就会执行 default 后的语句块；如果没有 default 关键字，就会跳出 switch 语句执行 switch 语句后面的语句；其中关键字 break 用于跳出 switch 语句。

【探究6】JavaScript 的循环语句有哪几种？各自的语法格式和执行规则是什么？

JavaScript 中提供了 3 种循环语句：for 语句、while 语句、do while 语句，同时还提供了 break 语句（用于跳出循环）、continue 语句（用于终止当前循环并继续执行一轮循环）以及标号语句。

（1）for **语句**

for 语句的语法格式如下。

```
for (<表达式 1>；<表达式 2>；<表达式 3>)
    {
        <循环语句>
    }
```

先执行表达式 1，完成初始化；然后判断表达式 2 的值是否为 true，如果为 true，执行循环语句，否则退出循环；执行循环语句块之后，执行表达式 3；然后重新判断表达式 2 的值，若其值为 true，再次重复执行循环语句，如此循环执行。

（2）while 语句

while 语句的语法格式如下。

```
while (<表达式>)
  {
    <循环语句>
  }
```

先计算表达式的值，如果表达式的值为 true，执行循环语句，否则跳出循环。

（3）do while 语句

do while 语句的语法格式如下。

```
do
  {
    <循环语句>
  } while (<表达式>)
```

先执行循环语句，然后计算表达式的值，如果表达式的值为 true，继续执行循环语句块，否则跳出循环。

【探究 7】 JavaScript 中有几种全局函数？如何定义 JavaScript 的函数？

JavaScript 有以下 7 个全局函数：escape()、eval()、isFinite()、isNaN()、parseFloat()、parseInt()、unescape()，用于完成一些常用的功能。

JavaScript 函数的定义格式如下。

```
function 函数名称（参数表）
  {
    <函数执行部分>    ；
    return   <表达式>   ；
  }
```

函数定义中的 return 语句用于返回函数的值。

【探究 8】 JavaScript 的常用的事件有哪些？这些事件如何被触发？

JavaScript 常用的事件如下。

① onClick 事件：单击鼠标按键时触发 onClick 事件。

② onDblClick 事件：双击鼠标按键时触发 onDblClick 事件。

③ onLoad 事件：当前网页被加载显示时触发 onLoad 事件。

④ onMouseDown 事件：按下鼠标按键触发 onMouseDown 事件。

⑤ onMouseUp 事件：松开鼠标按键触发 onMouseUp 事件。

⑥ onMouseOver 事件：当鼠标指针移动到页面元素上方时触发 onMouseOver 事件。

⑦ onMove 事件：窗口被移动时触发 onMove 事件。

⑧ onReset 事件：页面上表单元素的值被重置时触发 onReset 事件。

⑨ onSubmit 事件：页面上表单被提交时触发 onSubmit 事件。

⑩ onUnload 事件：当前网页被关闭时触发 onUnload 事件。

【探究 9】 说明 JavaScript 对象的层次结构。

可以将 JavaScript 对象分为 4 个层次。

（1）第一层次

JavaScript 对象的层次结构中顶层的对象是窗口对象（window），它代表当前浏览器窗口。该对象包括许多属性、方法和事件，编程人员可以利用这些对象控制浏览器窗口。window 对象常用的方法有：open()、close()、alert()、confirm()、prompt()等。

（2）第二层次

窗口对象 window 之下是文档（document）、浏览器（navigator）、屏幕（screen）、事件（event）、框架（frame）、历史（history）、地址（location）。

（3）第三层次

文档对象之下包括表单（form）、图像（image）、链接（link）、锚（anchor）等对象。浏览器对象之下包括 MIME 类型对象（mimeType）、插件对象（plugin）等。

（4）第四层次

表单对象之下包括按钮（button）、复选框（checkbox）、单选按钮（radio）、文件域（fileUpload）等对象。

【探究 10】 简述 JavaScript 的主要对象及其功能。

（1）window 对象

window 对象代表当前窗口，是每一个已打开的浏览器窗口的父对象，包含了 document、navigator、location、history 等子对象。

（2）document 对象

document 对象代表当前浏览器窗口中的文档，使用该对象可以访问到文档中的对象，如图像、表单等。

（3）navigator 对象

navigator 对象提供了浏览器环境的信息，包括浏览器的版本号、运行的平台等信息。

（4）location 对象

location 对象表示窗口中显示的当前网页的 URL 地址，可以使用该对象让浏览器打开某网页。

（5）history 对象

history 对象表示窗口中最近访问网页的 URL 地址。

【探究 11】 JavaScript 常用的内置对象有哪几种？

JavaScript 常用的内置对象如下。

（1）String 对象

一般利用 String 对象提供的函数来处理字符串。String 对象字符串的处理主要提供了以下方法：substring ()、charAt()、indexOf()、lastIndexOf()、toLowerCase()、toUpperCase()。

（2）Math 对象

Math 对象包含用于各种数学运算的属性和方法，Math 对象的内置方法可以在不使用构造函数创建对象的情况下直接调用。调用形式如下。

Math.数学函数（参数）

例如，计算cos(π/6)可以写成：Math.cos(Math.PI/6)。

（3）Date 对象

Date 对象也就是日期对象，主要用于从系统中获得当前的日期和时间、设置当前日期和时间、在时间和日期同字符串之间转换。

日期对象在使用前必须使用 new 声明一个新的对象实体，然后通过该对象实体调用其方法。创建 Date 对象时没有给定参数，新对象就被设置为当前日期；如果给定参数，新对象就表示指定的日期和时间。

日期对象的方法 getMonth()返回当前日期中月份的整数（0～11），方法 getDay()返回一个整数，表示一星期中的某一天（0～6，0 表示星期日，6 表示星期六）。

（4）Array 对象

Array 对象也就是数组对象，利用 new 构造数组对象。JavaScript 和 C 语言一样，数组的下标从 0 开始，创建数组后，能够用"[ ]"符号访问数组元素。

【探究 12】编写 JavaScript 程序时如何正确引用 JavaScript 对象？

JavaScript 中引用对象时根据对象的包含关系，使用成员引用操作符"."一层一层地引用对象。例如，如果要引用 document 对象，应使用 window.document，由于 window 对象是默认的最上层对象，因此引用其子对象时，可以不使用 window，而直接使用 document 引用 document 对象。

当引用较低层次的对象时，一般有两种方式：使用对象索引或使用对象名称（或 ID）。例如，如果要引用网页文档中第一个表单对象，可以使用 document.forms[0]形式来引用；如果该表单的 name 属性为 form1（或者 ID 属性为 form1），也可以用 document.forms["form1"]形式或直接使用 document1.form1 形式来引用该表单。如果在名称为 form1 的表单中包括一个名称为 text1 的文本框，可以用 document.form1.text1 形式来引用该文本框对象。

对于不同的对象，通常还有一些特殊的引用方法。例如，如果要引用表单对象中包含的对象，可以使用 elements 数组；引用当前对象，可以使用 this。

内置对象都有自己的方法和属性，访问的方法如下。

- 对象名.属性名称。
- 对象名.方法名称（参数表）。

【探究 13】典型的 JavaScript 框架有哪些？

JavaScript 高级程序设计（特别是对浏览器差异的复杂处理）通常很困难也很耗时，为了简化 JavaScript 的开发，许多 JavaScript 库应运而生。这些 JavaScript 库常被称为 JavaScript 框架。这些库封装了很多预定义的对象和实用函数，能帮助用户轻松建立有高难度交互的富客户端页面，并且兼容各种浏览器。

广受欢迎的 JavaScript 框架有 jQuery、Prototype、MooTools 等，所有这些框架都提供针对常见 JavaScript 任务的函数，包括动画、DOM 操作以及 Ajax 处理。

（1）jQuery

jQuery 是继 Prototype 之后又一个优秀的 JavaScript 库，是由 John Resig 创建于 2006 年 1 月的开源项目。jQuery 是目前最受欢迎的 JavaScript 库，它使用 CSS 选择器来访问和操作网页上的 HTML 元素（DOM 对象），同时提供 companion UI（用户界面）和插件。目前，Google、Microsoft、IBM、Netflix 等许多大公司在网站上都使用了 jQuery。

笔 记

（2）Prototype

Prototype 是一个 JavaScript 库，提供用于执行常见 Web 任务的简单 API。API（Application Programming Interface，应用程序编程接口）是包含属性和方法的库，用于操作 HTML DOM。Prototype 通过提供类和继承，实现了对 JavaScript 的增强。

（3）MooTools

MooTools 也是一个 JavaScript 库，提供了可使常见的 JavaScript 编程更为简单的 API，也包含一些轻量级的效果和动画函数。

【探究 14】举例阐述 jQuery 的选择器。

jQuery 的选择器就是"选择某个网页元素，然后对其进行某种操作"，使用 jQuery 的第一步，往往就是将一个选择表达式，放进构造函数 jQuery()（简写为 $），然后得到被选中的元素。

jQuery 的选择器允许对元素组或单个元素进行操作。jQuery 元素选择器和属性选择器通过标签名、属性名或内容对 HTML 元素进行选择。jQuery 使用 CSS 选择器来选取 HTML 元素，使用路径表达式来选择带有给定属性的元素。

选择表达式可以是 CSS 选择器，示例代码如下。

```
$(document)                //选择整个文档对象
$('#myId')                 //选择 ID 为 myId 的网页元素
$('div.myClass')           //选择 class 为 myClass 的 div 元素
$('input[name=first]')     //选择 name 属性等于 first 的 input 元素
```

也可以是 jQuery 特有的表达式，示例代码如下。

```
$('a:first')               //选择网页中第一个 a 元素
$('tr:odd')                //选择表格的奇数行
$('#myForm:input')         //选择表单中的 input 元素
$('div:visible')           //选择可见的 div 元素
$('div:gt(2)')             //选择所有的 div 元素，除了前 3 个
$('div:animated')          //选择当前处于动画状态的 div 元素
```

如果选中多个元素，jQuery 提供过滤器，可以缩小结果集，示例代码如下。

```
$('div').has('p')          //选择包含 p 元素的 div 元素
$('div').not('.myClass')   //选择 class 不等于 myClass 的 div 元素
$('div').filter('.myClass')//选择 class 等于 myClass 的 div 元素
$('div').first()           //选择第 1 个 div 元素
$('div').eq(5)             //选择第 6 个 div 元素
```

有时，需要从结果集出发，移动到附近的相关元素，jQuery 也提供了在 DOM 树上的移动方法，示例代码如下。

```
$('div').next('p')         //选择 div 元素后面的第一个 p 元素
$('div').parent()          //选择 div 元素的父元素
$('div').closest('form')   //选择离 div 最近的那个 form 父元素
$('div').children()        //选择 div 的所有子元素
$('div').siblings()        //选择 div 的同级元素
```

【探究 15】举例说明 jQuery 的链式操作。

jQuery 有一种名为链接（chaining）的技术，允许在相同元素上运行多条 jQuery 命令，

允许将所有操作连接在一起，以链条的形式写出来。

链接是一种在同一对象上执行多个任务的便捷方法，jQuery 会抛掉多余空格，并按照一行长代码来执行代码行。这样，浏览器就不必多次查找相同的元素，如需链接一个动作，只需简单地将该动作追加到之前的动作上。

下面的示例代码将 css()、slideUp()、slideDown()链接在一起。demo 元素首先会变为红色，然后向上滑动，然后向下滑动：

```
$("#demo").css("color","red").slideUp(2000).slideDown(2000);
```

如果需要，也可以添加多个方法调用。

✎ 提示：

当进行链接时，代码行的可读性会变差。不过，jQuery 在语法上不是很严格，可以使用折行和缩进增强代码的可读性，这样并不会影响代码的运行结果。例如：

```
$("#demo").css("color","red")    //设置颜色
          .slideUp(2000)         //向上滑动
          .slideDown(2000) ;     //向下滑动
```

链式操作 jQuery 的特点，在于每一步 jQuery 操作，返回的都是一个 jQuery 对象，所以不同操作可以链接在一起。

➲【单元习题】

请见电子活页 8-4。

单元 8 习题

单元 9　制作包含音频与视频的网页

HTML5 可以使用\<audio\>标签在页面中播放音乐，使用\<video\>标签在网页中播放视频，相对 HTML4 使用\<embed\>和\<object\>标签在页面中播放音乐或视频要简单得多。

单元 9 素质目标

【知识疏理】

1. HTML5 的多媒体元素标签

（1）<audio>标签

<audio>标签用于定义音频内容，如音乐或其他音频流。<audio>与</audio>之间插入的文本内容是供不支持 audio 元素的浏览器显示出不支持该标签的提示信息。示例代码如下。

```
<audio controls>
    <source src="horse.ogg" type="audio/ogg">
    <source src="horse.mp3" type="audio/mpeg">
    您的浏览器不支持<audio>标签
</audio>
```

当前，audio 元素主要支持 3 种音频格式，分别为 Ogg Vorbis、MP3 和 Wav。audio 元素允许多个 source 元素，source 元素可以链接不同的音频文件，浏览器将使用第一个可识别的格式进行播放。

（2）<video>标签

<video>标签用于定义视频，如电影片段或其他视频流。示例代码如下。

```
<video src="movie.ogg" controls="controls">您的浏览器不支持<video>标签</video>
```

<video>与</video>之间插入的文本内容是供不支持 video 元素的浏览器显示出不支持该标签的提示信息。

当前，video 元素支持以下 3 种视频格式。

- Ogg：带有 Theora 视频编码和 Vorbis 音频编码的 Ogg 文件。
- MPEG4：带有 H.264 视频编码和 AAC 音频编码的 MPEG 4 文件。
- WebM：带有 VP8 视频编码和 Vorbis 音频编码的 WebM 文件。

video 元素允许多个 source 元素，source 元素可以链接不同的视频文件，浏览器将使用第一个可识别的格式进行播放。

（3）<source>标签

<source>标签用于为多媒体元素（如<video>和<audio>）定义媒介资源。<source>标签允许指定可替换的视频/音频文件，供浏览器根据它对媒体类型或者解码器的支持进行选择。

（4）<embed>标签

<embed>标签用于定义嵌入的内容（包括各种媒体），格式可以是 MIDI、WAV、AIFF、AU、MP3、Flash 等。示例代码如下。

```
<embed src="01.swf" >
```

（5）<track>标签

<track>标签为诸如<video>和<audio>元素之类的媒介规定外部文本轨道。

2. CSS 媒介类型

媒介类型（Media Types）允许定义以何种媒介来提交文档。文档可以显示在显示器、

纸媒介或者听觉浏览器中。某些 CSS 属性仅仅被设计为针对某些媒介，如 voice-family 属性被设计为针对听觉用户终端。其他属性可用于不同的媒介，如 font-size 属性可用于显示器以及印刷媒介，但是也许会带有不同的值。显示器上显示的文档通常会需要比纸媒介文档更大的字号，同时，在显示器上 sans-serif 字体更易阅读，而在纸媒介上 serif 字体更易阅读。

3．@media 规则

@media 规则用于实现在相同样式表中，使用不同样式规则来针对不同的媒介。

下面这个示例代码中的样式告知浏览器在显示器上显示 14 像素的 Verdana 字体。但是，如果页面需要被打印，将使用 10 像素的 Times 字体。注意，font-weight 被设置为粗体，不论显示器还是纸媒介。

```
<html>
  <head>
  <style>
    @media screen
    {
      p.test {font-family:verdana,sans-serif; font-size:14px}
    }
    @media print
    {
      p.test {font-family:times,serif; font-size:10px}
    }
    @media screen,print
    {
      p.test {font-weight:bold}
    }
  </style>
  </head>
  <body>....</body>
</html>
```

注意：

媒介类型名称对大小写不敏感。

【操作准备】

（1）创建所需的文件夹

在本地硬盘（如 D 盘）中创建一个文件夹"网页设计与制作案例"，在该文件夹中创建子文件夹"单元 9"。

（2）启动 Dreamweaver

使用 Windows 的【开始】菜单或桌面快捷方式启动 Dreamweaver。

（3）创建本地站点

创建一个名称为"单元 9"的本地站点，站点文件夹为"单元 9"。

【引导训练】

【任务 9-1】　制作包含 HTML5 音乐播放器的网页

 **任务描述**

创建网页 0901.html，在该网页中插入 HTML5 Audio 元素，该元素用于播放音频，浏览网页时 Audio 元素的界面效果如图 9-1 所示。

图 9-1
网页音乐播放器 0901.html 的界面效果

 任务实施

1. 创建文件夹与网页

在文件夹"单元 9"中创建子文件夹"任务 9-1"，再在文件夹"任务 9-1"中创建子文件夹 css、images、text 等，且将所需的素材复制到对应的子文件夹中。在文件夹"任务 9-1"中创建网页 0901.html。

2. 在网页中插入 HTML5 Audio 元素

在网页的【设计】视图，在【插入】-【HTML】面板中单击【HTML5 Audio】按钮，如图 9-2 所示。于是，在光标位置插入一个 HTML5 Audio 元素，对应的 HTML 代码如下。

```
<audio controls></audio>
```

图 9-2
单击【HTML5 Audio】按钮

3. 设置 HTML5 Audio 元素的属性

在网页中选中 Audio 元素，在【属性】-【音频】面板中设置 ID 为 Audio1、"源"为 music/song.mp3、Title 为"音乐播放器"，选择 Controls 复选框。Audio 元素的属性设置完成后，【属性】面板如图 9-3 所示。

图 9-3
设置 Audio
元素的属性

对应的代码如下。

```
<audio id="audio1" title="音乐播放器" controls="controls" >
        <source src="music/song.mp3" type="audio/mp3">
</audio>
```

4. 编写 JavaScript 代码实现自动播放功能

在网页【代码】视图中的</head>代码之前输入表 9-1 所示的 JavaScript 代码，实现打开网页时自动播放音乐的功能。

表 9-1　打开网页时实现自动播放功能的 JavaScript 代码

序号	HTML 代码
01	<script type="text/javascript">
02	window.addEventListener('load', eventWindowLoaded, false);
03	function eventWindowLoaded() {
04	var audioElement = document.getElementById("theaudio");
05	audioElement.play();
06	}
07	</script>

5. 保存与浏览网页

保存网页 0901.html，在浏览器中浏览该网页，打开网页时即可自动播放音乐，Audio 元素的界面效果如图 9-1 所示。通过调整音量条可以调节音量大小，如图 9-4 所示。

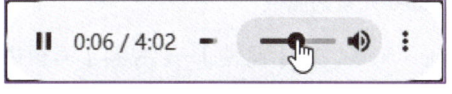

图 9-4
通过调整音量条调节音量大小

【任务 9-2】 制作包含 HTML5 视频播放器的网页

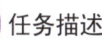 **任务描述**

创建网页 0902.html，在该网页中插入 HTML5 Video 元素，该元素用于播放视频，浏览网页时 Video 元素的界面效果如图 9-5 所示。

微课 9-2
制作包含 HTML5 视频
播放器的网页

221

图 9-5
网页视频播放器 0902.html
的浏览效果

 任务实施

1. 创建所需的文件夹和网页

在文件夹"单元 9"中创建子文件夹"任务 9-2",在文件夹"任务 9-2"中创建网页 0902.html。

2. 在网页中插入 HTML5 Video 元素

在网页的【设计】视图,在【插入】-【HTML】面板中单击【HTML5 Video】按钮,如图 9-6 所示。于是,在光标位置插入一个 HTML5 Video 元素,对应的 HTML 代码如下。

```
<video controls></video>
```

图 9-6
单击【HTML5 Video】按钮

3. 设置 HTML5 Video 元素的属性

在网页中选中 Video 元素,在【属性】-【视频】面板中设置 ID 为 video1、W 为 640 像素、H 为 264 像素、"源"为 video/oceans-clip.mp4、Poster 为 images/oceans-clip.png,选择 Controls 复选框。Video 元素的属性设置完成后,【属性】面板如图 9-7 所示。

图 9-7
在【属性】面板中设置
Video 元素的属性

对应的代码如下。

```
<video width="640" height="264" id="video1" title="网页视频播放器"
        controls="controls" >
    <source src="video/oceans-clip.mp4" type="video/mp4">
    <source src="video/oceans-clip.webm" type="video/webm">
    <source src="video/oceans-clip.ogv" type="video/ogg">
</video>
```

4. 保存与浏览网页

保存网页 0902.html，浏览该网页，Video 元素的界面效果如图 9-5 所示。在图 9-5 所示的视频播放器中单击【播放】按钮，即可开始播放视频，如图 9-8 所示，通过调整音量条还可以调节音量大小。

图 9-8
网页视频播放器 0901.html
的播放效果

【引导训练考核评价】

本单元的"引导训练"考核评价内容见表 9-2。

表 9-2　单元 9 "引导训练"考核评价表

	考核内容	标准分	计分
考核要点	（1）网页中会插入 HTML5 Audio 元素	0.5	
	（2）会设置 HTML5 Audio 元素的属性	0.5	
	（3）会通过编写 JavaScript 代码方式实现自动播放功能	1	
	（4）在网页中会插入 HTML5 Video 元素	0.5	
	（5）设置 HTML5 Video 元素的属性	0.5	
	（6）认真完成本单元的任务，态度端正、操作规范、时间观念强、有协作精神、学习效果较好	1	
	小计	4	
评价方式	自我评价	小组评价	教师评价
考核得分			
存在的主要问题			

223

【同步训练】

【任务 9-3】　制作基于 HTML5 的无界面音乐播放器

微课 9-3
制作基于 HTML5 的无
界面音乐播放器

任务描述

在网页 0903.html 中插入 HTML5 Audio 元素制作音乐播放器，通过设置 HTML5 Audio 元素的属性实现浏览网页时音乐播放器能自动播放，也能实现反复循环播放音乐，但网页中不会出现音乐播放器的界面，相当于播放背景音乐。

【操作提示】

在网页 0903.html 中插入 HTML5 Audio 元素并设置其属性，对应的代码如下。

```
<audio id="audio1" title="音乐播放器"
    autoplay="autoplay" loop="loop" >
    <source src="media/北京北京.mp3" type="audio/mp3">
</audio>
```

在浏览器中浏览网页 0903.html 时，即可自动播放音乐，但网页看不到音乐播放器的界面。

【任务 9-4】　制作打开网页时自动播放的视频播放器

微课 9-4
制作打开网页时自动播
放的视频播放器

任务描述

在网页 0904.html 中插入 HTML5 Video 元素制作网页视频播放器，通过设置 HTML5 Video 元素的属性实现打开网页时视频播放器能自动播放，并在播放界面显示播放、暂停和音量等控件。网页 0904.html 中视频播放器的播放效果如图 9-9 所示。

图 9-9
播放效果

【操作提示】

网页视频播放器对应的 HTML 代码见表 9-3。

表 9–3　网页视频播放器对应的 HTML 代码

序号	HTML 代码
01	\<video width="720" height="400" id="media" title="视频播放器"
02	controls="controls" autoplay="autoplay" >
03	\<source src="video/trailer.mp4" type="video/mp4">
04	\<source src="video/trailer.ogg" type="video/ogg">
05	\</video>

保存网页 0904.html，在浏览器中浏览该网页，其播放效果如图 9-9 所示。

【同步训练考核评价】

本单元"同步训练"的评价内容见表 9-4。

表 9–4　单元 9 "同步训练"评价表

任务名称	【任务 9-3】制作基于 HTML5 的无界面音乐播放器 【任务 9-4】制作打开网页时自动播放的视频播放器		
完成方式	【　】小组协作完成　　　　【　】个人独立完成		
同步训练任务完成情况评价			
自我评价		小组评价	教师评价
存在的主要问题			

【问题探究】

【探究 1】 HTML5 的音频/视频标签有哪些？
HTML5 的音频/视频标签见表 9-5。

表 9–5　HTML5 的音频/视频标签

标签名称	标签描述	标签名称	标签描述
\<audio>	定义声音内容	\<track>	定义用在媒体播放器中的文本轨道
\<source>	定义媒介源	\<video>	定义视频
\<object>	定义嵌入的对象	\<param>	定义对象的参数
\<embed>	为外部应用程序（非 HTML）定义容器		

【探究 2】 HTML5 的 Audio/Video 属性有哪些？
HTML5 的 Audio/Video 属性请见电子活页 9-1。
【探究 3】 HTML5 的 Audio/Video 方法有哪些？
HTML5 的 Audio/Video 方法见表 9-6。

HTML5 的 Audio/ Video
属性

表 9-6　HTML5 的 Audio/Video 方法

方法名称	方法描述	方法名称	方法描述
load()	重新加载音频/视频元素	play()	开始播放音频/视频
addTextTrack()	向音频/视频添加新的文本轨道	pause()	暂停当前播放的音频/视频
canPlayType()	检查浏览器是否能播放指定的音频/视频类型		

HTML5 的 Audio/Video 事件

【探究 4】 HTML5 的 Audio/Video 事件有哪些?

HTML5 的 Audio/Video 事件请见电子活页 9-2。

【探究 5】 HTML5 的 <source> 标签的属性有哪些?

HTML5 的 <source> 标签属性见表 9-7。

表 9-7　HTML5 的 <source> 标签属性

属性名称	取值	属性描述
media	media query	规定媒体资源的类型
src	url	规定媒体文件的 URL
type	numeric value	规定媒体资源的 MIME 类型

【探究 6】 HTML5 的 <embed> 标签属性有哪些?

HTML5 的 <embed> 标签属性见表 9-8。

表 9-8　HTML5 的 <embed> 标签属性

属性名称	取值	属性描述	属性名称	取值	属性描述
src	url	嵌入内容的 URL	type	type	定义嵌入内容的类型
height	像素	设置嵌入内容的高度	width	像素	设置嵌入内容的宽度

➲【单元习题】

请见电子活页 9-3。

单元 9 习题

单元 10　网页整体和网页元素布局与美化

使用 HTML+CSS 进行网页布局，能够真正做到 Web 标准所要求的网页内容与表现相分离，CSS 代码可以更好地控制元素定位，使用外边距、边框、颜色等属性可以设置格式，从而使网站维护更加方便和快捷。网页整体的布局结构通常有两列式、三列式和多列式等多种形式。

- 两列式网页布局是较常用的网页整体布局方式，两列式布局可以使用浮动布局或者层布局实现，实现方式也多种多样。浮动布局可以设计成宽度固定，左、右两列都浮动，也可以使用百分比形式定义列自适应宽度。层布局可以采用绝对定位，把左、右列固定在左右两边。
- 三列式网页布局也是一种较常用的网页整体布局方式，它使网站内容显得非常丰富，能充分利用网页空间。三列式布局相对复杂，可以使用嵌套浮动、并列浮动、并列层等多种方式实现，宽度可以定义为固定值或自适应宽度。
- 多列式网页布局结构较复杂，可以采用嵌套结构、并列浮动结构和列表结构，其实现方法与两列式网页布局、三列式网页布局类似。

单元 10 素质目标

【知识疏理】

1. CSS 定位属性

CSS 定位（Positioning）属性允许对元素进行定位，CSS 为定位和浮动提供了一些属性，利用这些属性，可以建立多列式布局，也可以将布局的一部分与另一部分重叠。

div、h1 或 p 元素常常称为块级元素。这意味着这些元素显示为一块内容，即"块框"。与之相反，span 和 strong 等元素称为"行内元素"，这是因为它们的内容显示在行中，即"行内框"。

可以使用display 属性改变生成框的类型。这意味着，通过将display 属性设置为 block，可以让行内元素（如<a>元素）表现得像块级元素一样。还可以通过把 display 属性设置为none，让生成的元素没有框。这样，该框及其所有内容就不再显示，不占用文档中的空间。但是在一种特殊情况下，没有进行显式定义，也会创建块级元素，这种情况发生在将一些文本添加到一个块级元素（如 div）的开头，即使没有将这些文本定义为段落，它也会被当作段落对待，示例代码如下。

```
<div>
    some text
    <p>Some more text.</p>
</div>
```

在这种情况下，这个框称为无名块框，因为它不与专门定义的元素相关联。

块级元素的文本行也会发生类似的情况。假设有一个包含 3 行文本的段落，每行文本形成一个无名框，无法直接对无名块或行框应用样式，因为没有可以应用样式的地方（注意，行框和行内框是两个概念）。但是，这有助于理解在屏幕上看到的所有东西都形成某种框。

（1）CSS 定位机制

CSS 有 3 种基本的定位机制，分别为普通流、浮动和绝对定位。除非专门指定，则所有框都在普通流中定位，即普通流中元素的位置由元素在 HTML 中的位置决定。

块级框从上到下一个接一个地排列，框之间的垂直距离是由框的垂直外边距计算出来，行内框在一行中水平布置，可以使用水平内边距、边框和外边距调整它们的间距。但是，垂直内边距、边框和外边距不影响行内框的高度。由一行形成的水平框称为行框（Line Box），行框的高度总是足以容纳它包含的所有行内框。不过，设置行高可以增加这个框的高度。

（2）CSS 的 position 属性

通过使用position 属性，可以选择 4 种不同类型的定位，这会影响元素框生成的方式。position 属性值的含义见表 10-1。

表 10-1　position 属性值的含义

position 属性值	含义
static	元素框正常生成。块级元素生成一个矩形框，作为文档流的一部分，行内元素则会创建一个或多个行框，置于其父元素中
relative	元素框偏移某个距离。元素仍保持其未定位前的形状，它原本所占的空间仍保留
absolute	元素框从文档流中完全删除，并相对于其包含块定位。包含块可能是文档中另一个元素或者是初始包含块。元素原先在正常文档流中所占的空间会关闭，就好像元素原来并不存在。元素定位后将生成一个块级框，与原来它在正常流中生成何种类型的框无关
fixed	元素框的表现类似于将 position 设置为 absolute，不过其包含块是窗口本身

（3）CSS 相对定位

设置为相对定位的元素框会偏移某个距离。元素仍然保持其未定位前的形状，它原本所占的空间仍保留。相对定位实际上被看作普通流定位模型的一部分，因为元素的位置相对于它在普通流中的位置。

相对定位是一个非常容易掌握的概念。如果对一个元素进行相对定位，它将出现在其所在位置上。然后，可以通过设置垂直或水平位置，让这个元素"相对于"它的起点进行移动。

如果将 top 设置为 20 px，那么框将在原位置顶部下方 20 像素的地方。如果 left 设置为 30 像素，那么会在元素左边创建 30 像素的空间，也就是将元素向右移动，示例代码如下。

```
#box_relative {
    position: relative;
    left: 30px;
    top: 20px;
}
```

示意图如图 10-1 所示。

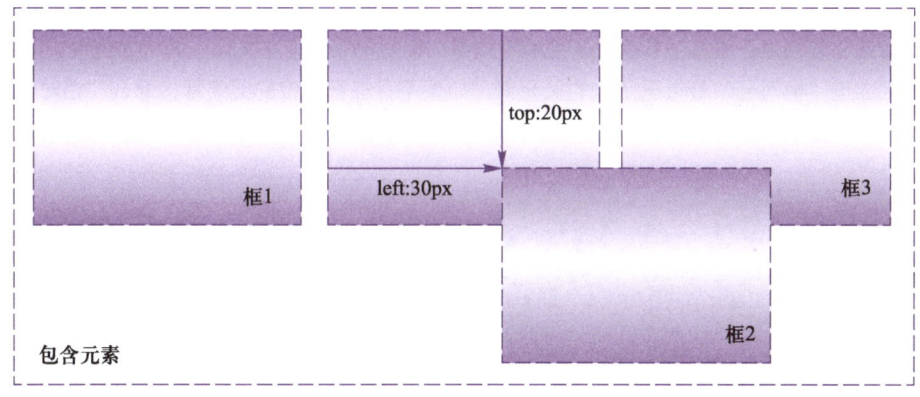

图 10-1
相对定位示意图

 注意：

在使用相对定位时，无论是否进行移动，元素仍然占据原来的空间，因此，移动元素会导致它覆盖其他框。

（4）CSS 绝对定位

设置为绝对定位的元素框从文档流中完全删除，并相对于其包含块定位，包含块可能是文档中另一个元素或者是初始包含块。元素原先在正常文档流中所占的空间会关闭，就好像该元素原来并不存在。元素定位后将生成一个块级框，与原来它在正常流中生成何种类型的框无关。

绝对定位使元素的位置与文档流无关，因此不占据空间。这一点与相对定位不同，相对定位实际上被看作普通流定位模型的一部分，因为元素的位置相对于它在普通流中的位置。普通流中其他元素的布局就像绝对定位的元素不存在一样，示例代码如下。

```css
#box_relative {
    position: absolute;
    left: 30px;
    top: 20px;
}
```

示意图如图 10-2 所示。

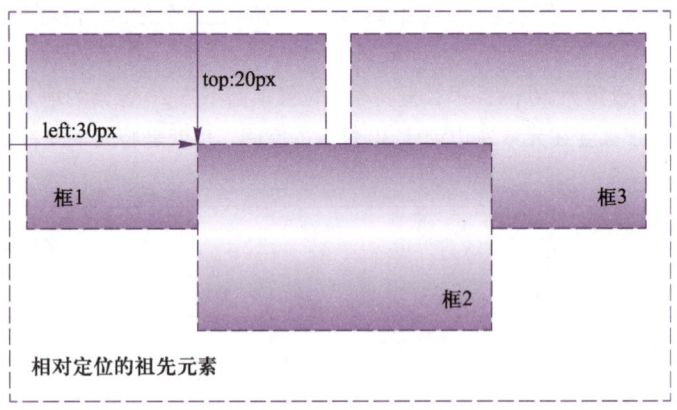

图 10-2
绝对定位示意图

绝对定位的元素位置相对于最近已定位的父元素，如果元素没有已定位的父元素，那么其位置相对于最初的包含块。相对定位是"相对于"元素在文档中的初始位置，而绝对定位是"相对于"最近已定位的父元素，如果不存在已定位的父元素，那么"相对于"最初的包含块，最初的包含块可能是画布或 HTML 元素。

注意：

因为绝对定位的框与文档流无关，所以它们可以覆盖页面上的其他元素，可以通过设置 z-index 属性来控制这些框的堆放次序。

（5）CSS 浮动

浮动框可以向左或向右移动，直到它的外边缘碰到包含框或另一个浮动框的边框为止。由于浮动框不在文档的普通流中，所以文档普通流中的块框表现得就像浮动框不存在一样。如图 10-3 所示，当把框 1 向右浮动时，它脱离文档流并且向右移动，直到它的右边缘碰到包含框的右边缘。

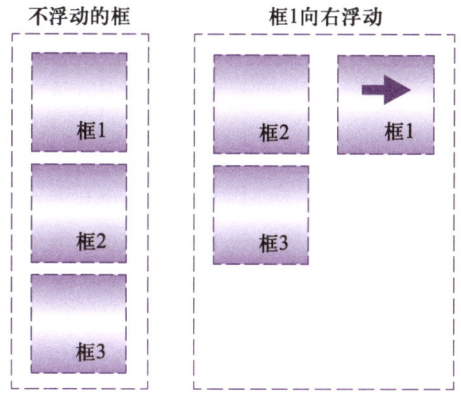

图 10-3
右浮动示意图

如图 10-4 所示，当框 1 向左浮动时，它脱离文档流并且向左移动，直到它的左边缘碰到包含框的左边缘。因为它不再处于文档流中，所以它不占据空间，实际上覆盖住了框 2，使框 2 从视图中消失。如果把所有 3 个框都向左移动，那么框 1 向左浮动直到碰到包含框，另外两个框向左浮动直到碰到前一个浮动框。

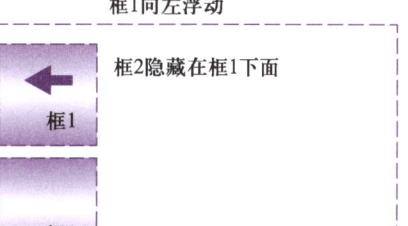
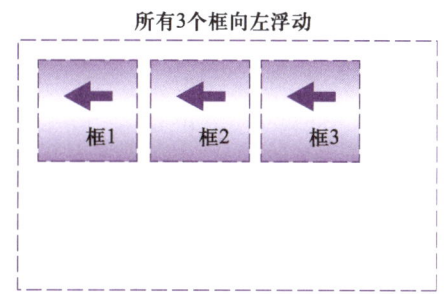

图 10-4
左浮动示意图

如图 10-5 所示，如果包含框太窄，无法容纳水平排列的 3 个浮动元素，那么其他浮动块向下移动，直到有足够的空间。如果浮动元素的高度不同，那么当它们向下移动时可能被其他浮动元素"卡住"。

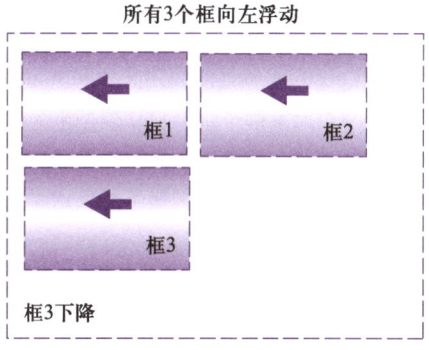
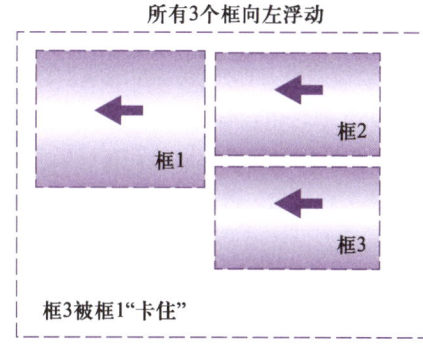

图 10-5
浮动元素被卡住的示意图

CSS 中，使用 float 属性实现元素的浮动。

（6）行框和清理

浮动框旁边的行框被缩短，从而给浮动框留出空间，行框围绕浮动框，因此，创建浮动框可以使文本围绕图像，如图 10-6 所示。

231

不浮动的框　　　　　　　　　图像向左浮动

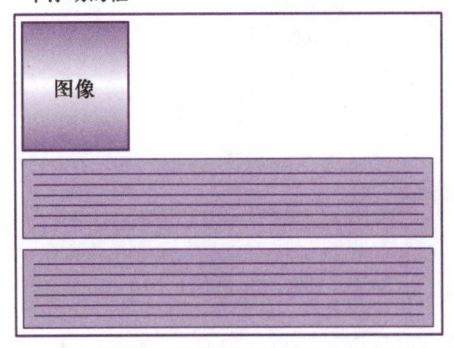

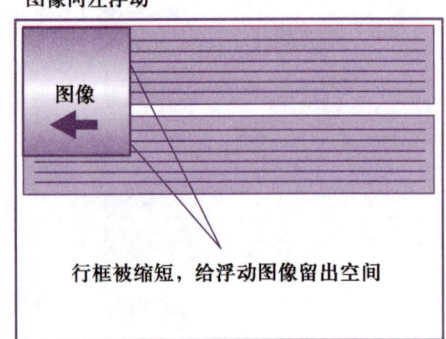

行框被缩短，给浮动图像留出空间

图 10-6
图像向左浮动示意图

要想阻止行框围绕浮动框，需要对该行框应用clear 属性。clear 属性的值可以是 left、right、both 或 none，它表示框的哪些边不应该挨着浮动框。为了实现这种效果，在被清理元素的上外边距上添加足够的空间，使元素的顶边缘垂直下降到浮动框下方，如图 10-7 所示。

清理第2个段落

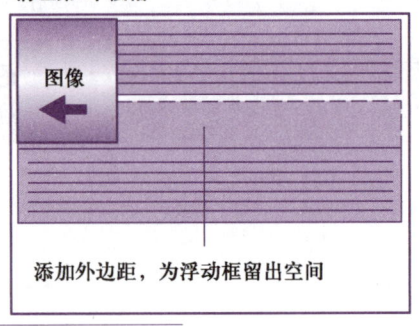

添加外边距，为浮动框留出空间

图 10-7
clear 属性应用示意图

2．网页布局的基本模型

CSS 中有 3 种基本的定位机制，分别为流动模型、浮动模型和层模型。

（1）流动模型

流动模型是 HTML 默认布局模型，默认状态下（ position 属性没有定义为 absolute 或 fixed，float 属性也没有定义为 left 或 right ），HTML 网页元素都是根据流动模型来布局网页内容。所有网页元素都以流动布局模型作为默认布局方式，流动布局模型的优势在于元素之间不存在错位、覆盖等问题，布局简单，符合人们的浏览习惯，但是不能只用单纯的流动布局模型设计出具有艺术感的网页页面效果。

所谓流动，是指网页元素随着网页文档流自上而下按顺序分布，元素本身是被动的，只能根据元素排列的先后顺序来决定分布位置，要改变某个元素的位置，只能通过改变它在 HTML 文档流中的分布位置。同时流动布局又是活动的，即它的位置随时发生改变，如果在元素前面增加另一个元素，它的位置会被向后移动。如果删除上面的元素，其后面的元素自动填补被删除的空间。

块状元素与内联元素流动方式有所不同。块状元素会在所处的包含元素内自上而下按顺序垂直延伸分布，默认状态下，块状元素的宽度都为 100%，会以行的形式占据网页位置，不管该元素所包含的内容有多少。内联元素会在所处的包含元素内从左至右分布显

示，超出一行后，会自动从上而下换行显示，然后继续从左至右按顺序流动，以此类推。

当元素定义为相对定位时（即 position 属性设置为 relative），该元素也会遵循流动模型的布局规则，跟随 HTML 文档流自上而下按顺序流动。

笔 记

（2）浮动模型

浮动是一种非常先进的布局方式，能够改变页面中对象的前后流动顺序。浮动框可以左、右移动，直到它的外边缘碰到包含框或另一个浮动框的边缘。

浮动属性 float 是 CSS 布局中一个非常重要的属性，该属性的取值决定了元素是否浮动以及如何浮动。其中，none 表示元素不浮动，left 表示元素左浮动，right 表示元素右浮动。

任何网页元素默认状况都是不能浮动的，但可以使用 float 属性定义为浮动，块状元素 div、p、table 和内联元素 span、strong、img 都可以定义为浮动。

浮动布局模型具有以下几个特征。

① 任何定义为浮动的元素都会自动被设置为一个块状元素显示，相当于被定义了 display:block ;声明。这样对于浮动的内联元素就可以定义宽度和高度属性，否则内联元素定义宽度和高度属性无效。对于浮动元素应该显式定义宽度，如果浮动元素没有定义宽度，那么它会自动收缩到能够包含内容的宽度。例如，如果浮动元素内部包含一张图片，则浮动元素将与图片一样宽；如果内部包含文本，则浮动元素将与最长的文本行一样宽。

② 浮动布局不会与流动布局发生冲突。当元素定义为浮动布局时，它在垂直方向上还处于网页文档流中，即浮动元素不会脱离正常文档流而任意浮动，它的上边线将与未被声明为浮动时的位置相同。但是在水平方向上，它的外边缘会尽可能地靠近它的包含元素边缘。

③ 与普通元素一样，浮动元素始终位于包含元素内，不会游离于包含元素之外，或者破坏元素的包含关系，也不会覆盖其他元素，也不会挤占其他元素的位置，这与层布局不同。浮动布局具有流动布局的部分特性，在布局方面具有更大的灵活性。

④ 虽然浮动元素能够随文档流动，但浮动布局与流动布局存在本质区别，浮动元素后面的块状元素和内联元素都能够以流的形式环绕浮动元素左右。但是浮动元素前面的文本流或内联元素则不会环绕浮动元素，它会在前面元素的下方开始浮动。浮动元素也不会与前面元素的外边距发生重叠现象。

⑤ 当两个或者两个以上的相邻元素都被定义了浮动显示时，如果存在足够的空间，浮动元素之间可以并列显示，它们的上边线在同一水平线上。如果没有足够的空间，那么后面的浮动元素将会下移到能够容纳它的地方，这个向下移动的元素有可能会产生一个单独的浮动。

（3）层布局模型

层模型技术最早源于 Netscape Navigator 4.0 推出并支持的 Layer（层）。后来微软公司用 div 元素推出层的概念，这里的"层"与普通的<div>标签有所区别，容易混淆。Dreamweaver CS3 为了区分"层"与普通的<div>标签，曾经将"层"命名为"AP Div"，以进行区别。

绝对定位元素遵循层布局模型，网页元素的相互层叠是层布局的一个基本特征，而在流动布局和浮动布局中是无法实现这种层叠效果的。在 CSS 中可以通过 z-index 属性来

确定定位元素的层叠位置，z-index 属性值大的元素位于 z-index 属性值小的元素之上。如果两个元素的 z-index 属性值相同，则依据它们在网页文档的声明顺序层叠。

3．浮动清除属性 clear 的取值及其作用

如果不希望下一个元素环绕浮动对象，可以使用 clear（清除）属性清除浮动，clear 属性的取值包括 4 个：left、right、both、none。

下面应用表 10-2 中的 CSS 代码对页面元素进行布局，并分析浮动清除的规则。

表 10-2　布局页面元素与浮动清除属性的 CSS 代码

序号	CSS 代码	序号	CSS 代码
01	#main {	17	body {
02	width: 710px;	18	height: 100%;
03	height: 80px;	19	}
04	padding: 5px;	20	#maincenter {
05	margin-right: auto;	21	width: 300px;
06	margin-left: auto;	22	height: 60px;
07	margin-bottom: 10px;	23	border: 10px solid #fc0;
08	border: 5px solid #fcc;	24	background-color: #c9f;
09	}	25	}
10		26	
11	#mainleft {	27	#mainright {
12	width: 150px;	28	width: 200px;
13	height: 60px;	29	height: 60px;
14	border: 10px solid #cf0;	30	border: 10px solid #cc0;
15	background-color: #99f;	31	background-color: #fc9;
16	}	32	}

① clear:left 将清除元素前面的左浮动对象。如果当前元素前面存在左浮动对象，当前元素会在左浮动元素底下显示。

对于表 10-3 所示 HTML 代码，其浏览效果如图 10-8 所示。

表 10-3　当前元素前面存在左浮动对象时，清除左浮动的 HTML 代码

序号	HTML 代码
01	<div id="main" style="height:160px">
02	<div id="mainleft" style="float:left;">左区块：左浮动</div>
03	<div id="maincenter" style="float:left;clear:left">中区块：左浮动、清除前面的左浮动对象</div>
04	
05	<div id="mainright" style="float:left;">右区块：左浮动</div>
06	</div>

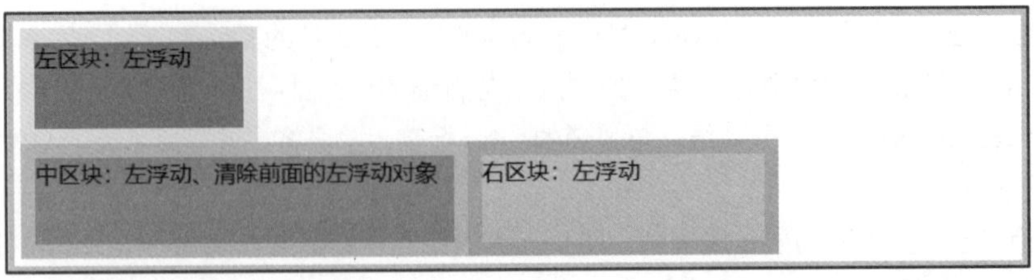

图 10-8
当前元素前面存在
左浮动对象时，清除
左浮动的浏览效果

234

表 10-3 中的 HTML 代码定义了 3 个 div 对象，并设置它们全为左浮动，当为区块 maincenter 设置 clear:left 属性后，由于其前面存在左浮动对象，区块 maincenter 自动置于区块 mainleft 底下并靠左显示。

② clear:right 将清除元素前面的右浮动对象。如果当前元素前面存在右浮动对象，当前元素会在右浮动对象底下显示。

对于表 10-4 所示 HTML 代码，其浏览效果如图 10-9 所示。

表 10-4　当前元素前面存在左浮动对象时，清除右浮动的 HTML 代码

序号	HTML 代码
01	`<div id="main">`
02	`  <div id="mainleft" style="float:left;">左区块：左浮动</div>`
03	`  <div id="maincenter" style="float:left;clear:right">中区块：左浮动、清除前面的右浮动对象</div>`
04	
05	`  <div id="mainright" style="float:left;">右区块：左浮动</div>`
06	`</div>`

图 10-9
当前元素前面存在
左浮动对象时，清除
右浮动的浏览效果

表 10-4 中的 HTML 代码定义了 3 个 div 对象，并设置它们全为左浮动，当为区块 maincenter 设置 clear:right 属性后，由于其前面不存在右浮动对象，区块 maincenter 依然与区块 mainleft 并列显示。

对于表 10-5 所示 HTML 代码，其浏览效果如图 10-10 所示。

表 10-5　当前元素前面不存在右浮动对象时，清除右浮动的 HTML 代码

序号	HTML 代码
01	`<div id="main">`
02	`  <div id="mainleft" style="float:left;">左区块：左浮动</div>`
03	`  <div id="maincenter" style="float:left;clear:right">中区块：左浮动、清除前面的右浮动对象</div>`
04	
05	`  <div id="mainright" style="float:right;">右区块：右浮动</div>`
06	`</div>`

图 10-10
当前元素前面不存在
右浮动对象时，清除
右浮动的浏览效果

表 10-5 中的 HTML 代码定义了 3 个 div 对象，并设置左区块、中区块为左浮动，右区块为右浮动，当为中区块 maincenter 设置 clear:right 属性后，由于其前面不存在右浮动对象，区块 maincenter 依然与区块 mainleft 并列显示。而区块 mainright 位于区块 maincenter 的后面，不受此清除操作的影响，继续浮动在区块 maincenter 的右侧。

对于表 10-6 所示 HTML 代码，其浏览效果如图 10-11 所示。

表 10-6　当前元素前面存在右浮动对象时，清除右浮动的 HTML 代码

序号	HTML 代码
01	<div id="main" style="height:160px">
02	<div id="mainright" style="float:right;">右区块：右浮动</div>
03	<div id="maincenter" style="float:right;clear:right">中区块：右浮动、清除前面的右浮动对象</div>
04	
05	<div id="mainleft" style="float:right;">左区块：右浮动</div>
06	</div>

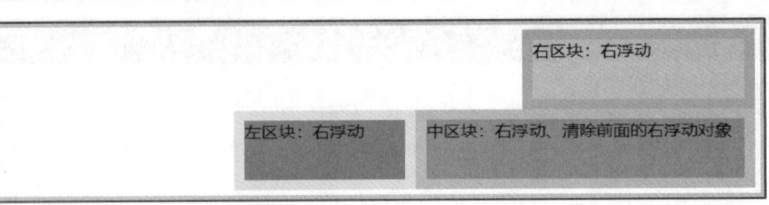

图 10-11
当前元素前面存在右
浮动对象时，清除右
浮动的浏览效果

表 10-6 中的 HTML 代码定义了 3 个 div 对象，并设置它们全为右浮动，当为中区块
maincenter 设置 clear:right 属性后，由于其前面存在右浮动对象，区块 maincenter 自动置
于区块 mainright 底下并靠右显示，区块 maincenter 后面的右浮动区块 mainleft 浮动在区块
maincenter 的左侧。

③ clear:both 将清除元素前面左浮动对象和右浮动对象。如果当前元素前面存在左浮
动对象或右浮动对象，当前元素都会在浮动对象底下显示。

对于表 10-7 所示 HTML 代码，其浏览效果如图 10-12 所示。

表 10-7　当前元素前面存在左浮动对象时，清除左、右浮动的 HTML 代码

序号	HTML 代码
01	<div id="main" style="height:160px">
02	<div id="mainleft" style="float:left;">左区块：左浮动</div>
03	<div id="maincenter" style="float:left;clear:both">
04	中区块：左浮动、清除前面的左、右浮动对象
05	</div>
06	<div id="mainright" style="float:left;">右区块：左浮动</div>
07	</div>

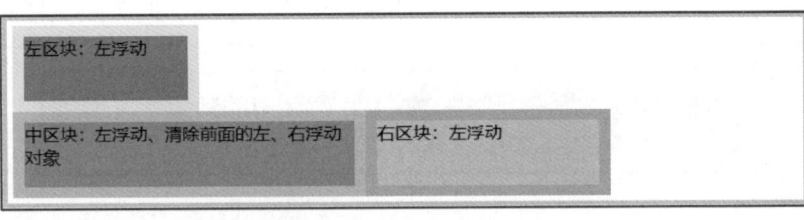

图 10-12
当前元素前面存在左
浮动对象时，清除
左、右浮动的浏览效果

表 10-7 中的 HTML 代码定义了 3 个 div 对象，并设置它们全为左浮动，当为区块
maincenter 设置 clear:both 属性后，由于其前面存在左浮动对象，区块 maincenter 自动置于
区块 mainleft 底下并靠左显示，区块 maincenter 后面的左浮动区块 mainright 浮动在区块
maincenter 的右侧。

对于表 10-8 所示 HTML 代码，其浏览效果如图 10-13 所示。

表 10-8　当前元素前面存在右浮动对象时，清除左、右浮动的 HTML 代码

序号	HTML 代码
01	<div id="main" style="height:160px">
02	<div id="mainright" style="float:right;">右区块：右浮动</div>
03	<div id="maincenter" style="float:right;clear:both">
04	中区块：右浮动、清除前面的左、右浮动对象
05	</div>
06	<div id="mainleft" style="float:right;">左区块：右浮动</div>
07	</div>

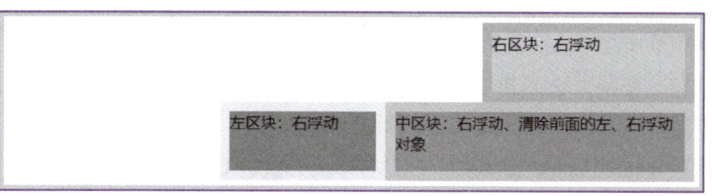

图 10-13
当前元素前面存在
右浮动对象时，清除
左、右浮动的浏览效果

　　表 10-8 中的 HTML 代码定义了 3 个 div 对象，并设置它们全为右浮动，当为区块 maincenter 设置 clear:both 属性后，由于其前面存在右浮动对象，区块 maincenter 自动置于区块 mainright 底下并靠右显示，区块 maincenter 后面的右浮动区块 mainleft 浮动在区块 maincenter 的左侧。

　　④ clear:none 允许当前元素前面存在左浮动对象或右浮动对象，当前元素不会换行显示，这也是 clear 属性的默认值。

　　浮动清除只能适用浮动对象之间的清除，不能为非浮动对象定义清除属性，这个操作是无效的。当一个浮动元素定义了 clear 属性时，它对前面的浮动对象不会产生影响，也不会把已经存在的浮动对象清除，不会改变其他对象的位置，只会影响自己的布局位置。浮动清除不仅针对相邻浮动元素对象，只要在布局页面中水平接触都会实现清除操作。

4．比较与分析网页的不同布局方式

（1）创建网页 test0201.html 实现网页整体的上、中、下布局方式

　　实现网页 test0201.html 整体的上、中、下布局方式的 CSS 代码见表 10-9。

表 10-9　实现网页 test0201.html 整体的上、中、下布局方式的 CSS 代码定义

序号	CSS 代码	序号	CSS 代码
01	.content {	16	.main {
02	margin: 10px auto;	17	width: 150px;
03	width: 160px;	18	height: 80px;
04	height: 100%;	19	line-height: 80px;
05	text-align: center;	20	border: 2px solid #000;
06	}	21	margin: 2px auto 2px;
07		22	}
08	.top {	23	
09	width: 150px;	24	.bottom {
10	height: 40px;	25	width: 150px;
11	line-height: 40px;	26	height: 60px;
12	border: 2px solid #000;	27	line-height: 60px;
13	padding: 0px;	28	border: 2px solid #000;
14	margin: 10px auto 2px;	29	margin: 2px auto 5px;
15	}	30	}

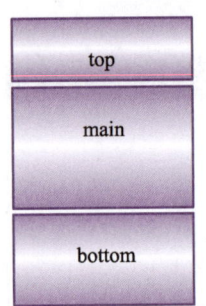

图 10-14
网页 test0201.html
的浏览效果

content 类选择符的左、右外边距值设置为 auto，auto 是让浏览器自动判断外边距值，浏览器会呈现为居中状态。

在网页 test0201.html 中输入以下 HTML 标签及文字内容。

```
<div class="content">
    <div class="top">top</div>
    <div class="main">main</div>
    <div class="bottom">bottom</div>
</div>
```

浏览网页 test0201.html 的效果，如图 10-14 所示。

然后试着改变网页 test0201.html 各个类选择符的属性设置，重新浏览其效果。

（2）创建网页 test0202.html 实现网页整体的左、中、右布局方式

实现网页 test0202.html 整体左、中、右布局方式的 CSS 代码见表 10-10。

表 10-10　实现网页 test0202.html 整体的左、中、右布局方式的 CSS 代码定义

序号	CSS 代码	序号	CSS 代码
01	.content {	17	.main {
02	margin: 10px auto;	18	float: left;
03	border: 2px solid #000;	19	width: 180px;
04	width: 334px;	20	height: 100px;
05	height: 112px;	21	line-height: 100px;
06	text-align: center;	22	border: 2px solid #000;
07	}	23	margin: 5px 2px;
08		24	}
09	.left {	25	.right {
10	float: left;	26	float: left;
11	width: 50px;	27	width: 80px;
12	height: 100px;	28	height: 100px;
13	line-height: 100px;	29	line-height: 100px;
14	border: 2px solid #000;	30	border: 2px solid #000;
15	margin: 5px 2px;	31	margin: 5px 2px;
16	}	32	}

区块 left 为左浮动（即 float: left ;），其总宽度=外边距宽度+内容宽度+边框宽度+内边距宽度=4 px+50 px+4 px=58 px。

区块 main 为左浮动（即 float: left;），其总宽度=188 px。

区块 right 为左浮动（即 float: left;），其总宽度=88 px。

区块 left、区块 main、区块 right 的宽度之和=58 px+188 px+88 px=334 px，正好等于类选择符 content 所设置的宽度。

由于区块 left 的 margin-right 为 2 px，区块 main 的 margin-left 和 margin-right 均为 2 px，区块 right 的 margin-left 为 2 px，所以区块 left 与区块 main 之间的空隙为 4 px，区块 main 与区块 right 之间的空隙为 4 px

在网页 test0202.html 中输入以下 HTML 标签及内容。

```
<div class="content">
    <div class="left">left</div>
    <div class="main" >main</div>
```

```
    <div class="right">right</div>
</div>
```

浏览网页 test0202.html 的效果，如图 10-15 所示。

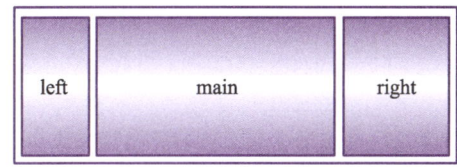

图 10-15
网页 test0202.html 的浏览效果

然后试着改变网页 test0202.html 各个类选择符的属性设置，重新浏览其效果。

（3）创建网页 test0203.html 实现网页整体左、中、右布局方式

实现网页 test0203.html 整体左、中、右布局方式的 CSS 代码见表 10-11。

表 10-11　实现网页 test0203.html 整体的左、中、右布局方式的 CSS 代码定义

序号	CSS 代码	序号	CSS 代码
01	.content {	18	.right {
02	margin: 10px auto;	19	float: right;
03	border: 2px solid #000;	20	width: 80px;
04	width: 334px;	21	height: 100px;
05	height: auto;	22	border: 2px solid #000;
06	text-align: center;	23	margin: 5px 2px;
07	}	24	}
08		25	.main {
09	.left {	26	width: 180px;
10	float: left;	27	height: 100px;
11	width: 50px;	28	border: 2px solid #000;
12	height: 100px;	29	margin: 5px 2px 5px 60px;
13	border: 2px solid #000;	30	}
14	margin: 5px 2px;	31	.clear{
15	}	32	clear:left;
16		33	height:1px;
17		34	}

区块 left 为左浮动（即 float: left ; ），其总宽度=4 px+50 px+4 px=58 px。

区块 right 为右浮动（即 float: right; ），其总宽度=88 px。

区块 main 没有设置浮动属性，其 margin-left 设置为 60 px，所以区块 left 与区块 main 之间的空隙为 4 px。

设置 clear 类选择符的作用是当父层的高度设置为 auto 或 100%时，使父层根据嵌套 div 内容的高度自适应。clear 类选择符的 CSS 定义的含义分别为清除左浮动、设置高度为 1 像素，并使用属性裁切掉多余的高度（1 px）。

在网页 test0203.html 中输入以下 HTML 标签及内容。

```
<div class="content">
    <div class="left">left</div>
    <div class="right">right</div>
    <div class="main" >main</div>
    <div class="clear"></div>
</div>
```

保存网页 test0203.html，其浏览效果如图 10-16 所示。

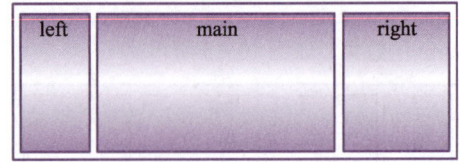

图 10-16
网页 test0203.html 的浏览效果

然后试着改变网页 test0203.html 各个类选择符的属性设置，重新浏览其效果。

【操作准备】

（1）创建所需的文件夹

在本地硬盘（如 D 盘）中创建一个文件夹"网页设计与制作案例"，在该文件夹中创建子文件夹"单元 10"。

（2）启动 Dreamweaver

使用 Windows 的【开始】菜单或桌面快捷方式启动 Dreamweaver。

（3）创建本地站点

创建一个名称为"单元 10"的本地站点，站点文件夹为"单元 10"。

【引导训练】

【任务 10-1】 制作浮动定位 2 列式布局网页

微课 10-1
制作浮动定位 2 列式布局网页

  任务描述

① 创建样式文件 base.css、layout.css 和 main.css，在样式文件中定义标签的属性、类选择符及其属性。

② 创建网页文档 1001.html，且链接外部样式文件 base.css、layout.css 和 main.css。

③ 在网页 1001.html 中添加必要的 HTML 标签实现网页主体布局结构。

④ 在网页 1001.html 中添加图片、标题、文本内容以及相应的 HTML 标签。

⑤ 浏览网页 1001.html 的效果，如图 10-17 所示，该网页整体上为左、右布局结构，其中左侧为图文混排布局，右侧分为上、下两个组成部分。

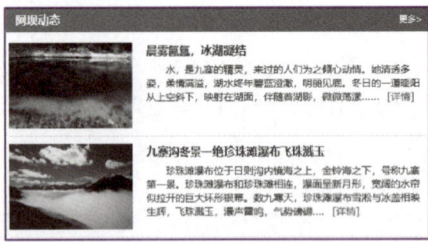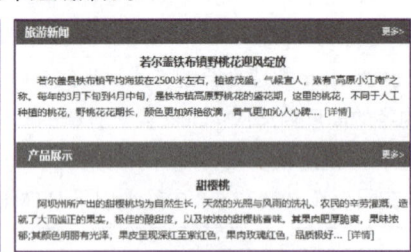

图 10-17
网页 1001.html 的浏览效果

  任务实施

1.创建文件夹和复制所需的资源

在文件夹"单元 10"中创建子文件夹"任务 10-1"，再在文件夹"任务 10-1"中创

建子文件夹 css、images、text 等，且将所需的素材复制到对应的子文件夹中。

2．定义网页 1001.html 的 CSS 代码

在文件夹 css 中创建样式文件 base.css，在该样式文件中编写样式代码，代码见表 10-12。

表 10-12　网页 1001.html 中样式文件 base.css 的 CSS 代码定义

序号	CSS 代码	序号	CSS 代码
01	*, *:after, *:before {	18	img {
02	margin: 0;	19	border: none;
03	padding: 0;	20	}
04	box-sizing: border-box;	21	
05	}	22	a {
06	body {	23	text-decoration: none;
07	color: #666;	24	}
08	font-size: 12px;	25	
09	letter-spacing: 0px;	26	a:link,
10	white-space: normal;	27	a:visited {
11	font-family: Tahoma,　Geneva, sans-serif, "宋体";	28	text-decoration: none;
12	}	29	color: #666;
13	ul,li {	30	}
14	list-style-type: none;	31	
15	list-style-position: outside;	32	a:hover {
16	text-indent: 0;	33	color: #2b98db;
17	}	34	}

在文件夹 css 中创建样式文件 layout.css，在该样式文件中编写样式代码，网页主体结构的 CSS 代码定义见表 10-13。

表 10-13　样式文件 layout.css 中网页主体布局结构的 CSS 代码定义

序号	CSS 代码	序号	CSS 代码
01	section {	18	.ec-g-1 {
02	width: 1202px;	19	width: 610px;
03	position: relative;	20	}
04	margin-top: 10px;	21	
05	display: block;	22	.ec-g-2 {
06	margin: auto;	23	width: 570px;
07	}	24	}
08	.ec-news .ec-g {	25	
09	padding: 10px 0;	26	.ec-g-last {
10	}	27	float: right;
11	.ec-g-1,.ec-g-2 {	28	}
12	float: left;	29	
13	display: inline;	30	.w-box {
14	border-width: 0;	31	position: relative;
15	min-height: 50px;	32	margin-top: 10px;
16	position: relative;	33	}
17	}	34	

在文件夹 css 中创建样式文件 main.css，在该样式文件中编写样式代码。网页 1001.html

中样式文件 main.css 的 CSS 代码定义请见电子活页 10-1。

网页 1001.html 中样式
文件 main.css 的 CSS
代码

3．创建网页文档 1001.html 与链接外部样式表

在文件夹"任务 10-1"创建网页 1001.html，切换到网页文档 1001.html 的【代码】视图，在标签</head>前输入链接外部样式表的代码如下。

```
<link href="css/base.css" rel="stylesheet" type="text/css">
<link href="css/layout.css" rel="stylesheet" type="text/css">
<link href="css/main.css" rel="stylesheet" type="text/css">
```

4．编写网页主体布局结构的 HTML 代码

网页 1001.html 主体布局结构的 HTML 代码见表 10-14。

表 10-14　网页 1001.html 主体布局结构的 HTML 代码

序号	HTML 代码
01	`<section class="ec-news">`
02	`  <div class="ec-g">`
03	`    <!--主内容-->`
04	`    <div class="ec-g-1">`
05	
06	`      <div class="w-box boxNewsList">`
07	`        <h2><a href="">阿坝动态</a></h2>`
08	`        <!--阿坝动态-->`
09	`      </div>`
10	`    </div>`
11	`    <div class="ec-g-2 ec-g-last">`
12	`      <div class="w-box boxNewsList">`
13	`        <h2><a href="">旅游新闻</a></h2>`
14	`        <!--旅游新闻-->`
15	`      </div>`
16	`      <div class="w-box w-boxYellow boxNewsList">`
17	`        <h2 class="tabs"><i class="tl"> </i><a href="">产品展示</a></h2>`
18	`          <!--产品展示-->`
19	`      </div>`
20	`    </div>`
21	`  </div>`
22	`</section>`

5．在网页中添加图片、标题、文本内容以及相应的 HTML 标签

在网页 1001.html 中添加图片、标题、文本内容以及相应的 HTML 标签。网页 1001.html 完整的 HTML 代码请见电子活页 10-2。

网页 1001.html 完整的
HTML 代码

6．保存与浏览网页

保存网页文档 1001.html，在浏览器中的浏览效果如图 10-17 所示。

【任务 10-2】 制作等距排列的 4 列式布局网页

微课 10-2
制作等距排列的 4 列式
布局网页

任务描述

① 创建样式文件 base.css 和 main.css，在样式文件中定义标签的属性、类选择符及

其属性。

② 创建网页文档 1002.html，且链接外部样式文件 base.css 和 main.css。

③ 在网页 1002.html 中添加必要的 HTML 标签实现网页主体布局结构。

④ 在网页 1002.html 中添加图片、标题、文本内容以及相应的 HTML 标签。

⑤ 浏览网页 1002.html 的效果，如图 10-18 所示，该网页为等距排列的 4 列式布局结构。

图 10-18
网页 1002.html 的
浏览效果

 任务实施

1. 创建文件夹和复制所需的资源

在文件夹"单元 10"中创建子文件夹"任务 10-2"，再在该文件夹中创建 css 和 images 子文件夹，且将所需的素材复制到对应的子文件夹中。

2. 定义网页的 CSS 代码

在文件夹 css 中创建样式文件 base.css，在该样式文件中编写样式代码，见表 10-15。

表 10-15 网页 1002.html 中样式文件 base.css 的 CSS 代码定义

序号	CSS 代码	序号	CSS 代码
01	body {	25	ul,
02	min-width: 1202px;	26	li {
03	*width: 1202px;	27	list-style-type: none;
04	line-height: 2em;	28	list-style-position: outside;
05	margin: auto;	29	text-indent: 0;
06	color: #333;	30	}
07	font-size: 12px;	31	
08	background-image: url(../images/travel-bg.png);	32	img {
09	background-position: left top;	33	border: none;
10	background-repeat: repeat-x;	34	}
11	background-color: #FFF;	35	
12	}	36	a {
13		37	text-decoration: none;
14	section {	38	}
15	width: 1202px;	39	
16	position: relative;	40	a:link,
17	margin-top: 10px;	41	a:visited {
18	}	42	text-decoration: none;
19		43	color: #666;
20	nav,section {	44	}
21	display: block;	45	
22	position: relative;	46	a:hover {
23	margin: auto;	47	color: #2b98db;
24	}	48	}

在文件夹 css 中创建样式文件 main.css，在该样式文件中编写样式代码，网页主体结构的 CSS 代码定义见表 10-16。

表 10-16　样式文件 main.css 中网页主体布局结构的 CSS 代码定义

序号	CSS 代码	序号	CSS 代码
01	.w-box {	46	.list-pic .title,.list-pic .priceInfo {
02	position: relative;	47	width: 258px;
03	}	48	margin: auto;
04		49	border-left: #EEE 1px solid;
05	.boxList {	50	border-right: #EEE 1px solid;
06	margin-top: 10px;	51	}
07	}	52	.list-pic > li .img-m img {
08		53	padding: 0;
09	.list-pic li {	54	border: 0;
10	padding: 10px 0 5px;	55	display: block;
11	text-align: center;	56	transition: all .5s;
12	margin: 5px 0 0;	57	}
13	float: left;	58	.list-pic > li:hover .img-m img {
14	min-height: 150px;	59	transform: scale(1.1, 1.1);
15	width: 33.333333%;	60	filter: Alpha(opacity=90);
16	}	61	opacity: .9;
17		62	}
18	.list-pic > li {	63	.list-pic .title {
19	position: relative;	64	padding: 5px 0;
20	text-align: left;	65	font-size: 14px;
21	box-shadow: 0 0 5px #EEE;	66	text-indent: 5px;
22	width: 260px;	67	font-family: "Microsoft YaHei";
23	margin: 10px 5px;	68	background: linear-gradient(top,
24	padding: 0;	69	#DDD 38%, #F3F3F3 100%);
25	overflow: hidden;	70	background-color: #F3F3F3\9;
26	}	71	color: #19a1db
27		72	}
28	.list-pic > li:hover {	73	.list-pic .scenicInfo {
29	box-shadow: 0 0 5px #43B6EB;	74	position: absolute;
30	-webkit-transition: all .5s ease-in;	75	left: 50%;
31	transition: all .2s ease-in;	76	top: 140px;
32	}	77	width: 260px;
33		78	margin-left: -130px;
34	.list-pic li a {	79	color: #FFF;
35	font-weight: bold;	80	padding: 4px 0 5px 0;
36	}	81	height: 16px;
37		82	line-height: 16px;
38	.list-pic > li .img-m,	83	background-color: rgba(0,0,0,.62);
39	.list-pic > li .img-m img{	84	font-weight: normal;
40	height: 165px;	85	}
41	width: 260px;	86	.list-pic .scenicInfo .area {
42	overflow: hidden;	87	float: right;
43	margin: auto;	88	margin-right: 5px;
44		89	padding-left: 5px;
45	}	90	}

3．创建网页文档 1002.html 与链接外部样式表

在文件夹"任务 10-2"中创建网页文档 1002.html，切换到网页文档 1002.html 的【代码】视图，在标签</head>前输入链接外部样式表的代码如下。

```
<link href="css/base.css" rel="stylesheet" type="text/css">
<link href="css/main.css" rel="stylesheet" type="text/css">
```

4．编写网页主体布局结构的 HTML 代码

网页 1002.html 主体布局结构的 HTML 代码见表 10-17。

表 10-17　网页 1002.html 主体布局结构的 HTML 代码

序号	HTML 代码
01	`<section>`
02	`<div class="w-box boxList">`
03	`<ul class="list-pic">`
04	`<li>`
05	`<a href="">`
06	`<div class="img-m">`
07	`<img src="images/t01.jpg">`
08	`</div>`
09	`<div class="title">单门票</div>`
10	`<div class="scenicInfo">`
11	`<i class="level"></i><i class="area">九寨沟风景区</i>`
12	`</div>`
13	`</a>`
14	`<div class="priceInfo">`
15	`<div class="price"><i class="price-m">￥<i class="num">80.0</i></i></div>`
16	`<a href="">`
17	`<button class="min button" type="button">查看详情</button>`
18	`</a>`
19	`</div>`
20	`</li>`
21	`<li> …… </li>`
22	`<li> …… </li>`
23	`<li> …… </li>`
24	`</ul>`
25	`</div>`
26	`</section>`

5．在网页中添加图片、标题、文本内容以及相应的 HTML 标签

在网页 1002.html 中添加图片、标题、文本内容以及相应的 HTML 标签。网页 1002.html 完整的 HTML 代码请见电子活页 10-3。

网页 1002.html 完整的
HTML 代码

6．保存与浏览网页 1002.html

保存网页文档 1002.html，在浏览器中的浏览效果如图 10-18 所示。

【任务 10-3】　制作不规则布局网页

 任务描述

① 创建样式文件 base.css 和 main.css，在样式文件中定义标签的属性、类选择符及

微课 10-3
制作不规则布局网页

245

其属性。

② 创建网页文档 1003.html，且链接外部样式文件 base.css 和 main.css。

③ 在网页 1003.html 中添加必要的 HTML 标签、文本内容与图片。

④ 浏览网页 1003.html 的效果，如图 10-19 所示，该网页为不规则布局结构，通过绝对定位实现。

图 10-19
网页 1003.html 的浏览效果

 任务实施

1. 创建文件夹和复制所需的资源

在文件夹"单元 10"中创建子文件夹"任务 10-3"，再在该文件夹中创建 css 和 images 子文件夹，且将所需的素材复制到对应的子文件夹中。

2. 定义网页的 CSS 代码

在文件夹 css 中创建样式文件 base.css，在该样式文件中编写样式代码，见表 10-18。

表 10-18　网页 1002.html 中样式文件 base.css 的 CSS 代码定义

序号	CSS 代码	序号	CSS 代码
01	body {	16	.c_fixed:after
02	line-height: 2em;	17	{
03	margin: auto;	18	content: ".";
04	color: #333;	19	display: block;
05	font-size: 12px;	20	font-size: 0;
06	background-color: #FFF;	21	clear: both;
07	}	22	height: 0;
08		23	visibility: hidden;
09	img {	24	}
10	border: none;	25	
11	}	26	ul,li {
12		27	list-style-type: none;
13	a {	28	list-style-position: outside;
14	text-decoration: none;	29	text-indent: 0;
15	}	30	}

在文件夹 css 中创建样式文件 main.css，在该样式文件中编写网页主体结构的 CSS 代码。网页 1002.html 主体布局结构的 CSS 代码请见电子活页 10-4。

3. 创建网页文档 1003.html 与链接外部样式表

网页 1002.html 主体布局结构的 CSS 代码

在文件夹"任务 10-3"中创建网页文档 1003.html，切换到网页文档 1003.html 的【代码】视图，在标签</head>前输入链接外部样式表的代码如下。

```
<link href="css/base.css" rel="stylesheet" type="text/css">
<link href="css/main.css" rel="stylesheet" type="text/css">
```

4. 在网页 1003.html 中添加必要的 HTML 标签、文本内容与图片

网页 1003.html 完整的 HTML 代码见表 10-19。

表 10-19　网页 1003.html 完整的 HTML 代码

序号	HTML 代码
01	`<section>`
02	`  <div class="appdownMain">`
03	`    <div class="w-m" id="appDownContent">`
04	`      <div class="tabs">`
05	`        <a href="#Andriod" class="on">`
06	`          <i class="ico ico-a"> </i>Andriod`
07	`          <i class="ico ico-r"> </i>`
08	`        </a>`
09	`        <a href="#iPhone">`
10	`          <i class="ico ico-b"> </i>iPhone`
11	`          <i class="ico ico-r"> </i>`
12	`        </a>`
13	`      </div>`
14	`      <div class="tabsContent">`
15	`        <img src="images/android_screenshot.png" width="260" height="508"`
16	`          class="screenshot">`
17	`        <div class="w-m-m">`
18	`          <h3>阿坝旅游 Android 客户</h3>`
19	`          <p>阿坝旅游 Android 版是一款专为 Android 智能手机系统推出的旅游移动平台，为阿坝旅游提供快捷的旅游目的地`
20	`指南、旅游攻略和网上预订门票、车票、索道和餐饮，让全国游客享受指尖旅游的乐趣。</p>`
21	`          <h3>基本功能</h3>`
22	`          <p>目的地指南、旅游攻略、阿坝资讯和门票预订等。</p>`
23	`        </div>`
24	`        <div class="downInfo c_fixed">`
25	`          <h3>扫描二维码下载</h3>`
26	`          <img src="images/codeAndriod.png" width="140" height="140">`
27	`        </div>`
28	`      </div>`
29	`    </div>`
30	`  </div>`
31	`</section>`

5.　保存与浏览网页

保存网页文档 1003.html，在浏览器中的浏览效果如图 10-19 所示。

【引导训练考核评价】

本单元的"引导训练"考核评价内容见表 10-20。

表 10-20　单元 10"引导训练"考核评价表

	考核内容		标准分	计分
考核要点	（1）会创建浮动定位 2 列式布局网页		4	
	（2）会创建等距排列的 4 列式布局网页		4	
	（3）会创建不规则布局网页		3	
	（4）认真完成本单元的任务，态度端正、操作规范、时间观念强、有协作精神、学习效果较好		1	
	小计		12	
评价方式	自我评价	小组评价	教师评价	
考核得分				
存在的主要问题				

【同步训练】

微课 10-4
制作浮动定位 2 列规则
分布网页

【任务 10-4】　制作浮动定位 2 列规则分布网页

任务描述

① 创建样式文件 main.css，在样式文件中定义标签的属性、类选择符及其属性。

② 创建网页文档 1004.html，且链接外部样式文件 main.css。

③ 在网页 1004.html 中添加必要的 HTML 标签、文本内容与图片。

④ 浏览网页 1004.html 的效果，如图 10-20 所示，该网页整体上为左、右布局结构。

图 10-20
网页 1004.html
的浏览效果

【操作提示】

1. 网页的 CSS 代码定义提示

网页 1004.html 中样式文件 main.css 的 CSS 代码定义请见电子活页 10-5。

网页 1004.htm 中样式文件 main.css 的 CSS 代码

2. 网页的 HTML 代码编写提示

网页 1004.html 的主体 HTML 代码见表 10-21。

表 10-21　网页 1004.html 的主体 HTML 代码

序号	HTML 代码
01	<section>
02	<div class="w-box-Info">
03	<div class="ec-g-1">
04	<div class="w-box">
05	<h2><i class="tm">神仙池</i></h2>
06	<div class="info">
07	<p>神仙池风景区位于川西北高原岷山山脉南段九寨沟县大录乡，与九寨沟遥遥相望，距甘海子 45 千
08	米。神仙池是藏语"嫩恩桑措"的汉译，集黄龙及九寨沟之美于一身，意为仙女沐浴的地方。景区主要景点分布在一
09	条长达 3000 米、宽约 311 米的高山峡谷之中。整个景区被浩瀚的林海包围，景区被高大的乔木和密集的箭竹分成三
10	个景点：上部称"莲台映彩"，中段为"仙女池"，下段名"金流泛波"。神仙池海拔高度只有 2000 多米，相对落差
11	也只有 300 多米，游客的可进入性很强。而且，神仙池景区限人数进入，旨在为游客打造独享生态空间。</p> <a href=""
12	class="detail">更多></a>
13	
14	</div>
15	</div>
16	</div>
17	<div class="boxScenicPic">
18	<div class="contentshow" id="scrollShowContent">
19	<img src="images/t3-01.jpg" width="600">
20	</div>
21	</div>
22	</div>
23	</section>

【任务 10-5】 制作 3 列式或 4 列式等距布局网页

任务描述

① 创建样式文件 main.css，在样式文件中定义标签的属性、类选择符及其属性。

② 创建网页文档 1005.html，且链接外部样式文件 main.css。

③ 在网页 1004.html 中添加必要的 HTML 标签、文本内容与图片。

④ 浏览网页 1005.html 的效果，如图 10-21 所示，该网页为 3 列式等距排列的布局结构，每个版块上方为图片，下方为文字内容。

⑤ 尝试将 3 列式等距布局结构更改为 4 列式等距布局结构，并浏览其效果。

微课 10-5
制作 3 列式或 4 列式等距布局网页

图 10-21
网页 1005.html
的浏览效果

【操作提示】

1.　网页的 CSS 代码定义提示

样式文件 main.css 的 CSS 代码见表 10-22。

表 10-22　样式文件 main.css 的 CSS 代码定义

序号	CSS 代码	序号	CSS 代码
01	body {	33	.grid-wrap figure {
02	padding: 0;	34	margin: 0;
03	margin: 0;	35	}
04	font-family: '微软雅黑', Calibri, Arial;	36	
05	color: #47a3da;	37	.grid li:hover figure {
06	}	38	opacity: 0.7;
07		39	}
08	ul {	40	
09	list-style: none;	41	.grid-wrap figure img {
10	}	42	display: block;
11		43	width: 100%;
12	.grid-wrap {	44	}
13	max-width: 1104px;	45	
14	margin: 0 auto;	46	.grid figure {
15	padding: 0 5px 30px;	47	padding: 5px;
16	}	48	-webkit-transition: opacity 0.2s;
17		49	transition: opacity 0.2s;
18	.grid {	50	}
19	margin: 0 auto;	51	
20	}	52	.grid figcaption {
21		53	background: #e4e4e4;
22	.grid-wrap ul {	54	padding: 25px;
23	list-style: none;	55	}
24	margin: 0;	56	
25	padding: 0;	57	.grid-wrap figcaption p {
26	}	58	margin: 0;
27		59	}
28	.grid li {	60	.grid-wrap figcaption h3 {
29	width: 33.3%;	61	margin: 0;
30	float: left;	62	padding: 0 0 0.5em;
31	cursor: pointer;	63	text-align: center;
32	}	64	}

2. 网页的 HTML 代码编写提示

网页 1005.html 主体结构对应的 HTML 代码请见电子活页 10-6。

网页 1005.html 主体结构对应的 HTML 代码

3. 将 3 列式等距布局结构更改为 4 列式等距布局结构

在网页 1005.html 的 HTML 代码中，将<ul class="grid">与</ul>的列表项增加到 4 项，然后将表 10-22 所示 CSS 代码中标签<li>的代码修改如下。

```
.grid li {
    width: 25%;
    float: left;
    cursor: pointer;
}
```

4 列式等距布局结构网页的浏览效果如图 10-22 所示。

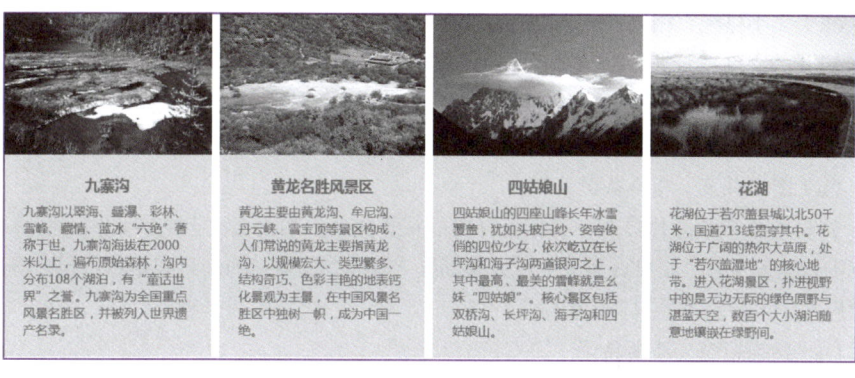

图 10-22
4 列式等距布局结构
网页的浏览效果

【同步训练考核评价】

本单元"同步训练"的评价内容见表 10-23。

表 10-23　单元 10 "同步训练" 评价表

任务名称	【任务 10-4】制作浮动定位 2 列规则分布网页 【任务 10-5】制作 3 列式或 4 列式等距布局网页		
完成方式	【　】小组协作完成　　【　】个人独立完成		
同步训练任务完成情况评价			
自我评价		小组评价	教师评价
存在的主要问题			

【问题探究】

【探究 1】网页页面内容编排的基本原则有哪些？

笔记

网页页面内容主要包括文字和图像，文字又分为标题和正文。有的文字较大，有的文字较小；有的图像横排，有的图像竖排。页面内容的编排要充分利用有限的屏幕，力求做到整体布局合理化、有序化和整体化。页面内容编排的基本原则如下。

（1）主次分明、中心突出

首先将页面涵盖的内容根据整体布局的需要进行分组归纳，使版面的各构成元素成为丰富多彩而又简洁明确的统一整体。要求版面分布具有条理性，页面排版要求符合浏览者的阅读习惯、逻辑认知顺序。例如，一般将导航栏或内容目录安排在页面的上方或左侧，这就符合人们平时的阅读习惯。

当许多构成元素位于同一个页面上时，必须考虑浏览者的视觉中心，这个中心一般在屏幕中央，或者在中间偏上的位置。因此，一些重要的文章和图片一般可以安排在这个部位，在视觉中心以外的地方可以安排稍微次要的内容，这样在页面上就突出了重点，做到了主次有别。

（2）大小搭配、相互呼应

较长的文章或标题，较大的图片，不要编排在一起，要注意设定适当大小的距离，要互相错开，大小之间有一定的间隔，这样可以使页面错落有致，避免重心偏离形成的不稳定状态。

（3）图文并茂、相得益彰

网页中文字和图片具有一种相互补充的视觉关系。如果页面上文字太多，网页将显示沉闷且缺乏生气；如果页面上图片太多而文字较少，网页中的信息容量将不足。网页制作时应将文字与图片进行合理编排。

（4）适当留空、清晰易读

留空是指空白的、没有任何信息、仅有背景色填充的区域。留空区面积较大时会给人一种高雅、时尚的感受。页面内容过于繁杂会产生反作用，削弱整体的可读性，无法让浏览者抓住重点。页面内容的行距、字距、段间、段首的留空都是为了易读。

【探究 2】 对网页页面内容分块有哪些方法？

（1）利用留空和划线进行分块

利用留空和划线对版面内容进行分块，能丰富网页的视觉表现力，呈现较好的艺术效果。直线条能体现挺拔、规矩、整齐的视觉效果，运用直线分块呈现井井有条、泾渭分明的视觉效果；曲线能体现流动、活跃、动感的视觉效果，运用曲线分块呈现流畅、轻快、富有活力的视觉效果。

（2）利用色块进行分块

利用色块进行分块不必占用有限的空间，在没有空白的版面上，也可以实现分组的效果。色块对于版面分块十分有效，同时其自身也传达出某种信息。使用色块进行分块时，对网页整体色彩印象要有所规划。如果将色块与空白一起使用进行版面分块，效果最佳。

（3）利用线框分块

线框多用于需对版面个别内容进行着重强调时，线框在页面中通常起到强调和限制的作用，使页面中的各元素获得稳定与流动的对比关系，反衬出页面的动感。

【探究 3】 网页的页面宽度、长度和网页文件大小有哪些要求？

（1）网页的宽度

目前市场上液晶显示器屏幕的长宽主要有 4 种比例，分别为 4:3、5:4、16:10、16:9，

前两种为普屏，后两种为宽屏。

　　液晶显示器只有在最佳分辨率（最大分辨率）下，才能达到最佳的显示效果与清晰度，这是液晶显示器需要在标准分辨率下工作的目的。尺寸一致，但生产厂家的不同显示器，其最佳分辨率可能会存在差异。一般情况下，显示器尺寸对应的最佳分辨率尺寸（不包括一些高清屏及部分厂家的特殊规格）见表 10-24。

表 10-24　显示器尺寸对应的最佳分辨率尺寸

显示器尺寸/英寸	屏幕比例	支持最佳分辨率/像素
15	4:3	1024×768
15.1	4:3	1024×768
17	4:3	1280×1024
17	5:4	1280×1024
19	4:3	1280×1024
19	5:4	1280×1024
19	16:10	1440×900
18.5	16:9	1366×768
20	16:10	1680×1050
20	16:9	1600×900
20.1	16:9	1600×900
21.5	16:9	1920×1080
22	16:10	1680×1050
23	16:9	1920×1080
23.6	16:9	1920×1080
24	16:9	1920×1080
24.6	16:9	1920×1080
24	16:10	1920×1200
24.1	16:10	1920×1200
24.6	16:10	1920×1200
25.5	16:10	1920×1200
26	16:10	1920×1200
27	16:9	1920×1080
27.5	16:10	1920×1200
30	16:10	2560×1600

　　液晶显示器在使用分辨率较低的显示模式时，有两种方式进行显示。一种为居中显示，只有屏幕中间有画面像素被呈现出来，其他像素维持黑暗状态；另一种称为扩展显示，在显示分辨率低于最佳分辨率时，各像素点通过差动算法扩充到相邻像素点显示，从而使整个显示器画面被充满，当然这样也使画面失去了原来的清晰度。

　　例如，对于采用分辨率为 1680 像素×1050 像素的屏幕，制作网页时一般按照分辨率为 1680 像素×1050 像素来设计，页面宽度不超过 1 屏。

　　如果按照分辨率为 1680 像素×1050 像素的规格来设计网页，考虑浏览器一般都有一个 20 像素宽的纵向滚动条，网页的实际宽度必须小于 1680 像素，如果网页的左边距设置为 0 像素，网页的宽度通常设置为 1660 像素，如果左、右设置边距，则网页的宽度为：1660-左边距-右边距。

　　（2）网页的长度

　　从理论上来讲，网页的长度可以无限长，但一般不宜超过 3 屏，最佳长度为 1.8~2.5 屏，因为屏数过多的网页会严重影响浏览者的心情和耐心，同时也不方便浏览者查找自己想要的内容。

　　（3）网页文件大小

　　一般地，网站的首页大小（包括所有图像、文本、多媒体对象）不宜超过 30 KB，网站二级页面的文件（包括所有图像、文本、多媒体对象）不宜超过 45 KB。如果网页大太，网页下载的速度会变慢，影响浏览速度。

⮕【单元习题】

请见电子活页 10-7。

单元 10 习题

单元 11　设计网站主页与整合网站

本单元综合应用 HTML、CSS 和 JavaScript 的知识设计与制作网站主页，将前面各单元所创建的网页整合为一个完整的网站，并且对该网站进行测试，测试成功后，把网站中的文件上传到 Web 服务器中。

单元 11 素质目标

笔记

【知识疏理】

1. 网站的基本开发流程

虽然每个网站的主题、内容、规模、功能等都各有不同，但是有一个基本的开发流程可以遵循。网站的基本开发流程分为如下 3 个阶段。

（1）规划网站和准备素材阶段

① 需求分析、决定网站的主题和风格。

② 收集资料、准备素材并进行整理修改。

③ 规划网站栏目结构、目录结构、链接结构和版式结构。

（2）设计与制作网页阶段

① 网站总体设计。

② 设计与制作网站的主页、二级页面和内容页面等。

③ 将各个网页通过超链接进行整合。

（3）测试、发布、推广与维护网站阶段

① 测试、调试与完善网站。

② 发布与推广网站。

③ 维护与更新网站。

2. 规划和组织"阿坝旅游"网站

（1）网站需求分析

网站是向浏览者提供信息的一种方式，必须明确设计网站的目的和用户需求，从而做出切实可行的设计计划，网站设计的第一步就是进行网站需求分析。由于浏览网页的用户范围非常广，遍及各个领域、各个层次，网站设计者必须了解各类用户的习惯，对其需求进行调研，以便预测不同类别的用户对网站的不同需求，为网站设计提供参考和依据，使设计的网站适合面更广、用户群更多。

（2）策划网站主题和内容

在着手设计网站之前，要确定网站主题。每个网站都应该有一个鲜明的主题，主题是网站的灵魂，它统领网站的内容和形式，任何网站都要根据主题形成其风格，只有决定了题材和内容，网页设计才有的放矢，取得理想的效果。网站主题要突出、鲜明，没有主题的网站将显示杂乱无章，好像一堆零乱的内容堆积在一起。本书所创建的"阿坝旅游"网站，其主题是通过网络浏览阿坝美景，介绍主要旅游景点、旅游攻略、旅游线路、旅游服务等。

网站名称要合法、合情、合理，根据中文网站浏览者的特点，除非特定需要，网站名称最好使用中文名称，不要使用英文或者中英文混合名称，网站名称要有特色，体现一定的内涵，给浏览者更多的视觉冲击和想象空间，在体现出网站主题的同时，又能突出网站特色。

（3）规划网站风格

确定网站主题后，就要根据该主题确定网站风格。网站风格是指网站的外观和表现形式，要明确网站类型，根据网站类型确定网站风格，不同类型的网站具有不同的风格，版面设计、颜色搭配也各有特点。例如，旅游类网站主要介绍旅游景点、旅游攻略、旅游

路线、旅游服务等内容，主体颜色源自"蓝天白云"，以蓝色和白色为主。

网站风格通过网站中的页面来体现，最主要的是通过首页来体现，具体包括页面的版式结构、色彩搭配和图文搭配等方面。

（4）规划网站结构

规划网站结构首先要建立一张站点图，站点图中包括站点所有的关键页面、它们之间的相互关系、主要的链接等，设计网页的主要技术要点也应规划好。

一个优秀的网站应该是结构清晰明了、导航简单方便。浏览者能否快速、准确找到自己需要的信息，是一个网站成功与否的关键因素。

1）规划网站的栏目结构

先在纸上绘制网站的栏目结构草图，将网站中所要涉及的信息进行细分和合理组织，建立层次结构，经过反复推敲，最后确定完整的栏目和内容层次结构。划分信息的方法有两种：一种是自顶向下划分，即按照从上到下、从粗到细的原则划分信息块来确定网站的内容结构；另一种是自下而上划分，即先将所有的信息都罗列出来，然后逐步向上分类，形成网站的内容结构。

本书"阿坝旅游"网站的栏目结构与导航结构见表 11-1。

表 11-1　"阿坝旅游"网站的栏目结构与导航结构

导航位置	栏目名称与对应页面
顶部右侧导航	注册、个人用户登录、团队用户登录、数据统计
顶部主导航	首页、大美阿坝、阿坝概况、阿坝动态、精彩活动、旅游攻略、旅游服务
顶部下拉菜单导航	旅游服务对应的下拉菜单包括酒店预订、票务预订、旅游度假、我要租车等选项
中部目的地精选导航	九寨沟、黄龙、四姑娘山、达古冰川、马尔康、阿坝县、茂县、理县、若尔盖县、松潘县、壤塘县、红原县、黑水县、汶川县、金川县、小金县、九寨沟县
底部导航	免费注册、关于我们、度假资质、招聘英才、联系我们、帮助中心、我要投诉

2）规划网站的目录结构

网站的目录结构也要事先认真规划，目录结构对于网站的维护、扩展和移植有着重要的影响，一个网站的目录结构要求层次清晰、井然有序，首页、栏目页、内容页区分明确，有利于日后的修改。文件夹和文件的名称建议不要使用中文名，因为中文名在 HTML 文档中容易生成乱码，导致链接产生错误。

构建目录结构的基本要求如下。

① 不要将所有文件都存放在根目录下。

如果将所有文件都存放在根目录下，一方面文件管理混乱。时间一长，常常不知道哪些文件需要编辑和更新，哪些文件可以删除，哪些文件相关联，这样严重影响工作效率，也可能造成误删文件。另一方面，上传速度慢，根目录下文件数量大多，上传文件时检索文件时间长。

② 按栏目内容建立子文件夹。

子文件夹的建立首先按网站主要栏目建立，其他次要栏目可以按类建立子文件夹。例如，需要经常更新的可以建立独立的子文件夹，一些不需要经常更新的栏目可以合并存放在一个统一的子文件夹下，所有程序存入特定的子文件夹中，所有需要下载的内容最好也存放在一个子文件夹中。

③ 在每个主目录下都建立独立的 image、flash 等子文件夹。

为了方便管理图像文件、动画文件、声音文件等，建议在网站根目录建立 image、flash、music 文件夹，主要用于存放首页（包括引导页）的图像、动画、声音等，而在每个栏目文件夹中都建立独立的 image、flash、music 子文件夹，分别存放各自的图像、动画、声音等，这样能够保证这些文件的路径不会出错，出现图像无法显示或链接无法打开的问题。

共用图像存放在根目录的 image 文件夹中，所有 JavaScript 文件存放在根目录的 js 文件夹中，所有 CSS 文件存放在根目录的 css 文件夹中。

④ 目录的层次不要太深。

为了便于维护管理，网站的目录层次建议不要超过 4 层，不要使用中文文件夹名称，有些浏览器不支持中文，不要使用过长的目录。

"阿坝旅游"网站各文件夹所存放的文件类型见表 11-2。

表 11-2　"阿坝旅游"网站的目录结构及其存放的文件类型

文件夹名称	存放的文件类型
css	CSS 样式文件
flash	动画文件
image	图像文件、照片文件
js	外部脚本文件
Library	库文件
Templates	模板文件
music	音乐、音频文件
video	视频文件
text	文字素材
webpage	一级页面文件，该文件夹又有多个子文件夹
webpage02	二级页面文件，该文件夹又有多个子文件夹
backup	备用页面、备用素材，该文件夹又有多个子文件夹

3）规划网站的链接结构

网站的链接结构与目录结构不同，网站的目录结构指站点的文件存放结构，一般只有设计人员可以直接看到，而网站的链接结构指网站通过页面之间的联系表现的结构，浏览者浏览网站能够观察到这种结构。

链接结构的设计是网页制作中重要的一环，采用什么样的链接结构直接影响版面的布局，如果设计者自己对站点中的一个内容页面如何联系另一个内容页面都不清楚的话，浏览者会更不清楚。

网站的常用链接结构有以下两种基本方式。

● 树状链接结构：首页链接指向一级页面，一级页面链接指向二级页面。这种链接结构浏览时，一级一级进入，一级一级退出，条理清晰，但浏览效率低，若要从一个子页面进入另一个栏目的子页面，必须返回首页才能进入。

● 网状链接结构：每个页面相互之间都建立有链接，浏览方便，但链接太多。

实际应用中，将两种链接结构混合使用。

【操作准备】

1. 创建所需的文件夹和复制所需的资源

在本地硬盘（如 D 盘）中创建一个文件夹"网页设计与制作案例"，在该文件夹中创建子文件夹"单元 11"，然后在文件夹"单元 11"中创建子文件夹"任务 11-1"，再在文件夹"任务 11-1"中创建 css、images、text 等子文件夹，且将所需的素材复制到对应的子文件夹中。

2. 启动 Dreamweaver

通过 Windows 的【开始】菜单或桌面快捷方式启动 Dreamweaver。

3. 创建本地站点

创建一个名称为"单元 11"的本地站点，站点文件夹为"单元 11"。

4. 新建一个网页文档

在站点文件夹"单元 11"中，创建一个名称为"index.html"的网页文档。

5. 设置网页标题

在【文档】工具栏的"标题"文本框中输入网页标题"阿坝旅游"。如果需要设置网页的其他页面属性，单击【属性】面板中的【页面属性】按钮，打开【页面属性】对话框，在其中进行属性设置。

6. 保存

保存该网页。

【引导训练】

【任务 11-1】 设计与制作"阿坝旅游"网站的主页

本任务的主要要求如下。

① 设计主页的主体布局结构和局部布局结构。

② 制作主页 index.html。在该网页设计与制作顶部导航栏区域、景点图片展示区块、目的地精选导航区域、精品推荐区域、票务服务区块、底部导航区域和底部版权信息区域。

网页 index.html 的浏览效果请见电子活页 11-1。

微课 11-1
网站主页主体布局结构
设计

网页 index.html 的浏览
效果

【任务 11-1-1】 网站主页主体布局结构设计

 任务描述

设计网站主页 index.html 的主体布局结构，应用 HTML+CSS 方式对网站主页的主体结构进行布局。

 任务实施

1. 定义网页主体布局结构的 CSS 样式

网站主页 index.html 的主体布局示意图如图 11-1 所示。

图 11-1
网站主页 index.html
的主体布局示意图

在文件夹 css 中创建 5 个 CSS 样式文件：common.css、top.css、sideMenu.css、main.css、bottom.css，在这些样式文件中定义网页所需的 CSS 样式。

（1）定义 <header> 标签样式

<header> 标签样式的属性设置见表 11-3。

表 11-3　<header> 标签样式的属性设置

序号	CSS 样式代码
01	header {
02	height: 132px;
03	width: 100%;
04	}

（2）定义 <section> 标签样式和 bigTitleInfo 类样式

<section> 标签样式和 bigTitleInfo 类样式的属性设置见表 11-4。

表 11-4　<section> 标签样式和 bigTitleInfo 类样式的属性设置

序号	CSS 样式代码
01	section{
02	margin: 10px;
03	width: 100%;
04	}
05	.bigTitleInfo {
06	height: 610px;
07	width: 100%;
08	overflow: hidden;
09	position: relative;
10	}

（3）定义 ec-s-3 类样式及其包含的 s-h 类样式

ec-s-3 类样式及其包含的 s-h 类样式的属性设置见表 11-5。

260

表 11-5　ec-s-3 类样式及其包含的 s-h 类样式的属性设置

序号	CSS 样式代码
01	.ec-s-3{
02	margin-top: 20px;
03	margin-bottom: 10px;
04	}
05	
06	.ec-s-3 .s-h {
07	height: 60px;
08	width: 100%;
09	padding-top:10px;
10	}

（4）定义 ec-s-6 类样式和 ec-s-7 类样式

ec-s-6 类样式和 ec-s-7 类样式的属性设置见表 11-6。

表 11-6　ec-s-6 类样式和 ec-s-7 类样式的属性设置

序号	CSS 样式代码
01	.ec-s-6 {
02	height: 385px;
03	width: 100%;
04	}
05	.ec-s-7 {
06	height: 335px;
07	width:100%;
08	}

（5）定义<footer>标签样式

<footer>标签样式的属性设置见表 11-7。

表 11-7　<footer>标签样式的属性设置

序号	CSS 样式代码
01	footer {
02	height:50px;
03	width: 100%;
04	}

2．链接外部样式文件 style10.css

在网页 index.html 中链接 5 个外部样式文件，在网页的<head> </head>之间新增代码如下。

```
<link href="css/common.css" rel="stylesheet" type="text/css">
<link href="css/top.css" rel="stylesheet" type="text/css">
<link href="css/sideMenu.css" rel="stylesheet" type="text/css">
<link href="css/main.css" rel="stylesheet" type="text/css">
<link href="css/bottom.css" rel="stylesheet" type="text/css">
```

3．应用 HTML+CSS 布局网页

在网站主页中插入<header>、<section>、<footer>、<h2>、<div>等标签布局该网页，网站主页 index.html 主体布局结构的 HTML 代码见表 11-8。

261

表 11-8　网站主页 index.html 主体布局结构的 HTML 代码

序号	HTML 代码
01	\<body\>
02	\<header \>
03	顶部导航（height:132px;width:100%;）
04	\</header\>
05	\<section class="ec-s-3"　\>
06	\<div class="bigTitleInfo"\>
07	景点图片墙（height:610px;width:100%;）
08	\</div\>
09	\<h2 class="s-h"\>
10	目的地精选（height: 60px;width:99%;）
11	\</h2\>
12	\</section\>
13	\<section class="ec-s-6"　\>
14	精品推荐（height:360px;width:100%;）
15	\</section\>
16	\<section class="ec-s-7"\>
17	票务服务（height:355px;width:100%;）
18	\</section\>
19	\<footer\>
20	底部导航（height:50px;width:100%;）
21	\</footer\>
22	\</body\>

【任务 11-1-2】　网站主页局部布局结构设计

 任务描述

① 在样式文件中定义网站主页 index.html 的局部布局结构所需的 CSS 样式。

② 设计网站主页 index.html 的局部布局结构，应用 HTML+CSS 方式对网站主页的局部结构进行布局。

微课 11-2
网站主页局部布局结构
设计

 任务实施

1.　设计主页顶部的布局结构

顶部布局结构的 HTML 代码见表 11-9。

表 11-9　顶部布局结构的 HTML 代码

序号	HTML 代码
01	\<header\>
02	\<div class="w-m"\>
03	\<nav class="nav-site"\>
04	\<div class="nav-menu"\>顶部右上角导航栏 \</div\>
05	\</nav\>
06	\<section\>
07	\<h1 class="logo"\>Logo 图片\</h1\>
08	\<div class="logoInfo"\>
09	欢迎语与景区温度信息
10	\</div\>
11	\<div class="tel"\>服务热线\</div\>
12	\<div class="top-ad"\>季节提示图片\</div\>
13	\</section\>
14	\<div class="nav-main"\>
15	\<section\>顶部主导航栏\</section\>
16	\</div\>
17	\</div\>
18	\</header\>

在样式文件 top.css 中定义主页顶部所需的 CSS 样式，主页顶部布局结构的 CSS 代码定义见表 11-10。

表 11-10　主页顶部布局结构的 CSS 代码定义

序号	CSS 代码	序号	CSS 代码
01	header .w-m {	44	header .logoInfo {
02	background-color: #FFF;	45	position: absolute;
03	position: fixed;	46	top: 20px;
04	z-index: 20;	47	left: 200px;
05	width: 100%;	48	border-left: 1px solid #999;
06	top: 0;	49	padding-left: 10px;
07	max-width: 1900px;	50	overflow: hidden;
08	}	51	font-family: "Microsoft YaHei";
09		52	font-size: 14px;
10	.nav-site {	53	padding-bottom: 3px;
11	position: relative;	54	line-height: 20px;
12	z-index: 2;	55	}
13	}	56	header .top-ad,
14		57	header .tel {
15	.nav-site .nav-menu {	58	position: absolute;
16	position: absolute;	59	overflow: hidden;
17	top: 45px;	60	line-height: 99em;
18	right: 20px;	61	z-index: 1;
19	width: auto;	62	}
20	z-index: 2;	63	header .tel {
21	text-align: right;	64	width: 141px;
22	height: 20px;	65	top: 10px;
23	line-height: 20px;	66	right: 20px;
24	}	67	height: 22px;
25		68	background-image: url(../images/tel.png)
26	header section {	69	}
27	margin-top: 0;	70	header .top-ad {
28	margin-bottom:0;	71	width: 360px;
29	}	72	height: 80px;
30		73	top: 0;
31	header .logo {	74	left: 400px;
32	width: 322px;	75	background-image:
33	height: 48px;	76	url(../images/top-ad.jpg);
34	margin-left: 35px;	77	background-repeat: no-repeat;
35	padding: 20px 0;	78	}
36	overflow: hidden;	79	
37	line-height: 99em;	80	.nav-main {
38	background-image:	81	background-color: #2b98db;
39	url(../images/logo.png);	82	height: 44px;
40	background-position: left center;	83	line-height: 44px;
41	background-repeat: no-repeat;	84	box-shadow: 0 5px 10px rgba(0,0,0,.3);
42	position: relative;	85	border-bottom: 0;
43	}	86	}

2.　设计景点图片墙的布局结构

景点图片墙布局结构的 HTML 代码见表 11-11。

表 11-11　景点图片墙布局结构的 HTML 代码

序号	HTML 代码
01	<div class="bigTitleInfo">
02	<div class="boxAllAba">
03	<div class="themeL">
04	<div class="listPicTheme">　</div>
05	</div>
06	<div class="themeR">
07	<div class="listPicTheme">　</div>
08	</div>
09	</div>
10	</div>

在样式文件 main.css 中定义主页景点图片墙所需的 CSS 样式，景点图片墙布局结构的 CSS 代码定义见表 11-12。

表 11-12　景点图片墙布局结构的 CSS 代码定义

序号	CSS 代码	序号	CSS 代码
01	.bigTitleInfo {	19	.boxAllAba .themeL,
02	height: 610px;	20	.boxAllAba .themeR {
03	width: 100%;	21	float: left;
04	overflow: hidden;	22	width: 50%;
05	position: relative;	23	overflow: hidden;
06	}	24	margin-left: 6px;
07		25	}
08	.boxAllAba {	26	
09	position: absolute;	27	.boxAllAba .themeL {
10	padding: 0;	28	margin-left: -6px;
11	background-color: rgba(0, 0, 0, 0);	29	}
12	background-image:	30	
13	url(../images/s-2-bg-02.png);	31	.listPicTheme {
14	width: 100%;	32	width: 103.5%;
15	height: auto;	33	height: 610px;
16	left: 0;	34	padding-left: 0;
17	top: -10px;	35	overflow: hidden;
18	}	36	}

3．设计目的地精选的布局结构

目的地精选布局结构的 HTML 代码见表 11-13。

表 11-13　目的地精选布局结构的 HTML 代码

序号	HTML 代码
01	<h2 class="s-h">
02	<div class="tl">目的地精选</div>
03	<div class="tr">　</div>
04	</h2>

在样式文件 main.css 中定义主页目的地精选所需的 CSS 样式，目的地精选布局结构

的 CSS 代码定义见表 11-14。

表 11-14　目的地精选布局结构的 CSS 代码定义

序号	CSS 代码	序号	CSS 代码
01	.ec-s-3 .s-h {	14	.ec-s-3 .s-h .tl , .ec-s-3 .s-h .tr {
02	height: 60px;	15	background-color: #2b98db;
03	width: 100%;	16	height: 60px;
04	}	17	line-height: 60px;
05		18	color: #FFF;
06	.ec-s-3 .s-h .tl {	19	}
07	float: left;	20	.ec-s-3 .s-h .tr {
08	width: 20%;	21	float: right;
09	text-align: center;	22	width: 79%;
10	font-size: 40px;	23	font-size: 16px;
11	font-weight: normal;	24	font-weight: normal;
12	border-radius: 5px 0 0 0;	25	border-radius: 0 6px 0 0;
13	}	26	}

4. 设计精品推荐的布局结构

精品推荐布局结构的 HTML 代码见表 11-15。

表 11-15　精品推荐布局结构的 HTML 代码

序号	HTML 代码
01	<section class="ec-s-6">
02	<ul class="list-pic ">
03	<li></li>
04	<li></li>
05	<li></li>
06	<li></li>
07	<li></li>
08	</ul>
09	</section>

在样式文件 main.css 中定义主页精品推荐布局结构所需的 CSS 样式，精品推荐布局结构的 CSS 代码定义见表 11-16。

表 11-16　精品推荐布局结构的 CSS 代码定义

序号	CSS 代码	序号	CSS 代码
01	.ec-s-6 {	08	.ec-s-6 .list-pic li {
02	height: 385px;	09	width: 17.8%;
03	width: 100%;	10	margin: 0 0 0 2%;
04	}	11	text-align: center;
05	.ec-s-6 .list-pic {	12	padding: 0 0 10px 0;
06	margin-left: -1%;	13	}
07	}	14	

5. 设计票务服务的布局结构

票务服务布局结构的 HTML 代码见表 11-17。

表 11-17　票务服务布局结构的 HTML 代码

序号	HTML 代码
01	\<section class="ec-s-7">
02	\<div class="sB">
03	\<ul class="list-pic">
04	\<li class="itemA">\</li>
05	\<li>\</li>
06	\<li class="itemB">\</li>
07	\<li>\</li>
08	\</ul>
09	\</div>
10	\</section>

在样式文件 main.csss 中定义主页票务服务布局结构所需的 CSS 样式, 票务服务布局结构的 CSS 代码定义见表 11-18。

表 11-18　票务服务布局结构的 CSS 代码定义

序号	CSS 代码	序号	CSS 代码
01	.ec-s-7 {	19	.ec-s-7 .list-pic li {
02	height: 335px;	20	margin: 0 2.5% 0 2.5%;
03	width:100%;	21	padding: 0 0 10px 0;
04	}	22	width: 20%;
05		23	position: relative;
06	.ec-s-7 .xC {	24	height: 278px;
07	height: 335px;	25	text-align: left
08	background-image:	26	}
09	url(../images/s-7-bg.png);	27	.ec-s-7 .list-pic li.itemA {
10	background-repeat: repeat-x;	28	width: 18%;
11	}	29	height: 248px;
12		30	margin: 30px 2.5% 0 2.5%;
13		31	}
14	.ec-s-7 .list-pic {	32	.ec-s-7 .list-pic li.itemB {
15	margin-left: 0;	33	width: 18%;
16	padding-top: 20px;	34	height: 228px;
17	margin-top: 0;	35	margin: 50px 2.5% 0 2.5%;
18	}	36	}

6. 设计底部导航的布局结构

主页底部导航布局结构的 HTML 代码见表 11-19。

表 11-19　主页底部导航布局结构的 HTML 代码

序号	HTML 代码
01	\<footer>
02	\<section class="w-m">
03	\<div class="nav-footer">\</div>
04	\<div>
05	\<a href="" class="p-ico p-ico-app-ios">\</a>
06	\<a href="" class="p-ico p-ico-app-andriod">\</a>
07	\</div>
08	\</section>
09	\</footer>

在样式文件 bottom.css 中定义主页底部导航所需的 CSS 样式，底部导航的 CSS 代码定义见表 11-20。

表 11-20　底部导航的 CSS 代码定义

序号	CSS 代码	序号	CSS 代码
01	footer {	20	.p-ico-app-ios ,. p-ico-app-andriod {
02	height:50px;	21	height: 18px;
03	width: 100%;	22	width: 70px;
04	}	23	line-height: 99em;
05	footer .w-m {	24	background-position: 0 -100px;
06	text-align: center;	25	overflow: hidden;
07	line-height: 30px;	26	}
08	}	27	
09	footer .nav-footer {	28	.p-ico-app-ios:hover {
10	font-weight: bold;	29	background-position: 0 -150px;
11	}	30	}
12	.p-ico {	31	
13	background-image:	32	.p-ico-app-andriod {
14	url(../images/p-ico.png);	33	background-position: right -100px;
15	background-repeat: no-repeat;	34	}
16	display: inline-block;	35	
17	zoom: 1;	36	.p-ico-app-andriod:hover {
18	vertical-align: middle;	37	background-position: right -150px;
19	}	38	}

•【任务 11-1-3】 设计与制作网页的顶部导航栏

 任务描述

设计与制作网页 index.html 的顶部导航栏。

微课 11-3
设计与制作网页的顶部
导航栏

 任务实施

1. 定义网页顶部导航栏的 CSS 样式

在样式文件 top.css 中定义顶部导航栏所需的 CSS 样式，网页 index.html 中顶部导航栏部分 CSS 代码定义请见电子活页 11-2，顶部导航栏布局结构对应的 CSS 代码定义见表 11-10。

网页 index.html 中顶部
导航栏部分 CSS 代码

2. 在网页中插入 HTML 代码实现顶部导航功能

在网页 index.html 中顶部位置插入实现导航栏的 HTML 代码，对应的 HTML 代码见表 11-21。

表 11-21　网页 index.html 顶部导航栏中对应的 HTML 代码

序号	HTML 代码
01	\<header\>
02	\<div class="w-m"\>
03	\<!------首页------\>
04	\<nav class="nav-site"\>
05	\<div class="nav-menu"\>\<a href=""\>注册\</a\> | \<a href=""\>个人用户登录\</a\> |
06	\<a href=""\>团队用户登录\</a\> | \<a href=""\>我的账户\</a\> |
07	\<a href="" target="_blank"\>数据统计\</a\>
08	\</div\>
09	\</nav\>
10	\<section\>
11	\<h1 class="logo"\>\<a href="" target="_self" title="阿坝旅游"\>阿坝旅游\</a\>\</h1\>
12	\<div class="logoInfo"\>
13	\<h3\>欢迎访问阿坝旅游网\</h3\>
14	\<div class="flexslider flexsliderContent weatherShow" id="weatherShow"\>
15	\<ul class="slides" id="weatherList"\>
16	\<li\>\<img src="images/t1-01.png" width="32" height="32"　alt=""\>
17	\ \ 13℃ ~ 18℃\</li\>
18	\</ul\>
19	\</div\>
20	\</div\>
21	\<div class="tel"\>服务热线：4000886969\</div\>
22	\<div class="top-ad"\>春来到\</div\>
23	\</section\>
24	\<!--主导航--\>
25	\<div class="nav-main"\>
26	\<section\>
27	\<nav id="mainNav"\>
28	\<a path="home" target="_self" href="#" class="first"\>首页\</a\>
29	\<a path="travel" href=" "\>大美阿坝\</a\>
30	\<a path="kaikuang" href=" "\>阿坝概况\</a\>
31	\<a path="news" href=" "\>阿坝动态\</a\>
32	\<a path="huodong" href="#"\>精彩活动\</a\>
33	\<a path="gonglue" href="#"\>旅游攻略\</a\>
34	\<a path="hotel" href="#" menu="menuBooking"\>旅游服务\</a\>
35	\</nav\>
36	\<div class="ec-s-menu"\>
37	\<ul class="menuBooking"\>
38	\<li class="first"\>\<a href=""\>酒店预订\</a\>\</li\>
39	\<li\>\<a href=""\>票务预订\</a\>\</li\>
40	\<li\>\<a href=""\>旅游度假\</a\>\</li\>
41	\<li\>\<a href=""\>我要租车\</a\>\</li\>
42	\</ul\>
43	\</div\>
44	\</section\>

续表

序号	HTML 代码
45	</div>
46	</div>
47	</header>

3．在网页中插入 JavaScript 代码实现横向主导航栏的下拉菜单功能

切换到网页【代码】视图，在网页 index.html 的标签</footer>与</body>之间输入表 11-22 所示 JavaScript 代码，实现横向主导航栏的下拉菜单功能。

表 11-22　实现横向主导航栏的下拉菜单功能的 JavaScript 代码

序号	JavaScript 代码
01	<script>
02	var navMain = $("#mainNav");
03	var navArr = $("a", navMain);
04	var esMenu = $(".ec-s-menu ul");
05	var ecOutable = true;
06	var timeOutM = null;
07	var nowMenu = esMenu.eq(0);
08	var nowIndex = 0;
09	
10	function setTimeoutF (t){
11	var t = t || 600;
12	timeOutM = setTimeout(function(){
13	navArr.eq(nowIndex).removeClass("on");
14	if(ecOutable){
15	nowMenu.removeClass("menuShow");
16	} else {
17	navArr.eq(nowIndex).removeClass("on");
18	}
19	},t);
20	}
21	
22	navArr.mouseenter(function(e) {
23	window.clearTimeout(window.setTimeout("0") - 1);
24	window.clearTimeout("timeOutM");
25	timeOutM = null;
26	var _this = $(this).addClass("on");
27	var _index = navArr.index($(this));
28	
29	ecOutable = false;
30	var menuC = _this.attr("menu") || "";
31	if(menuC){
32	if(nowIndex!=_index){ //隐藏
33	navArr.eq(nowIndex).removeClass("on");
34	nowMenu.removeClass("menuShow");
35	nowMenu = esMenu.filter("." + menuC).addClass("menuShow");
36	}

269

序号	JavaScript 代码
37	if(nowMenu.is(":hidden")){
38	nowMenu.addClass("menuShow");
39	}
40	} else {
41	navArr.eq(nowIndex).removeClass("on");
42	nowMenu.removeClass("menuShow");
43	}
44	//document.title = document.title + "-" + _index
45	
46	nowIndex=_index;
47	});
48	navMain.parent().mouseleave(function(){
49	ecOutable = true;
50	setTimeoutF();
51	});
52	</script>

网页 index.html 顶部区域的浏览效果如图 11-2 所示。

图 11-2
网页 index.html
顶部区域的浏览效果

网页 index.html 横向主导航栏下拉菜单的浏览效果如图 11-3 所示。

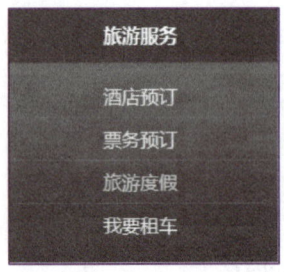

图 11-3
下拉菜单的浏览效果

•【任务 11-1-4】　设计与制作网站主页中部区域的景点图片墙

微课 11-4
设计与制作网站主页中
部区域的景点图片墙

　任务描述

　　设计与制作网站主页中部区域的景点图片墙，浏览网页时指向图片能显示对应的景点名称。

　任务实施

1. 定义网页顶部导航栏的 CSS 样式

在样式文件 main.css 中定义中部景点图片墙所需的 CSS 样式，中部景点图片墙的部

分 CSS 代码定义见表 11-23，中部景点图片墙布局结构对应的 CSS 代码定义见表 11-12。

表 11-23　中部景点图片墙的部分 CSS 代码定义

序号	CSS 代码	序号	CSS 代码
01	.listPicTheme a:link,	48	.listPicTheme a:hover p.info {
02	.listPicTheme a:visited {	49	bottom: 0;
03	float: left;	50	background-color: rgba(76,187,
04	margin: 6px 6px 0 0;	51	235, 0.38);
05	width: 32.4%;	52	background-color: transparent\9;
06	height: 205px;	53	opacity: 1;
07	overflow: hidden;	54	filter: Alpha(Opacity=100);
08	position: relative;	55	}
09	}	56	
10		57	.listPicTheme a p.info i {
11	img.scrollLoadingImg {	58	font-family: "Microsoft YaHei";
12	background-image:	59	font-size: 16px;
13	url(../images/loadingLogo.png);	60	color: #FFF;
14	background-position: center center;	61	position: absolute;
15	background-repeat: no-repeat;	62	display: block;
16	}	63	width: 100%;
17		64	line-height: 200%;
18	.listPicTheme img {	65	padding: 0 10px;
19	min-width: 100%;	66	top: 50%;
20	width: auto;	67	left: 0;
21	min-height: 100%;	68	margin-left: -10px;
22	max-height: 100%;	69	margin-top: 0.25em;
23	transition: all 0.2s linear;	70	transition: all .5s;
24	position: relative;	71	opacity: .0;
25	z-index: 1;	72	}
26	}	73	
27		74	.listPicTheme a:hover p.info i {
28	.listPicTheme a:hover img {	75	left: 0;
29	opacity: .8;	76	opacity: 1;
30	filter: Alpha(Opacity=80);	77	margin-top: -.75em;
31	transform: scale(1.1, 1.1);	78	}
32	}	79	
33		80	.listPicTheme .sA:link,
34	.listPicTheme a p.info {	81	.listPicTheme .sA:visited {
35	z-index: 2;	82	width: 64.8%;
36	bottom: 0;	83	margin-left: 6px;
37	display: block;	84	height: 416px;
38	height: 100%;	85	}
39	width: 100%;	86	
40	text-align: center;	87	.listPicTheme .xC:link,
41	background-color: rgba(255,255,255,.1);	88	.listPicTheme .xC:visited { width: 64.8%; }
42	background-color: #FFF\9;	89	
43	filter: Alpha(opacity=10);	90	.listPicTheme .sC:link,
44	opacity: .1;	91	.listPicTheme .sC:visited { height: 416px }
45	position: absolute;	92	
46	transition: all .5s;	93	.listPicTheme .cL:link,
47	}	94	.listPicTheme .cl:visited { clear: left; }

2．在网页中插入 HTML 代码实现网页中部的景点图片墙

在网页 index.html 中部位置插入实现景点图片墙的 HTML 代码，见表 11-24。

表 11-24　网页 index.html 中部景点图片墙对应的 HTML 代码

序号	HTML 代码
01	\<div class="bigTitleInfo"\>
02	\<div class="boxAllAba"\>
03	\<div class="themeL"\>
04	\<div class="listPicTheme"\>
05	\<a href=""\>\<img class="scrollLoadingImg" src="images/s01.jpg" alt=""\>
06	\<p class="info"\>\<i\>马尔康县·高原明珠\</i\>\</p\>\</a\>
07	\<a href=""\>\<img class="scrollLoadingImg" src="images/s02.jpg" alt=""\>
08	\<p class="info"\>\<i\>阿坝县·高原商城\</i\>\</p\>\</a\>
09	\<a href=""\>\<img class="scrollLoadingImg" src="images/s03.jpg" alt=""\>
10	\<p class="info"\>\<i\>黑水县·彩林世界\</i\>\</p\>\</a\>
11	\<a class="sA" href=""\>\<img class="scrollLoadingImg" src="images/s09.jpg" alt=""\>
12	\<p class="info"\>\<i\>九寨沟县·童话世界\</i\>\</p\>\</a\>
13	\<a href=""\>\<img class="scrollLoadingImg" src="images/s10.jpg" alt=""\>
14	\<p class="info"\>\<i\>茂县·羌人之地\</i\>\</p\>\</a\>
15	\<a href=""\>\<img class="scrollLoadingImg" src="images/s11.jpg" alt=""\>
16	\<p class="info"\>\<i\>理县·吉祥之地\</i\>\</p\>\</a\>
17	\</div\>
18	\</div\>
19	\<div class="themeR"\>
20	\<div class="listPicTheme"\>
21	\<a class="sC" href=""\>\<img class="scrollLoadingImg" src="images/s04.jpg" alt=""\>
22	\<p class="info"\>\<i\>金川县·雪梨之乡\</i\>\</p\>\</a\>
23	\<a href=""\>\<img class="scrollLoadingImg" src="images/s05.jpg" alt=""\>
24	\<p class="info"\>\<i\>红原县·牦牛之乡\</i\>\</p\>\</a\>
25	\<a href=""\>\<img class="scrollLoadingImg" src="images/s06.jpg" alt=""\>
26	\<p class="info"\>\<i\>壤塘县·高原新城\</i\>\</p\>\</a\>
27	\<a href=""\>\<img class="scrollLoadingImg" src="images/s07.jpg" alt=""\>
28	\<p class="info"\>\<i\>汶川县·熊猫之乡\</i\>\</p\>\</a\>
29	\<a href=""\>\<img class="scrollLoadingImg" src="images/s08.jpg"　alt=""\>
30	\<p class="info"\>\<i\>若尔盖县·中国湿地\</i\>\</p\>\</a\>
31	\<a class="cL" href=""\>\<img class="scrollLoadingImg" src="images/05.jpg"　alt=""\>
32	\<p class="info"\>\<i\>松潘县·高原古城\</i\>\</p\>\</a\>
33	\<a class="xC" href=""\>\<img class="scrollLoadingImg" src="images/s13.jpg"　alt=""\>
34	\<p class="info"\>\<i\>小金县·雪域之乡\</i\>\</p\>\</a\>
35	\</div\>
36	\</div\>
37	\</div\>
38	\</div\>

网页 index.html 中部景点图片墙的浏览效果如图 11-4 所示。

图 11-4
网页 index.html
中部景点图片墙的
浏览效果

•【任务 11-1-5】 设计与制作网站主页中部区域的目的地精选

 任务描述

设计与制作网站主页中部区域的旅游目的地精选，通过这些精选的旅游目的地对应超链接，可以访问外部网站的旅游目的地页面。

 任务实施

微课 11-5
设计与制作网站主页中部区域的目的地精选

1. 定义网页中部区域目的地精选的 CSS 样式

在样式文件 main.css 中定义中部区域目的地精选所需的 CSS 样式，中部区域目的地精选部分 CSS 代码定义见表 11-25，中部区域目的地精选栏布局结构对应的 CSS 代码定义见表 11-14。

表 11-25　中部区域目的地精选部分 CSS 代码定义

序号	CSS 代码
01	.ec-s-3 .s-h .tr a:link,
02	.ec-s-3 .s-h .tr a:visited {
03	color: #FFF;
04	margin: 0 0 0 24px;
05	}
06	.ec-s-3 .s-h .tr a:hover {
07	color: #d3ec6c;
08	}

2. 在网页中插入 HTML 代码实现中部区域的目的地精选

在网页 index.html 中部位置插入实现目的地精选的 HTML 代码，对应的 HTML 代码见表 11-26。

表 11-26 网页 index.html 中部区域目的地精选对应的 HTML 代码

序号	HTML 代码
01	<h2 class="s-h">
02	<div class="tl">目的地精选</div>
03	<div class="tr">
04	<a href=" ">九寨沟</a>
05	<a href=" ">黄龙</a>
06	<a href=" ">四姑娘山</a>
07	<a href=" ">达古冰川</a>
08	<a href=" ">马尔康</a>
09	<a href=" ">阿坝县</a>
10	<a href=" ">茂县</a>
11	<a href=" ">理县</a>
12	<a href=" ">若尔盖县</a>
13	<a href=" ">松潘县</a>
14	<a href=" ">壤塘县</a>
15	<a href=" ">红原县</a>
16	<a href=" ">黑水县</a>
17	<a href=" ">汶川县</a>
18	<a href=" ">金川县</a>
19	<a href=" ">小金县</a>
20	<a href=" ">九寨沟县</a>
21	</div>
22	</h2>

图 11-5
网页 index.html
中部目的地精选
的浏览效果

网页 index.html 中部目的地精选的浏览效果如图 11-5 所示。

目的地精选　九寨沟 黄龙 四姑娘山 达古冰川 马尔康 阿坝县 茂县 理县 若尔盖县 松潘县 壤塘县 红原县 黑水县 汶川县 金川县 小金县 九寨沟县

【任务 11-1-6】 设计与制作网站主页的精品推荐与票务服务

 任务描述

在中部区域下方设计与制作网站主页的精品推荐与票务服务，为旅客推荐精品景点、精品酒店、精品线路、精品活动，提供门票服务。

任务实施

微课 11-6
设计与制作网站主页的
精品推荐与票务服务

1. 定义网页精品推荐与票务服务的 CSS 样式

在样式文件 main.css 中定义精品推荐与票务服务所需的 CSS 样式，精品推荐与票务服务部分 CSS 代码定义见表 11-27，精品推荐的布局结构对应的 CSS 代码定义见表 11-16，票务服务的布局结构对应的 CSS 代码定义见表 11-18。

表 11-27　精品推荐与票务服务部分 CSS 代码定义

序号	CSS 代码	序号	CSS 代码
01	.list-pic:after {	54	
02	content: ".";	55	.ec-s-6 .list-pic li .title {
03	display: block;	56	margin-top: 10px;
04	font-size: 0;	57	display: block;
05	clear: both;	58	padding: 5px 5px;
06	height: 0;	59	color: #FFF;
07	visibility: hidden;	60	font-family: "Microsoft YaHei";
08	}	61	font-weight: normal;
09		62	font-size: 14px;
10	.list-pic {	63	text-align: center;
11	*zoom: 1;	64	background-color: #2B98DB;
12	}	65	white-space: nowrap;
13		66	overflow: hidden;
14	.list-pic li {	67	text-overflow: ellipsis;
15	padding: 10px 0 5px;	68	position: relative;
16	text-align: center;	69	}
17	margin: 5px 0 0;	70	.ec-s-6 .list-pic li:hover .title {
18	float: left;	71	background-color: #4CBBEB;
19	min-height: 150px;	72	color: #FF6;
20	width: 33.333333%;	73	}
21	}	74	
22		75	.ec-s-7 .list-pic li a:link,
23	.list-pic li:nth-child(-n+3),	76	.ec-s-7 .list-pic li a:visited {
24	.list-pic li.first {	77	display: block;
25	border-top: 0;	78	margin: auto;
26	}	79	padding: 16px 0 65px;
27		80	position: absolute;
28	.list-pic li a {	81	z-index: 2;
29	font-weight: bold;	82	width: 80%;
30	}	83	left: 10%;
31		84	bottom: 0;
32	.list-pic li img {	85	transition: all 0.2s linear;
33	padding: 2px;	86	}
34	border: 1px solid #EEE;	87	
35	height: 120px;	88	.ec-s-7 .list-pic li a:hover {
36	width: 180px;	89	transform: scale(1.05, 1.05);
37	overflow: hidden;	90	}
38	background-color: #FFF	91	
39	}	92	.ec-s-7 .list-pic li img {
40		93	width: 100%;
41	.ec-s-6 .list-pic li img {	94	height: auto;
42	height: 340px;	95	border: 0;
43	width: 100%;	96	padding: 0;
44	min-height: 340px;	97	}
45	padding: 0;	98	
46	border: 0;	99	.ec-s-7 .list-pic li.itemA a:link,
47	-webkit-transition: all .2s;	100	.ec-s-7 .list-pic li.itemA a:visited {
48	transition: all .2s;	101	padding-bottom: 55px;
49	}	102	}
50		103	
51	.ec-s-6 .list-pic li:hover img {	104	.ec-s-7 .list-pic li .title,
52	margin-top: -5px;	105	.ec-s-7 .list-pic li .price {
53	}	106	position: absolute;

序号	CSS 代码	序号	CSS 代码
107	bottom: 20px;	123	.ec-s-7 .list-pic li img.itemBg,
108	display: block;	124	.ec-s-7 .list-pic li img.scrollLoadingImg {
109	font-family: "Microsoft YaHei";	125	background-color: transparent;
110	font-weight: normal;	126	}
111	font-size: 14px;	127	.ec-s-7 .list-pic li img.itemBg {
112	}	128	position: absolute;
113		129	left: 0;
114	.ec-s-7 .list-pic li .price {	130	bottom: 0;
115	right: 0;	131	width: 100%;
116	}	132	z-index: 1;
117		133	max-height: 300px;
118	.ec-s-7 .list-pic li .price-m {	134	}
119	font-size: 16px;	135	.ec-s-7 .list-pic li.itemB a:link,
120	color: #f60;	136	.ec-s-7 .list-pic li.itemB a:visited {
121	}	137	padding-bottom: 60px;
122		138	}

2. 在网页中插入 HTML 代码实现精品推荐与票务服务功能

在网页 index.html 中部下方位置插入实现精品推荐与票务服务的 HTML 代码,见表 11-28。

表 11-28　网页 index.html 精品推荐与票务服务对应的 HTML 代码

序号	JavaScript 代码
01	`<section class="ec-s-6">`
02	`<ul class="list-pic">`
03	`<li><a href="" target="_self"><img class="scrollLoadingImg" src="images/s-1-6-01.jpg"`
04	`alt=""><i class="title">九寨星宇国际大酒店双人套餐</i></a></li>`
05	`<li><a href="" target="_blank"><img class="scrollLoadingImg" src="images/s-1-6-02.jpg"`
06	`alt=""><i class="title">九寨沟门票+藏家乐套餐</i></a></li>`
07	`<li><a href="" target="_blank"><img class="scrollLoadingImg" src="images/s-1-6-03.jpg"`
08	`alt=""><i class="title">探秘四姑娘山体验云天度假酒店</i></a></li>`
09	`<li><a href="" target="_self"><img class="scrollLoadingImg" src="images/s-1-6-04.jpg"`
10	`alt=""><i class="title">无忧之境、慢享时光二日游</i></a></li>`
11	`<li><a href="" target="_self"><img class="scrollLoadingImg" src="images/s-1-5-05.jpg"`
12	`alt=""><i class="title">达古冰川体验冬日浪漫</i></a></li>`
13	`</ul>`
14	`</section>`
15	`<section class="ec-s-7">`
16	`<div class="xC">`
17	`<ul class="list-pic">`
18	`<li class="itemA"><a href="" target="_blank">`
19	`<img class="scrollLoadingImg" src="images/s-1-7-item01.jpg" alt="" >`
20	`<i class="title">九寨沟门票</i>`
21	`<i class="price"><i class="price-m">￥220</i></i></a>`
22	`<img src="images/s-1-7-itemBg.png" alt="" class="itemBg"></li>`
23	`<li><a href="" target="_blank">`
24	`<img class="scrollLoadingImg" src="images/s-1-7-item02.jpg" alt="">`
25	`<i class="title">黄龙门票</i>`
26	`<i class="price"><i class="price-m">￥200</i></i></a>`
27	`<img src="images/s-1-7-itemBg.png" class="itemBg"  alt=""></li>`
28	`<li class="itemB"><a href="" target="_blank">`
29	`<img class="scrollLoadingImg" src="images/s-1-7-item03.jpg" alt="">`

续表

序号	JavaScript 代码
30	<i class="title">四姑娘山双桥沟门票</i>
31	<i class="price"><i class="price-m">￥80</i></i></a>
32	<img src="images/s-1-7-itemBg.png" class="itemBg" alt=""></li>
33	<li><a href="" target="_blank">
34	<img class="scrollLoadingImg" src="images/s-1-7-item04.jpg" alt="" >
35	<i class="title">达古冰山门票</i>
36	<i class="price"><i class="price-m">￥120</i></i></a>
37	<img src="images/s-1-7-itemBg.png" class="itemBg" alt=""></li>
38	</ul>
39	</div>
40	</section>

网页 index.html 中部精品推荐与票务服务的浏览效果如图 11-6 所示。

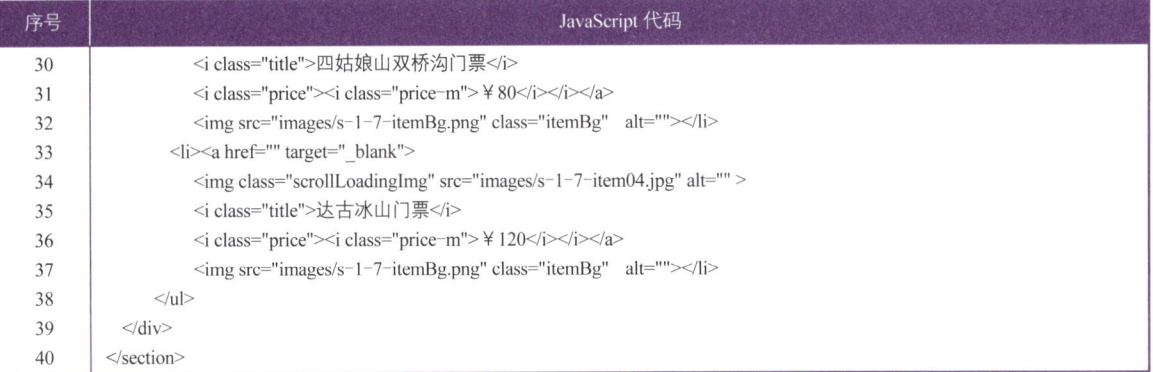

图 11-6
网页 index.html 中部精品
推荐与票务服务的浏览效果

【任务 11-1-7】 设计与制作网站主页底部导航栏和版权信息栏

 任务描述

设计与制作网站主页底部的导航栏和版权信息栏。

 任务实施

在网页 index.html 底部位置插入实现导航栏和版权信息栏的 HTML 代码,见表 11-29。

微课 11-7
设计与制作网站主页底
部导航栏和版权信息栏

表 11-29　网页 index.html 底部导航栏和版权信息栏对应的 HTML 代码

序号	HTML 代码
01	<footer>
02	<section class="w-m">
03	<div class="nav-footer"><a href="">免费注册</a>	<a href="">关于我们</a>	
04	<a href="">度假资质</a>	<a href="">招聘英才</a>	<a href="">联系我们</a>	
05	<a href="">帮助中心</a>	<a href="" target="_blank">我要投诉</a></div>
06	<div>Copyright&copy; 2021-2026, abatour.com. All rights reserved.
07	<a href="" class="p-ico p-ico-app-ios">iPhone 下载</a>
08	<a href="" class="p-ico p-ico-app-andriod">Android 下载</a>
09	</div>
10	</section>
11	</footer>

网页 index.html 底部导航栏和版权信息栏的浏览效果如图 11-7 所示。

图 11-7
网页 index.html 底部导航栏和
版权信息栏的浏览效果

免费注册｜关于我们｜度假资质｜招聘英才｜联系我们｜帮助中心｜我要投诉

Copyright© 2021-2026, abatour.com. All rights reserved.　App Store　Andriod

•【任务 11-1-8】 设计与制作网站主页的侧边快捷滚动按钮

任务描述

设计与制作网站主页的侧边快捷滚动按钮，该快捷按钮包括【置顶】【向上滚动】和【向下滚动】3 个按钮，实现滚动至网页顶部、向上滚动页面和向下滚动页面功能。

任务实施

微课 11-8
设计与制作网站主页的
侧边快捷滚动按钮

1. 定义网页中部区域目的地精选的 CSS 样式

在样式文件 sideMenu.css 中定义侧边快捷滚动按钮所需的 CSS 样式，侧边快捷滚动按钮对应 CSS 代码定义见表 11-30。

表 11-30　侧边快捷滚动按钮对应的 CSS 代码定义

序号	CSS 代码	序号	CSS 代码
01	.site-sider {	22	.site-sider .site-sider-btns li:hover {
02	position: fixed;	23	background-color: #000;
03	z-index: 21;	24	}
04	right: 0;	25	
05	bottom: 0;	26	.sider-btn-top {
06	-webkit-transition: all 0.5s linear;	27	background-position: 0 0;
07	transition: all 0.5s linear;	28	}
08	margin-top: -132px;	29	
09	}	30	.sider-btn-prev {
10		31	background-position: 0 -45px;
11	.site-sider .site-sider-btns li {	32	}
12	cursor: pointer;	33	
13	display: block;	34	.sider-btn-next {
14	width: 42px;	35	background-position: 0 -90px;
15	height: 42px;	36	}
16	margin: 2px 0;	37	
17	background-image:	38	.siderShow {
18	url(../images/sider.png);	39	bottom: 100px;
19	background-repeat: no-repeat;	40	-webkit-transition: all 0.5s linear;
20	transition: background-color .25s ease-in;	41	transition: all 0.5s linear;
21	}	42	}

2. 在网页中插入 HTML 代码实现侧边快捷滚动按钮

在网页 index.html 右侧位置插入实现侧边快捷滚动功能的 HTML 代码，见表 11-31。

表 11-31　网页 index.html 侧边快捷滚动按钮对应的 HTML 代码

序号	HTML 代码
01	\<aside class="site-sider">
02	\<ul class="site-sider-btns">
03	\<li class="sider-btn-top">\</li>
04	\<li class="sider-btn-prev">\</li>
05	\<li class="sider-btn-next">\</li>
06	\</ul>
07	\</aside>

3．在网页 index.html 中插入 JavaScript 代码实现侧边快捷滚动功能

切换到网页【代码】视图，在网页 index.html 的标签\</footer>与\</body>之间输入 JavaScript 代码，实现侧边快捷滚动功能。网页 index.html 中实现侧边快捷滚动功能的 JavaScript 代码请见电子活页 11-3。

实现侧边快捷滚动功能
的 JavaScript 代码

网页 index.html 侧边快捷滚动按钮的浏览效果如图 11-8 所示。

【任务 11-2】 整合与发布"阿坝旅游"网站

本任务的主要要求如下。
① 将单元 1～单元 11 所创建的主要网页整合为一个完整的网站。
② 测试网站。
③ 清理文档。
④ 发布网站。

图 11-8
网页 index.html 侧边
快捷滚动按钮的浏览
效果

【任务 11-2-1】 设置网站主页的超链接

任务描述

设置网页 index.html 导航栏的超链接。

任务实施

打开本地站点"单元 11"网页 index.html，切换到【代码】视图，为网页 index.html 主页顶部主导航栏文字设置超链接。设置菜单文字"大美阿坝"的 href 属性值为 1102/1102.html，设置菜单文字"阿坝概况"的 href 属性值为 1103/1103.html，设置菜单文字"阿坝动态"的 href 属性值为 1104/1104.html，目标都设置为_blank。顶部主导航栏超链接设置完成后，完整的 HTML 代码见表 11-32。

微课 11-9
整合与发布"阿坝
旅游"网站

表 11-32　网页 index.html 顶部主导航栏设置超链接后完整的 HTML 代码

序号	HTML 代码
01	\<nav id="mainNav">
02	\<a path="home" target="_self" href="#" class="first">首页\</a>
03	\<a path="travel" href="1102/1102.html" target="_blank">大美阿坝\</a>
04	\<a path="kaikuang" href="1103/1103.html" target="_blank">阿坝概况\</a>
05	\<a path="news" href="1104/1104.html" target="_blank">阿坝动态\</a>
06	\<a path="huodong" href="#" target="_blank">精彩活动\</a>
07	\<a path="gonglue" href="#" target="_blank">旅游攻略\</a>
08	\<a path="hotel" href="#" menu="menuBooking" target="_blank">旅游服务\</a>
09	\</nav>

在网页 index.html 中部目的地精选位置设置菜单文字"九寨沟"的 href 属性值为 1105/1105.html，其他菜单文字的 href 属性值为外部网站的网址。例如，超链接"黄龙"的 href 属性值为 http://www.abatour.com/travel/songpan/huanglong/。中部目的地精选超链接设置完成后，完整的 HTML 代码见表 11-33。

表 11-33　网页 index.html 中部区域目的地精选设置超链接后完整的 HTML 代码

序号	HTML 代码
01	<h2 class="s-h">
02	<div class="tl">目的地精选</div>
03	<div class="tr">
04	<a href="1105/1105.html">九寨沟</a>
05	<a href="http://www.abatour.com/travel/songpan/huanglong/">黄龙</a>
06	<a href="http://www.abatour.com/travel/xiaojinxian/siguniang/">四姑娘山</a>
07	<a href="http://www.abatour.com/travel/heishui/dagu/">达古冰川</a>
08	<a href="http://www.abatour.com/travel/maerkang/">马尔康</a>
09	<a href="http://www.abatour.com/travel/aba/">阿坝县</a>
10	<a href="http://www.abatour.com/travel/maoxian/">茂县</a>
11	<a href="http://www.abatour.com/travel/lixian/">理县</a>
12	<a href="http://www.abatour.com/travel/ruoergai/">若尔盖县</a>
13	<a href="http://www.abatour.com/travel/songpan/">松潘县</a>
14	<a href="http://www.abatour.com/travel/rangtang/">壤塘县</a>
15	<a href="http://www.abatour.com/travel/hongyuan/">红原县</a>
16	<a href="http://www.abatour.com/travel/heishui/">黑水县</a>
17	<a href="http://www.abatour.com/travel/wenchuan/">汶川县</a>
18	<a href="http://www.abatour.com/travel/jinchuan/">金川县</a>
19	<a href="http://www.abatour.com/travel/xiaojinxian/">小金县</a>
20	<a href="http://www.abatour.com/travel/xianjzg/">九寨沟县</a>
21	</div>
22	</h2>

【任务 11-2-2】　测试"阿坝旅游"网站

 任务描述

对"阿坝旅游"网站进行测试。

 任务实施

一个网站制作完成后，在网站发布之前应进行严格测试，以检查各个超链接是否正确、网页脚本是否正确、文字和图像显示是否正常等。网站测试一般经过 4 个过程：测试网页、测试本地站点、用户测试、负载测试。

一个网站包含很多链接，可能会出现链接错误或断链现象，在发布站点前有必要检查整个站点的链接，避免站点发布之后出现无效链接情况。利用 Dreamweaver 提供的"检查链接"功能可以检查网站中是否存在断链、孤立文件等情况。

链接检查无误后，可以在浏览器中浏览各个网页，检查文字、图片、链接是否有误，是否会出现乱码，网页元素定位是否准确，浏览速度和视觉效果是否满意。经过测试→修改→再测试→再修改，反复多次循环，直到各方面都合格方可发布网站。

1. 测试网页与检查链接

这个阶段的主要任务是由网页制作人员测试自己所制作的网页，其测试内容主要是 HTML 代码的规范性和完整性，网页程序逻辑是否正确，是否存在空链、断链、链接错误、孤立文件等情况。

利用 Dreamweaver 提供的【链接检查器】面板可以方便地检查错误链接，检查方法如下。

切换到已建立的站点"单元 11"，在 Dreamweaver 主界面中，选择菜单【站点】→【站点选项】→【检查站点范围的链接】命令，如图 11-9 所示。

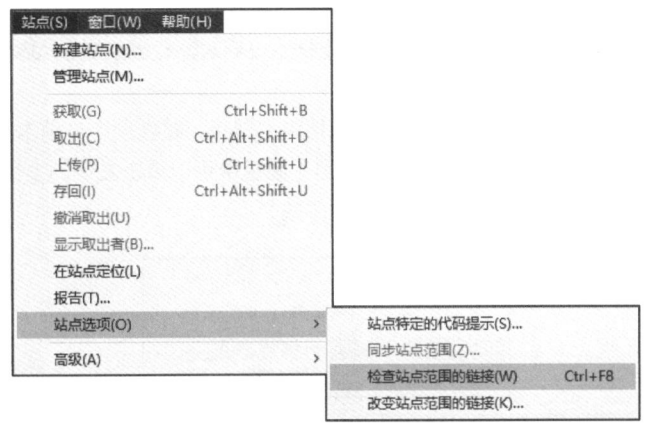

图 11-9
选择【检查站点范围的链接】命令

打开【链接检查器】面板，在其中显示"断掉的链接"，如图 11-10 所示。

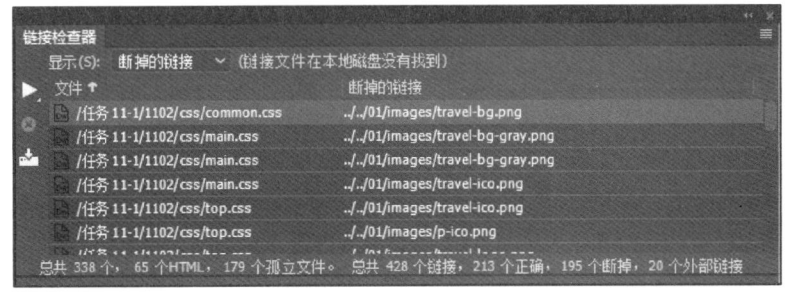

图 11-10
【链接检查器】面板中显示"断掉的链接"

在【链接检查器】面板的"显示"下拉列表框中选择"外部链接"选项，可以显示本网站中所有的外部链接，以便对外部链接进行管理，如图 11-11 所示。

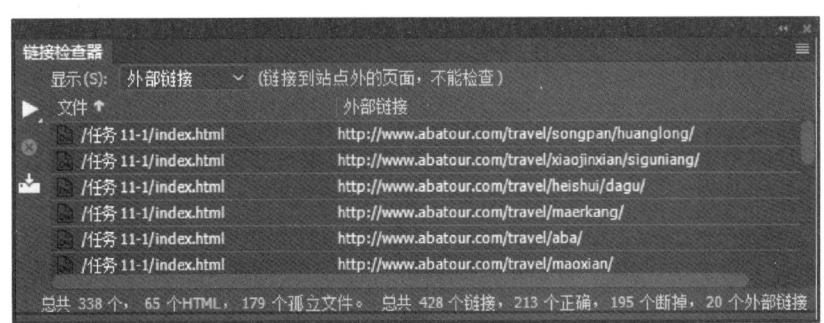

图 11-11
【链接检查器】面板中显示"外部链接"

在【链接检查器】面板的"显示"下拉列表框中选择"孤立的文件"选项，可以显示本网站中所有孤立的文件，以便对孤立的文件进行管理，如图 11-12 所示。

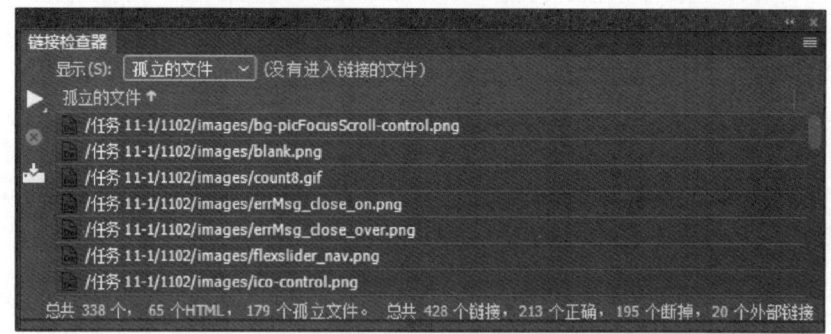

图 11-12
【链接检查器】面板中
显示"孤立的文件"

检查链接的方式有多种，如检查当前文档中的链接、检查整个当前本地站点的链接、检查站点中所选文件的链接。在【链接检查器】面板中可以单击左侧的【检查链接】按钮 ▶，从中选择检查链接的方式，如图 11-13 所示。

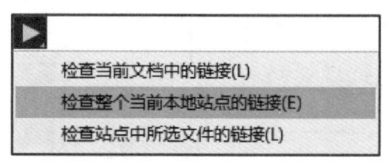

图 11-13
检查链接方式

修改错误链接的方法是：在【链接检查器】面板中选中"断掉的链接"，再单击【浏览文件】按钮 📁，然后在【选择文件】对话框中选择正确的链接，单击【确定】按钮即可。也可以在文本框中直接输入正确的链接。

笔 记

2．测试本地站点

将多个网页整合成一个完整的网站，同时对本地站点进行联合测试，测试人员最好是由没有直接参与网站制作的人员来完成，其测试内容如下。

（1）检查链接

这一次检查链接不再利用【链接检查器】面板来检查错误链接，而是通过浏览网页逐个检查链接，主要检查是否有空链、断链和链接错误，页面之间是否能顺利切换，是否有回到上层页面或主页的渠道等。

（2）检查页面效果

检查网页中的脚本是否正确，是否会出现非法字符或乱码，文字显示是否正常，是否有显示不出来的图片，动画画面出现时间是否过长，网页特效是否能正常起作用等。

（3）检查网页的容错性

检查网页的表单区域的文本框中输入字符时是否有长度限制；表单中填写信息出错时，是否有提示信息，并允许重新填写；对于邮政编码、身份证号码之类的数据是否限制其长度等。

（4）检查兼容性

在 Dreamweaver 中制作的网页在其他浏览器（如 Chrome、Firefox、Opera）中显示是否正常；在纯文本模式下（即在【Internet 选项】对话框中取消选择"显示图片""在网

页中播放动画""在网页中播放声音"等复选框，网页中只显示文字，如图 11-14 所示）
检查整个网站的信息表现力。

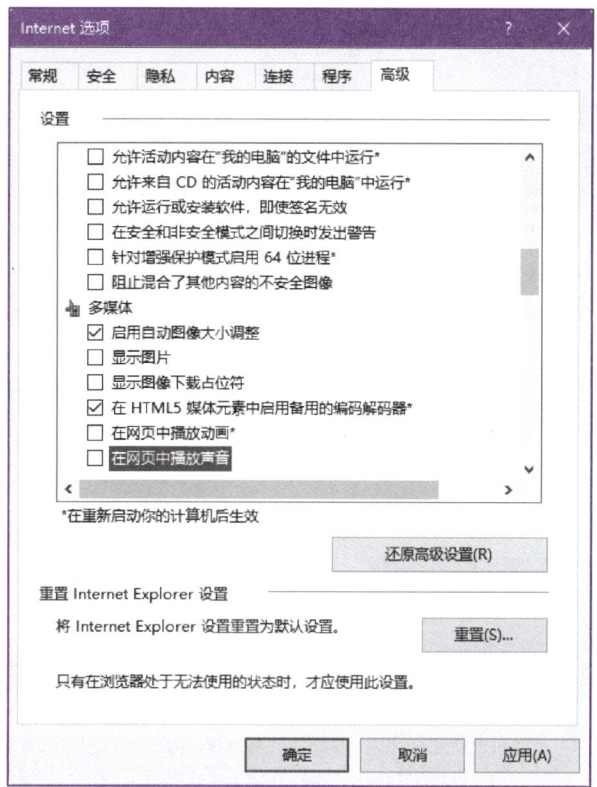

图 11-14
【Internet 选项】对话框

3. 用户测试

以用户身份测试网站的功能。主要测试内容有：评价每个页面的风格、页面布局、
颜色搭配、文字的字体、大小等方面与网站的整体风格是否统一、协调，页面布局是否合
理，各种链接所放的位置是否合适，页面切换是否简便，对于当前访问位置是否明确等。

4. 负载测试

安排多个用户访问网站，让网站在高强度、长时间的环境中进行测试。主要测试内
容有：网站在多个用户访问时访问速度是否正常，网站所在服务器是否会出现内存溢出、
CPU 资源占用不正常等。

5. 创建网站报告

Dreamweaver 能够自动检测网站内部的网页文件，生成关于文件信息、HTML 代码
信息的报告，以便网站设计者对网页文档进行修改。

创建网站报告的操作步骤如下。

在 Dreamweaver 主界面中，选择菜单【站点】→【报告】命令，弹出【报告】对话
框，如图 11-15 所示。

在"报告在"下拉列表框中选择生成站点报告的范围，如当前文档、整个当前本地
站点、站点中的已选文件、文件夹等，如图 11-16 所示。

图 11-15
【报告】对话框

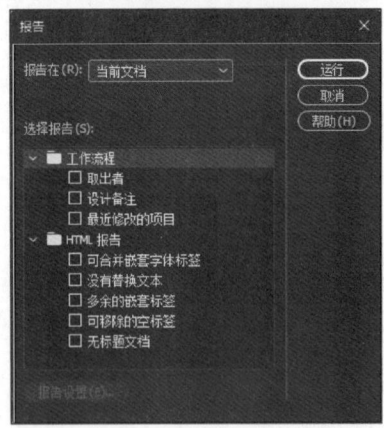

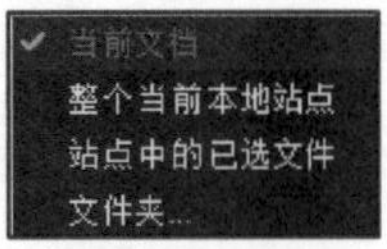

图 11-16
选择生成站点报告的范围

这里选择"整个当前本地站点"选项，然后在"选择报告"列表框中选择所需要的报告选项，如最近修改的项目、可合并嵌套字体标签、没有替换文本、多余的嵌套标签、可移除的空标签、无标题文档，如图 11-17 所示。然后单击【运行】按钮，生成站点报告，如图 11-18 所示，"最近修改的文件"的报告如图 11-19 所示。

图 11-17
在【报告】对话框中选择所需要的报告选项

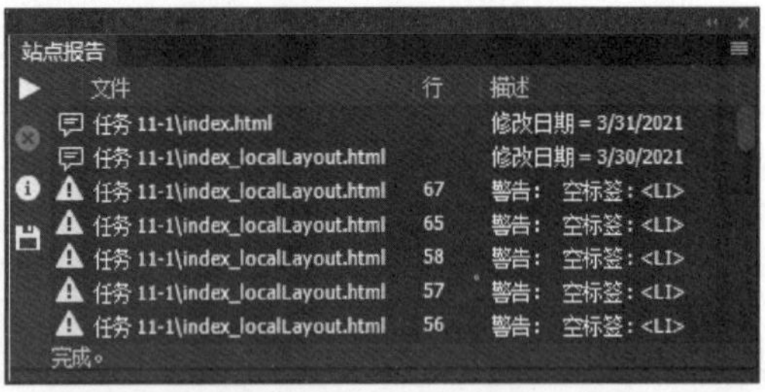

图 11-18
【站点报告】选项卡及报告内容

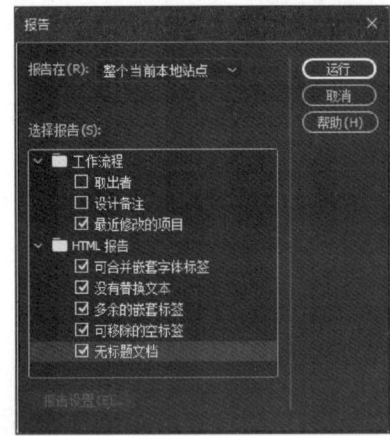

图 11-19
"最近修改的文件"的报告

最近修改的文件

报告日期: 4/1/2021 6:36 PM
日期范围: 3/26/2021 到 4/1/2021
找到的总文件数: 17

文件名	已修改	修改者	
index.html	3/31/2021 6:37 AM	未知*	视图
index_localLayout.html	3/30/2021 8:16 AM	未知*	视图
index_mainLayout.html	3/29/2021 5:55 PM	未知*	视图
1102.html	3/28/2021 4:06 PM	未知*	视图
1103.html	3/28/2021 4:06 PM	未知*	视图
1104.html	3/28/2021 4:10 PM	未知*	视图
1105.html	3/28/2021 4:21 PM	未知*	视图
bottom.css	3/30/2021 5:03 PM	未知*	视图
common.css	3/28/2021 12:22 PM	未知*	视图
main.css	3/30/2021 8:08 AM	未知*	视图
sideMenu.css	3/30/2021 6:41 PM	未知*	视图
top.css	3/30/2021 5:03 PM	未知*	视图
c.png	3/30/2021 6:48 AM	未知*	视图
s-1-5-05.jpg	3/28/2021 11:20 AM	未知*	视图
s-1-6-01.jpg	3/28/2021 11:16 AM	未知*	视图
s-1-6-03.jpg	3/28/2021 11:18 AM	未知*	视图
s-1-6-04.jpg	3/28/2021 11:19 AM	未知*	视图

•【任务 11-2-3】 清理网页文档

任务描述

　　清理文档是将制作完成的网站上传到服务器之前，需要做的一项重要工作。清理文档也就是清理一些空标签或者 Word 中编辑 HTML 文档所产生的一些多余的标签，最大限度地减少错误的发生，以便浏览者更好地访问。

任务实施

　　清理文档的具体步骤如下。

　　① 打开需要清理的文档。

　　② 在 Dreamweaver 主界面中，选择菜单【工具】→【清理 HTML】命令，打开【清理 HTML/XHTML】对话框，在"移除"选项组中选择"空标签区块""多余的嵌套标签"等复选框，也可以在"指定的标签"文本框中输入所要删除的标签。在"选项"选项组中选择"尽可能合并嵌套的<font>标签"和"完成时显示动作记录"复选框，如图 11-20 所示。然后单击【确定】按钮，Dreamweaver 自动开始清理工作。清理完毕会弹出一个【Dreamweaver】的"清理总结"对话框，报告清理工作的结果，如图 11-21 所示，单击【确定】按钮即可。

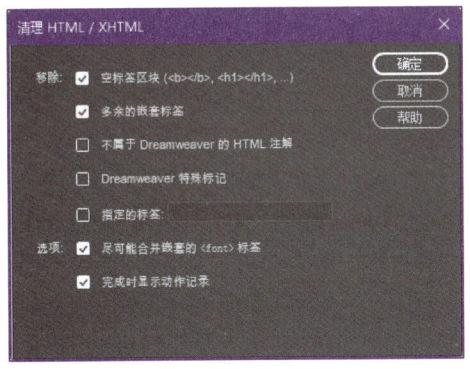

图 11-20
【清理 HTML/XHTML】
对话框

图 11-21
【Dreamweaver】
"清理总结"对话框

　　③ 选择菜单【工具】→【清理 Word 生成的 HTML】命令，打开【清理 Word 生成的 HTML】对话框，在其中进行相应的设置，如图 11-22 所示，然后单击【确定】按钮即可。

　　清理完毕会弹出如图 11-23 所示的【Dreamweaver】"清理 Word HTML 结果"对话框，单击【确定】按钮即可。

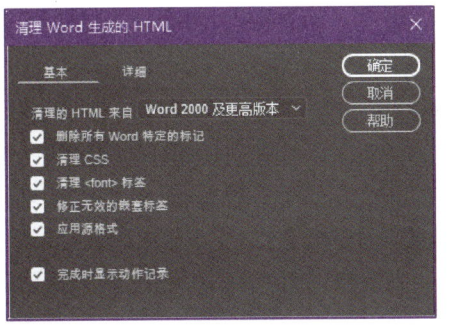

图 11-22
【清理 Word 生成
的 HTML】对话框

图 11-23
【Dreamweaver】
"清理 Word HTML
结果"对话框

笔 记

·【任务 11-2-4】　申请域名与申请空间

　任务描述

尝试申请一个域名或申请主页空间。

　任务实施

1．申请域名

要想拥有属于自己的网站，则必须拥有一个域名。域名是 Internet 上的名字，由若干英文字母和数字组成，由"."分隔成几部分，如 www.sina.com 就是一个域名。对于公司网站，一般可以使用公司名称或商标作为域名，域名的字母组成要便于记忆，能够给人留下深刻的印象。

域名分国内域名和国际域名两种。国内域名由中国互联网中心管理和注册，中国互联网中心的网址是 http://www.cnnic.net.cn，注册申请域名首先在线填写申请表，收到确认信息后，提交申请表，加盖公章、交费即可完成。国际域名的主要申请网址是 http://www.networksolutions.com。

2．申请空间

当网站页面设计已完成，网站属性也已设置好后，就可以发布网站。如果本地计算机是一个 Web 服务器，可以将网站通过本地开设的 Web 服务器进行发布。但是对于大多数用户来说，在本地开设 Web 服务器，成本较高，维护起来比较麻烦，所以大多数用户都是到网上寻找主页空间。

目前，网络上提供的主页空间有两种形式：收费的主页空间和免费的主页空间。收费的主页空间提供的服务更全面一些，主要体现在提供的空间容量更大，支持应用程序技术，提供数据库空间等。免费主页空间一般不需要付费，但不支持应用程序技术和数据库技术。

可以通过"百度"网站搜索提供免费主页空间的网站，在"百度"网站的搜索文本框中输入"申请免费主页空间"，然后单击【百度一下】按钮，将会搜索出所有包含"申请免费主页空间"字样的信息，然后完成申请空间的操作即可。

·【任务 11-2-5】　发布网站

　任务描述

把网页文件上传到 Web 服务器，即发布网站。

　任务实施

发布网站就是把网页文件上传到 Web 服务器，发布网站之前必须先申请一个主页空间，拥有网页空间的访问域名、FTP 用户名和密码。如果主页空间已成功申请，可以先与远程 Web 服务器进行连接，连接成功后，再通过单击【文件】面板中的【上传文件】按钮，往远程 Web 服务器中上传本地站点，上传成功后，即可在浏览器中输入正确的网址进行访问。

1. 上传文件

完成网站的制作、优化和测试之后，就可以发布到 Internet 上供用户浏览。上传网页一般可以通过 Dreamweaver 和 Cute FTP 上传。

（1）使用 Dreamweaver 上传文件

Dreamweaver 自带 FTP 上传功能，Dreamweaver 的站点管理器支持断点续传功能，可以批量上传文件和目录。使用 Dreamweaver 的 FTP 功能必须先设置远程服务器，操作步骤如下。

① 启动 Dreamweaver，打开【文件】面板，在其中单击【定义服务器】按钮，打开【站点设置对象】对话框，并自动切换到【服务器】选项卡，如图 11-24 所示。

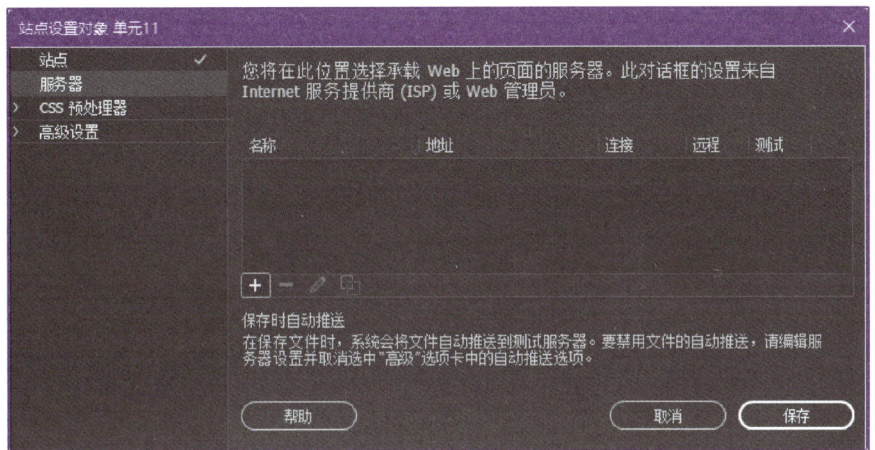

图 11-24
【站点设置对象】对话框的【服务器】选项卡

在其中单击【添加新服务器】按钮，在弹出对话框【基本】选项卡中分别输入"服务器名称""FTP 地址""用户名"和"密码"等信息，如图 11-25 所示。

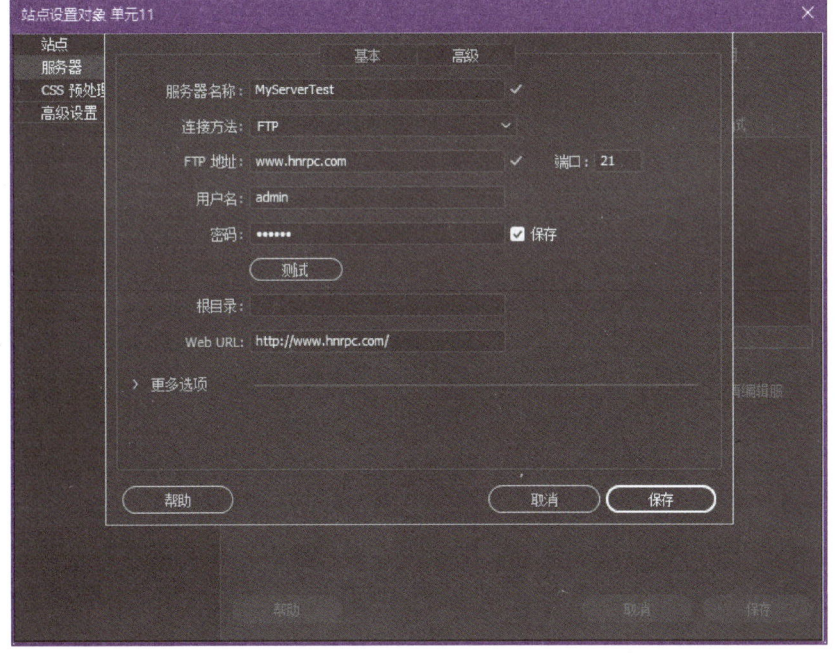

图 11-25
设置服务器的基本信息

287

切换到【高级】选项卡，如图 11-26 所示，根据需要进行设置即可。

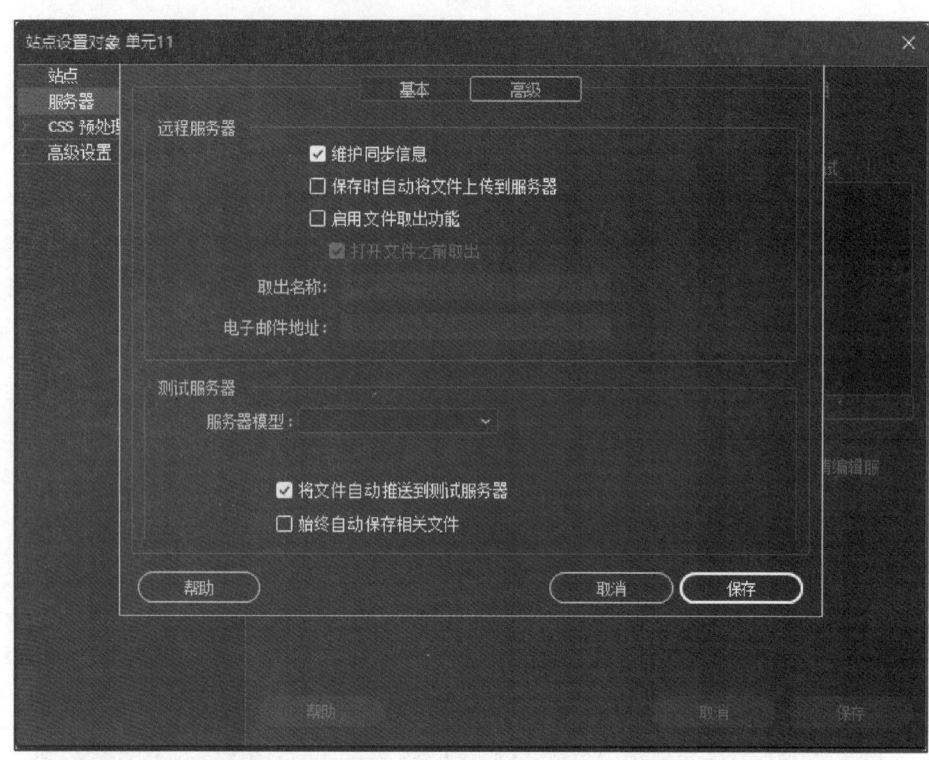

图 11-26
设置服务器的
高级信息

服务器的信息设置完成后，单击【保存】按钮，返回【站点设计对象】对话框，可以看到添加了新服务器，如图 11-27 所示。

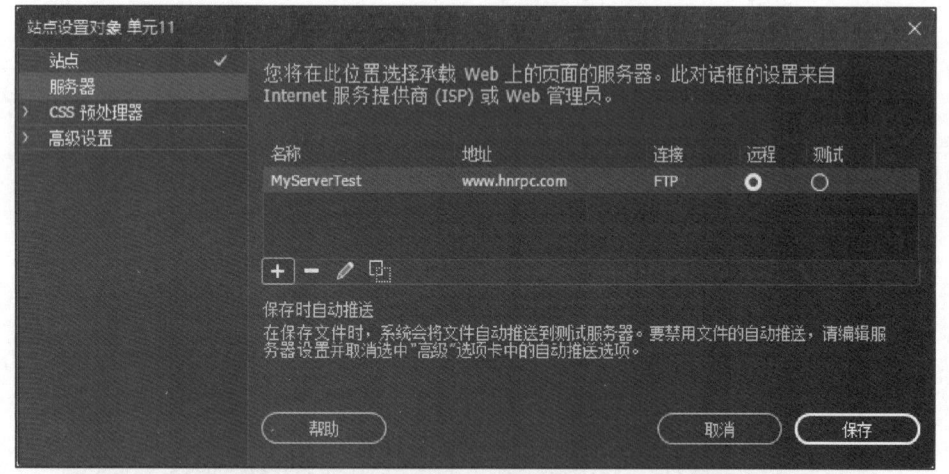

图 11-27
添加新服务器的
【站点设置对象】
对话框

【文件】面板中新增了多个操作按钮：【连接到远程服务器】、【从"测试服务器"获取文件】、【向"测试服务器"上传文件】、【与"远程服务器"同步】、【展开以显示本地和远端站点】，如图 11-28 所示。

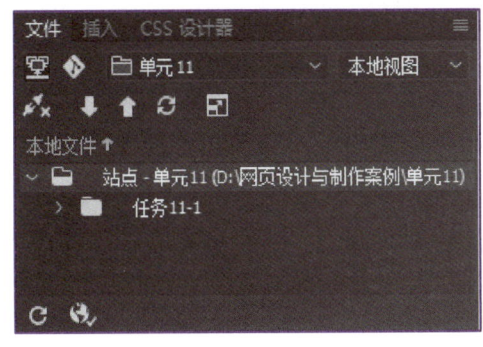

图 11-28
新增多个操作按钮的【文件】面板

② 在【文件】面板中选择上传的文件或文件夹，然后单击【向"测试服务器"上传文件】按钮，弹出【后台文件活动】对话框，如图 11-29 所示。成功连接到指定的服务器后，开始上传选择的文件或文件夹。

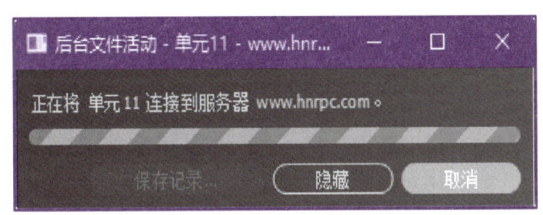

图 11-29
【后台文件活动】对话框

③ 网站上传完毕，单击站点管理器上方的【展开以显示本地和远端站点】按钮，即可看到站点文件夹或文件已被上传到主机目录中。

也可以在上传文件之前，单击【连接到远端服务器】按钮，先与远端主机连接，然后再上传文件。

上传文件时会询问是否上传相关文件（相关文件是指插入在网页中的图像和多媒体文件），可以根据实际情况进行合理选择。

（2）使用 CuteFTP 上传文件

CuteFTP 是一个使用方便且很受欢迎的软件，可以下载或上传整个目录，支持断点续传、目录覆盖和删除等。

先从网上下载 GuteFTP 软件，该软件安装与使用都非常方便，使用 GuteFTP 上传网页时，只需按照该软件提供的"向导"操作即可，由于篇幅限制，本书不予介绍，如读者有兴趣可参考相关资料学习 GuteFTP 的操作方法。

2. 获取文件

获取文件之前同样要连接远端服务器，获取文件的操作如下。

① 在远端服务器浏览窗口中选择需要获取的文件或者文件夹。

② 单击【从"测试服务器"获取文件】按钮，文件即被下载到本地站点中。

上传文件和获取文件，Dreamweaver 都会自动记录各种 FTP 操作。

【引导训练考核评价】

本单元的"引导训练"考核评价内容见表 11-34。

笔 记

表 11-34　单元 11"引导训练"考核评价表

	考核内容	标准分	计分
考核要点	（1）能对网站主页的主体布局结构进行设计	2	
	（2）能对网站主页的局部布局结构进行设计	2	
	（3）能设计与制作网页的顶部导航栏	1	
	（4）学会设计与制作网站主页中部区域的景点图片墙	1	
	（5）学会设计与制作网站主页中部区域的目的地精选	1	
	（6）学会设计与制作网站主页的精品推荐与票务服务	1	
	（7）学会设计与制作网站主页底部导航栏和版权信息栏	1	
	（8）将多个网页整合为一个完整的网站，会设置网站主页的超链接	1	
	（9）会清理文档、测试网站	1	
	（10）认真完成本单元的任务，态度端正、操作规范、时间观念强、有协作精神、学习效果较好	1	
	小计	12	
评价方式	自我评价	小组评价	教师评价
考核得分			
存在的主要问题			

【同步训练】

【任务 11-3】　设计与制作"快乐旅游"网站主页

微课 11-10
设计与制作"快乐旅游"
网站主页

任务描述

① 创建一个名为"快乐旅游"的本地站点，在该站点中创建一个网页 index1102.html，在该网页中链接文件夹 css 中的外部样式文件 common.css 和 main.css。

② 网页 index1102.html 的主体结构使用 HTML+CSS 进行布局，为上、中、下结构。顶部为一幅代表性的景点图片，中部为主导航栏，底部为文字导航栏和版权信息栏。

③ 在网页 index1102.html 中插入图片、输入文字。

网页 index1102.html 的浏览效果如图 11-30 所示。

　【操作提示】

1. 定义网页的 CSS 样式

创建两个外部样式文件 common.css 和 main.css。

图 11-30
网页 index1102.html
的浏览效果

网页 index1102.html 样式文件 common.css 对应的 CSS 代码定义见表 11-35。

表 11-35　网页 index1102.html 样式文件 common.css 对应的 CSS 代码定义

序号	CSS 代码	序号	CSS 代码
01	html,body,nav,ul,li,h2 {	13	li {
02	padding: 0px;	14	list-style-type: none;
03	margin: 0px;	15	}
04	}	16	
05	body {	17	img {
06	color: #000;	18	border: none
07	background: #e7f8ff;	19	}
08	}	20	
09	html,body {	21	a {
10	height: 100%;	22	color: #000;
11	font-family: "宋体";	23	text-decoration: none;
12	}	24	}

网页 index1102.html 样式文件 main.css 对应的 CSS 代码定义请见电子活页 11-4。

2. 在网页中插入 HTML 代码实现网页功能

网页 index1102.html 的主体布局代码见表 11-36。

网页 index1102.html 样式文件 main.css 对应的 CSS 代码

291

表 11-36　网页 index1102.html 的主体布局代码

序号	HTML 代码
01	<header>
02	<div class="img-item">　　</div>
03	</header>
04	<section>
05	<nav>
06	<ul class="nav-list">　　</ul>
07	</nav>
08	</section>
09	<footer class="tool-box">
10	<div class="tool-ver">　　</div>
11	<p><label id="label1"　　</p>
12	</footer>

网页 index1102.html 完整代码见表 11-37。

表 11-37　网页 index1102.html 的完整代码

序号	HTML 代码
01	<body>
02	<header>
03	<div class="img-item">
04	<a href="#"><img src="images/01.jpg" height="300" title="大美阿坝" alt=""></a>
05	</div>
06	</header>
07	<section>
08	<nav>
09	<ul class="nav-list">
10	<li class="nav-trip" onclick=""><h2><a title="旅游景点" href="#" >
11	旅游景点</a></h2></li>
12	<li class="nav-ticket" onclick=""><h2><a title="旅游动态" href="#" >
13	旅游动态</a></h2></li>
14	<li class="nav-week" onclick=""><h2><a title="周末游" href="#"　>
15	周末游</a></h2></li>
16	<li class="nav-hotel" onclick=""><h2><a title="酒店预订" href="#" >
17	酒店预订</a></h2></li>
18	<li class="nav-fortun" onclick=""><h2><a title="门票预订" href="#">
19	门票预订</a></h2></li>
20	<li class="nav-strategy" onclick=""><h2><a title="旅游攻略" href="#" >
21	旅游攻略</a></h2></li>
22	<li class="nav-flight" onclick=""><h2><a title="机票预订" href="#" >
23	机票预订</a></h2></li>
24	<li class="nav-train" onclick=""><h2><a title="火车票预订" href="#" >
25	火车票预订</a></h2></li>
26	<li class="nav-car" onclick=""><h2><a title="用车服务" href="#" >
27	用车服务</a></h2></li>
28	</ul>
29	</nav>
30	</section>
31	<footer class="tool-box">

续表

序号	HTML 代码
32	<div class="tool-ver">
33	<a href="#">旅游地图</a>
34	<a href="#">意见反馈</a>
35	<a href="#" class="computer">下载客户端</a>
36	</div>
37	<p><label id="label1">Copyright© 2021-2026, 快乐旅游.
38	All rights reserved.</label></p>
39	</footer>
40	</body>

【同步训练考核评价】

本单元"同步训练"的考核评价内容见表 11-38。

表 11-38　单元 11 "同步训练"考核评价表

任务名称	设计与制作"快乐旅游"网站主页				
完成方式	【　】小组协作完成　　　　【　】个人独立完成				
同步实训任务完成情况评价					
自我评价		小组评价		教师评价	
存在的主要问题					

【问题探究】

【探究1】 列举 CSS 布局、网页区块、类、导航和文件常用的规范名称。

网站开发过程时，应尽量做到命名规范，CSS 布局、网页区块、类、导航和文件常用的规范名称列举如下。

（1）CSS 布局的常用名称

CSS 布局的常用名称见表 11-39。

表 11-39　CSS 布局的常用名称

名称	说明	名称	说明	名称	说明
wrap	包	container	容器	column	分栏
site	站点	left	左	sidebar	侧栏
main	主体	center	中	nav	导航
layout	布局	right	右	content	内容块

293

（2）网页区块的常用名称

网页区块的常用名称见表 11-40。

表 11-40　网页区块的常用名称

名称	说明	名称	说明	名称	说明
logo	标志	partner	合作伙伴	service	服务
login	登录	buide	指南	hot	热点
register	注册	joinus	加入	news	新闻
shop	购物车	header	页眉	download	下载
toolbar	工具条	footer	页脚	copyright	版权
tab	标签页	homepage	首页	friendlink	友情链接
source	资源	banner	广告条	link	链接
site_map	网站地图	loginbar	登录条	vote	投票
about_us	关于我们	list	列表	search	搜索

（3）类的常用名称

类的常用名称见表 11-41。

表 11-41　类的常用名称

名称	说明	名称	说明	名称	说明
title	标题	scroll	滚动	submit	提交
label	标签	icon	图标	textbox	文本框
note	注释	arrow	箭头	drop	下拉
summary	摘要	corner	圆角	btn	按钮
msg	提示信息	cor	转角	form	表单
status	状态	current	当前	count	统计
tips	小技巧	spec	特别	crumb	导航

（4）导航的常用名称

导航的常用名称见表 11-42。

表 11-42　导航的常用名称

名称	说明	名称	说明	名称	说明
nav	导航	topnav	顶部导航	menu	菜单
mainnav	主导航	bottomnav	底部导航	mainmenu	主菜单
subnav	子导航	middlenav	中部导航	submenu	子菜单
leftsidebar	左导航	sidenav	边导航	dropmenu	下拉菜单
rightsidebar	右导航	sidebaricon	边导航图标	menucontainer	菜单容器

（5）文件的常用名称

文件的常用名称见表 11-43。

表 11-43　文件的常用名称

名称	说明	名称	说明	名称	说明
master.css	主要文件	themes.css	主题文件	nav.css	导航样式文件
layout.css	布局、版面文件	base.css	基本公共文件	login.css	登录样式文件
columns.css	专栏文件	module.css	模块文件	mend.css	补丁文件
font.css	文字样式文件	form.css	表单文件	print.css	打印样式文件
content.css	内容样式文件	menu.css	菜单样式文件	main.css	主样式文件

【探究 2】何谓网站的 Logo？Logo 有哪些表现形式？

Logo 是网站的标志和名片，如搜狐网站的狐狸标志，如同商标一样，Logo 是网站特色和内涵的集中体现，看见 Logo 就联想起网站。一个好的 Logo 往往会反映网站的某些信息，特别是对一个商业网站来说，可以从中基本了解到这个网站的类型或者内容。

Logo 标志可以是中文或英文字母，也可以是符号或图案，还可以是动物或者人物等。Logo 的表现形式可以分为以下 3 个方面。

① 网站有代表性的人物、动物和花草，可以用它们作为设计蓝本，加以卡通化和艺术化，如迪斯尼网站的米老鼠、搜狐网的卡通狐狸等。

② 网站有代表性的物品，可以用物品作为标志，如奔驰汽车的方向盘标志、中国银行的铜板标志等。

③ 用自己网站的英文名称作为标志，采用不同的字体或字母的变形制作标志。

➲【单元习题】

请见电子活页 11-5。

单元 11 习题

参考文献

[1] 陈承欢. 网页设计与制作任务驱动教程[M]. 3 版. 北京：高等教育出版社，2017.

[2] 陈承欢. HTML5+CSS3 网页美化与布局任务驱动式教程[M]. 2 版. 北京：高等教育出版社，2015.

[3] 陈承欢. JavaScript+jQuery 网页特效设计任务驱动教程[M]. 北京：人民邮电出版社，2019.

[4] 数字艺术教育研究室. 中文版 Dreamweaver 基础培训教程[M]. 北京：人民邮电出版社，2016.

[5] 畅利红. DIV+CSS3 网页样式与布局全程揭秘[M]. 2 版. 北京：清华大学出版社，2014.

[6] 龙马工作室. 精通 HTML5+CSS3 网页设计与布局密码[M]. 北京：人民邮电出版社，2014.